U0816186

国家级职业教育规划教材

全国职业院校艺术设计类专业教材

Photoshop 平面设计基础

（第二版）

关仕杰　主编

中国劳动社会保障出版社

简介

本书主要讲解如何使用 Photoshop 软件完成各种平面作品的设计与制作。通过工作项目组织教材内容，使读者在实际的平面设计与制作中掌握软件技术知识和操作技能。

本书具体内容包括标志设计、VIS 公关礼品设计、UI 设计、海报设计、画册设计、POP 设计、DM 设计、户外广告设计、包装设计、网页设计。

本书由关仕杰任主编，潘启丽任副主编，刘洁、张莎丽、胡雅婷、黄宜宁、叶师健、王天炜参与编写。

图书在版编目（CIP）数据

Photoshop 平面设计基础 / 关仕杰主编 . -- 2 版 . -- 北京：中国劳动社会保障出版社，2023
全国职业院校艺术设计类专业教材
ISBN 978-7-5167-5803-8

Ⅰ. ①P⋯ Ⅱ. ①关⋯ Ⅲ. ①平面设计 – 图像处理软件 – 职业教育 – 教材 Ⅳ. ①TP391.41

中国国家版本馆 CIP 数据核字（2023）第 081104 号

中国劳动社会保障出版社出版发行

（北京市惠新东街 1 号 邮政编码：100029）

*

北京市艺辉印刷有限公司印刷装订 新华书店经销

880 毫米 × 1230 毫米 16 开本 23.75 印张 585 千字

2023 年 6 月第 2 版 2024 年12月第 3 次印刷

定价：68.00 元

营销中心电话：400-606-6496

出版社网址：http://www.class.com.cn

http://jg.class.com.cn

前言

艺术设计类专业的研究内容和服务对象有别于传统的艺术门类，它涉及社会、文化、经济、市场、科技等诸多领域，其审美标准也随着时代的变化而改变。2022 年，我们对全国职业院校艺术设计类专业教材进行了修订，重点做了以下几方面的工作。

第一，更新了教材内容。对上版教材中的部分内容进行了调整、补充和更新，使教材更加符合当前职业院校艺术设计类专业的教学理念和实践方法。进一步增加了实践性教学内容的比重，强调运用案例引导教学。这些案例一部分来自企业的真实设计，缩短了课堂教学与实际应用的距离；还有一部分来自优秀学生作品，它们更加贴近学生的思维，容易得到学生的共鸣，增强学生学习的自信心。

第二，提升了教材表现形式。通过选用更优质的纸张材料、更舒适的图书开本及更灵活的版式设计，增加了教材的时代感和亲和力，激发了学生的学习兴趣。同时，加强了图片、表格及色彩的运用，营造出更加直观的认知环境，提高了教材的趣味性和可读性。

第三，加强了教材立体化资源建设。在教材修订的同时，开发了与教材配套的电子课件，包含上机操作内容的教材还提供了相关素材，可登录技工教育网（http://jg.class.com.cn），搜索相应的书目，在相关资源中下载。

本套教材的编写得到了有关学校的大力支持，教材编审人员做了大量工作，在此我们表示衷心的感谢！同时，恳切希望广大读者对教材提出宝贵的意见和建议。

人力资源社会保障部教材办公室

2021
广州运动会
GUANGZHOU SPORTS MEET
报名时间：3.13-8.10
报名电话：020-88874321

目录

Contents

项目一 标志设计 001

项目二 VIS公关礼品设计 041

芝麻夹心
海苔

LIMEI
LIMEI
LIMEI
LIMEI

项目六 POP设计 187

项目七 DM设计 219

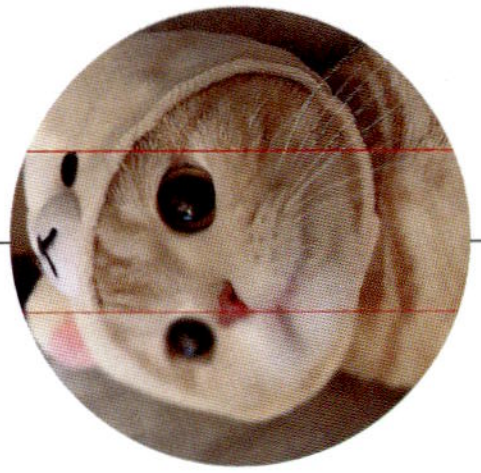

项目八 户外广告设计 255

项目一

标志设计

Photoshop 是 Adobe 公司推出的一款优秀的图形图像处理软件，以其编辑功能强大、操作使用简便、对素材格式支持广泛等优势，被广泛用于广告、包装、商标、插画、UI、产品效果图、网页设计等与平面设计相关的各个领域。

标志是表明事物特征的识别符号。标志设计是以单纯、显著、易识别的形象、图形或文字符号为视觉语言，表达某种特定含义或象征意义的表现形式。标志承载着品牌、企业的无形资产，是品牌、企业综合信息传递的媒介。

本项目从 Adobe Photoshop 2020 的工作界面入手，简单介绍了文档的建立与保存，设置颜色的方法，重点介绍了椭圆工具、自定形状工具、移动工具的用法，以及图层样式的应用，通过相关知识的学习和基本技能的训练，为学好 Photoshop 打下坚实的基础。

任务一 TASK 1 设计鹿牌服装标志

任务目标

1. 能描述 Photoshop 的界面构成。
2. 能描述标志的设计过程。
3. 能设置前景色和背景色。
4. 能使用“椭圆”工具。
5. 能使用“自定形状”工具。
6. 能运用“图层样式”命令。
7. 能新建与保存文件。

任务描述

本任务主要利用“椭圆”工具、“自定形状”工具和“文字”工具，并结合“图层样式”命令制作图 1-1-1 所示鹿牌服装标志。要完成本任务，除了要学习图形的绘制技巧之外，还要学习图层样式的使用方法。

图 1-1-1　鹿牌服装标志

相关知识

一、Adobe Photoshop 的工作界面

用鼠标左键双击桌面上的 Adobe Photoshop 图标，或单击桌面左下角的“开始”按钮，打开程序菜单并选择 Adobe Photoshop 命令，即可启动 Adobe Photoshop 软件。如果使用 Photoshop 进行过一些文档的操作，在欢迎页面底部会显示之前操作过的文档，其启动页面如图 1-1-2 所示。

图 1-1-2　启动页面

在窗口中单击“新建”按钮或执行“文件”“新建”命令或按下“Ctrl+N”快捷键，可打开“新建文档”对话框，如图 1-1-3 所示。

在对话框中单击“创建”按钮，创建一个新文档，此时进入 Photoshop 的工作界面，如图 1-1-4 所示。

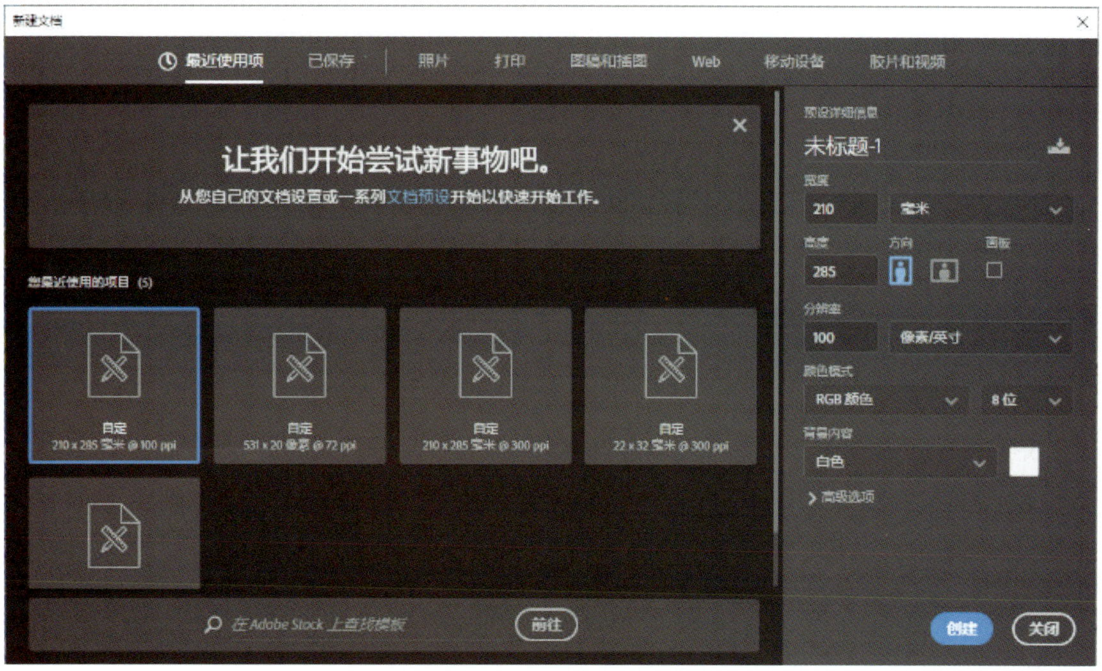

图 1-1-3 “新建文档”对话框

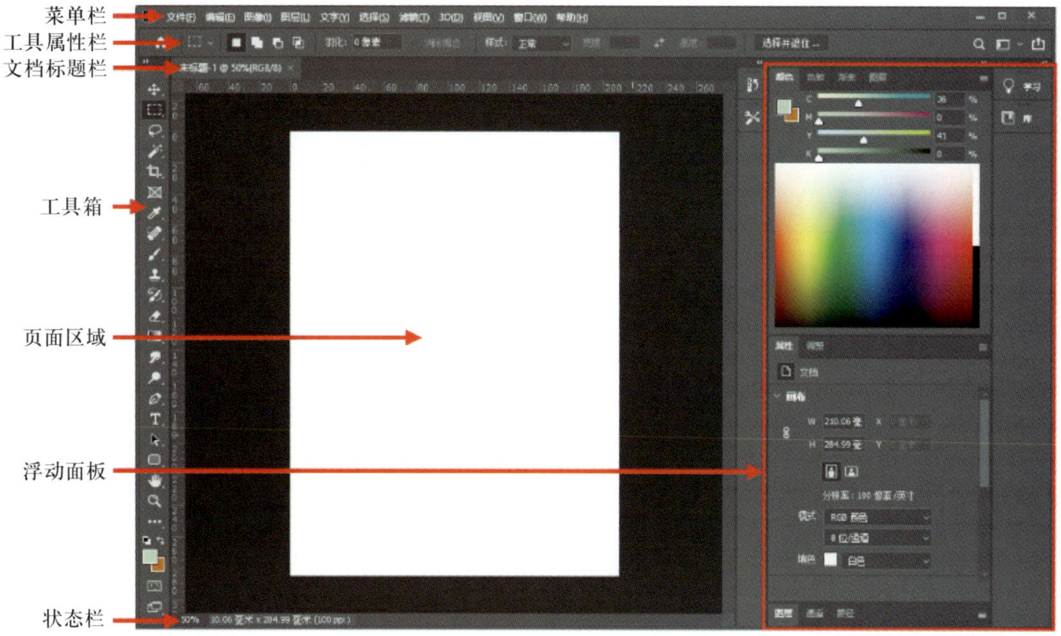

图 1-1-4 Photoshop 的工作界面

Photoshop 的工作界面包含了菜单栏、工具属性栏、文档标题栏、工具箱、页面区域、浮动面板和状态栏，下面分别对各项做简要介绍。

1. 菜单栏

菜单栏位于顶部，包含文件、编辑、图像、图层、文字、选择、滤镜、3D、视图、窗口和帮助 11 个菜单项，如图 1-1-5 所示。每一个菜单可完成相应的一些操作。

图 1-1-5　菜单栏

2. 工具属性栏

当用户选择了某个工具后，在工具属性栏中可以看到当前使用工具的参数选项。所选工具不同，工具属性栏显示不同的内容，如图 1-1-6 所示。

图 1-1-6　工具属性栏

3. 文档标题栏

打开一个文件后，Photoshop 会自动创建一个文档标题栏。文档标题栏中会显示这个文件的名称、格式、窗口缩放比例和颜色模式等信息。

4. 工具箱

工具箱位于操作页面的左侧，它包含了用于绘制和编辑图形的工具。要移动工具箱，可以拖拽其标题栏。单击工具箱顶部的折叠图标 ››，可以将其折叠为双栏；单击 ‹‹ 图标即可还原回展开的单栏模式。

5. 页面区域

页面区域是 Photoshop 的工作区域，用来绘制、编辑和处理图像。

6. 浮动面板

默认情况下，浮动面板位于窗口的右侧，主要用于控制图像的编辑、操作以及设置参数等。单击面板名称即可切换到相应的面板。将光标移动至面板名称上方并按住鼠标左键拖拽，即可将面板进行分离；拖拽一个面板到另一个面板名称上方可以组合面板。要关闭某个浮动面板，单击浮动面板中的关闭图标 × 即可；要打开某个浮动面板，只需从窗口菜单中选择相应的命令即可。

7. 状态栏

状态栏位于工作界面的最下方，显示当前文档视图的缩放比例、文档尺寸、分辨率等信息。

二、文档的保存

制作完成后，执行“文件”“存储”命令或者“文件”“存储为”命令，弹出保存文档对话框，如图 1-1-7 所示。勾选“不再显示”选项，以后保存文档时不会再弹出这个对话框，单击“保存在您的计算机上”按钮，然后在弹出的“另存为”对话框中选择文件存储位置，并设置文件名称及保存类型。软件默认保存类型为“Photoshop（*.PSD，*.PDD，*.PSDT）”，单击“保存”按钮即可保存该文档，如图 1-1-8 所示。

图 1-1-7 保存文档对话框

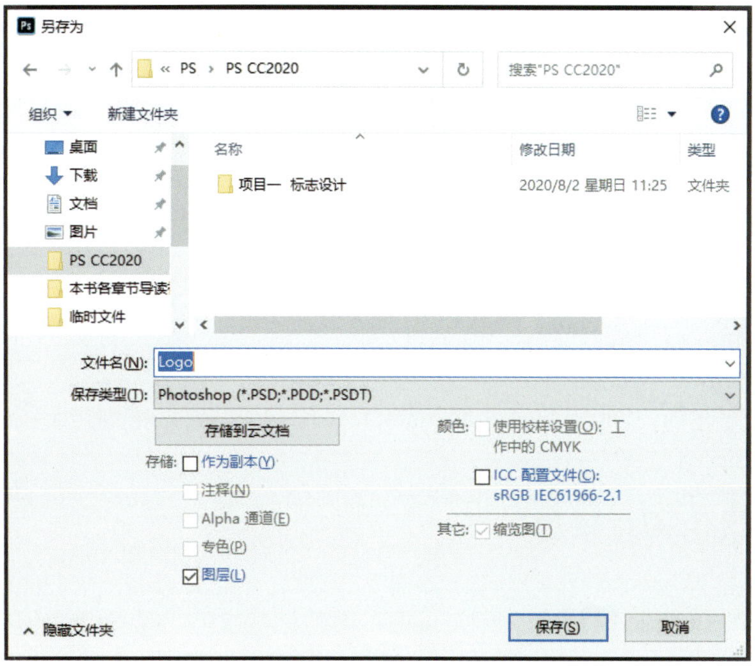

图 1-1-8 “另存为”对话框

小贴士

“保存到云文档”必须要有 Adobe 公司的注册账号，并且登录成功。云文档会在操作者运用软件时自动保存到 Adobe 的云，供操作者在登录 Photoshop 的任何地方进行访问。

三、椭圆工具

“椭圆工具”用于绘制椭圆形、圆形和路径。鼠标右键单击工具箱中的“矩形工具”图标，可从弹出的菜单中选择“椭圆工具”，如图 1-1-9 所示。

选择“椭圆工具”后，在工具属性栏里设置绘制模式以及描边填充等属性，设置完成后在页面中按住鼠标左键并拖拽可绘制椭圆或路径，按住 Shift 键的同时拖动鼠标可绘制正圆形或路径。

选择“椭圆工具”后在页面中单击鼠标左键，可弹出“创建椭圆”对话框，如图 1-1-10 所示。在对话框中分别设置椭圆的宽度和高度，这样可绘制出所需大小的椭圆或路径。勾选“从中心”选项，会以鼠标单击点为中心绘制矩形或路径。

图 1-1-9　选择“椭圆工具”

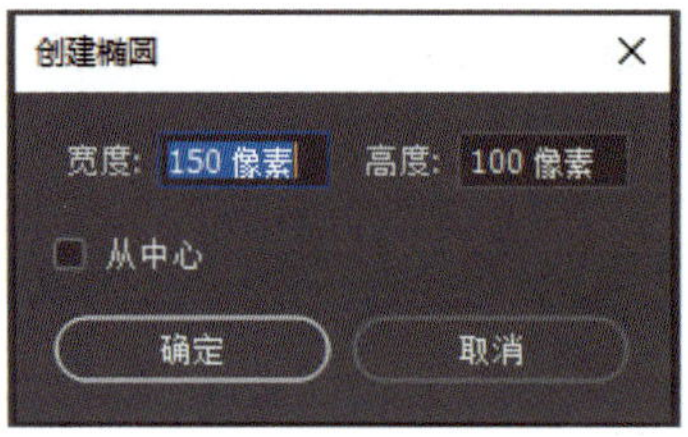

图 1-1-10　“创建椭圆”对话框

四、自定形状工具

自定形状工具主要用于绘制各种不规则的图形或路径。单击工具属性栏中的“形状”按钮，可在弹出的“形状”选项面板中选择需要绘制的图形，如图 1-1-11 所示。

五、移动工具

移动工具主要用于图像、图层或选择区域的移动，使用它可以完成排列、组合、移动和复制等操作。

六、设置前景色和背景色

在工具箱底部有两个图标，分别用来设置前景色和背景色，另一组较小的图标是默认前景色和背景色，两个箭头的图标用来切换前景色和背景色，如图 1-1-12 所示。按 X 键可以快速切换前景色和背景色。

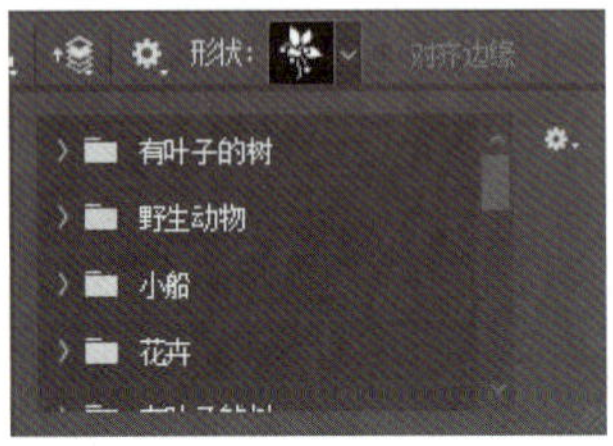

图 1-1-11　自定形状工具

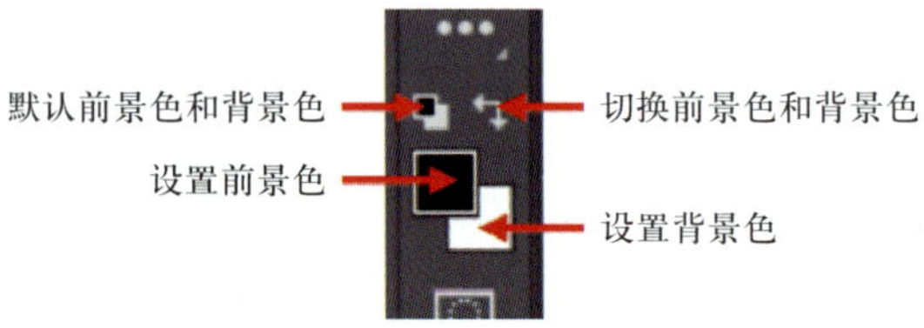

图 1-1-12　设置前景色和背景色图标

任务实施

一、新建 Photoshop 文档

启动 Photoshop 应用程序后，执行“文件”“新建”命令，弹出“新建文档”对话框，在对话框的右侧“预设详细信息”选项中输入“鹿牌服装标志”，宽度“180”，高度“180”，单位为“毫米”，颜色模式为“CMYK 颜色”，其他参数默认，如图 1-1-13 所示。然后单击“创建”按钮，创建一个新图像文件，如图 1-1-14 所示。

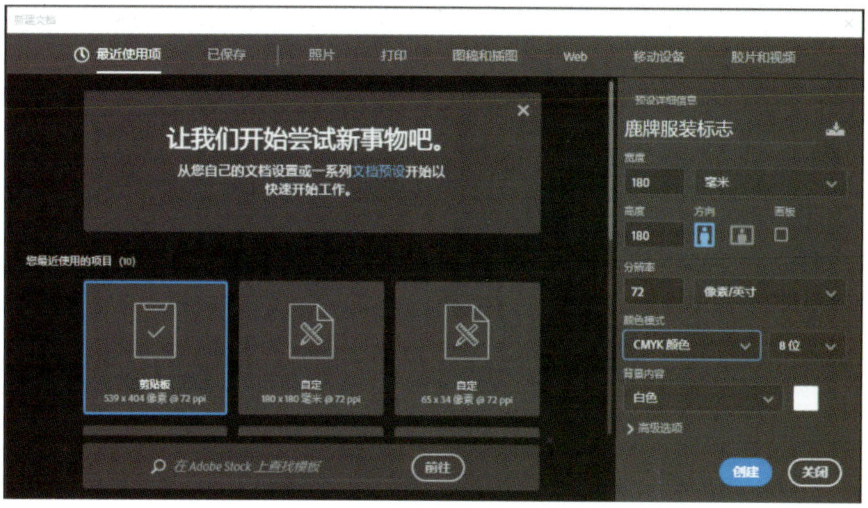

图 1-1-13 “新建文档”对话框参数设置

图 1-1-14 创建一个新图像文件

二、色彩设定

单击“设置前景色”按钮，在弹出的“拾色器（前景色）”对话框中设置颜色（C100，M65，Y20，K0），如图 1-1-15 所示，单击“确定”按钮。

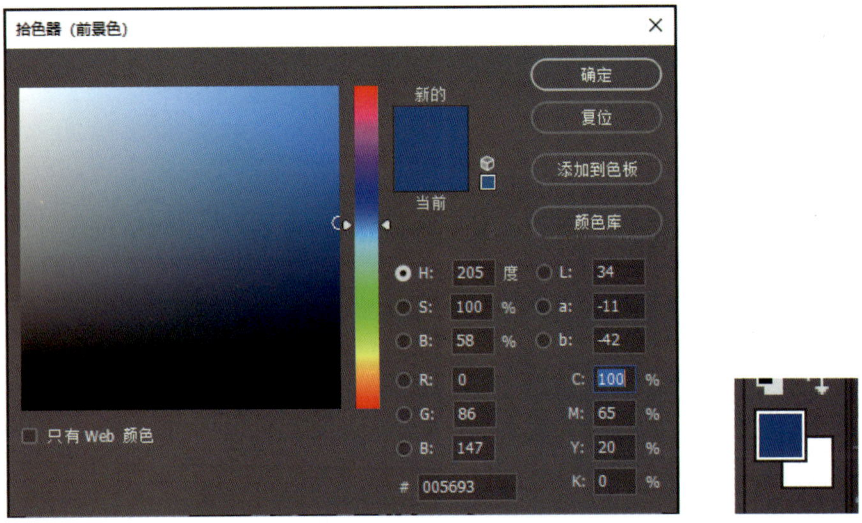

图 1-1-15　设置“拾色器（前景色）”颜色对话框

三、制作圆形

鼠标右键单击工具箱中的“矩形工具”图标 ，在弹出的工具组中选取“椭圆工具”图标 ，在工具属性栏中选择形状模式为“形状”，按住 Shift 键，在页面的适当位置拖拽鼠标光标，绘制如图 1-1-16 所示的圆形。

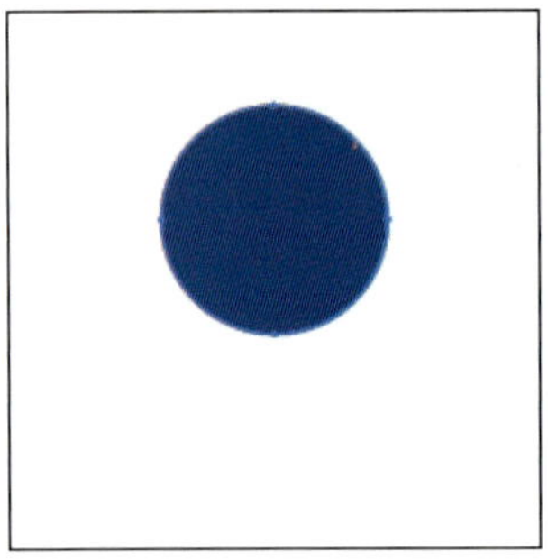

图 1-1-16　绘制圆形

小贴士

选中工具属性栏中的“形状”按钮，可以创建用前景色填充的图形，同时在“图层”面板中自动生成图层缩览图，并在“路径”面板中生成形状路径。双击图层缩览图，在弹出的“拾色器”中可以修改形状的填充颜色。

四、为圆形添加图层样式效果

1. 执行“图层”“图层样式”“描边”命令，弹出“图层样式”对话框，设置描边大小为“6 像素”，位置为“外部”，如图 1-1-17 所示。单击“确定”按钮，为圆形添加图层样式效果，如图 1-1-18 所示。

2. 执行“图层”“复制图层”命令，弹出“复制图层”对话框，如图 1-1-19 所示，单击“确定”按钮，将“椭圆 1”图层复制生成为“椭圆 1 拷贝”图层。

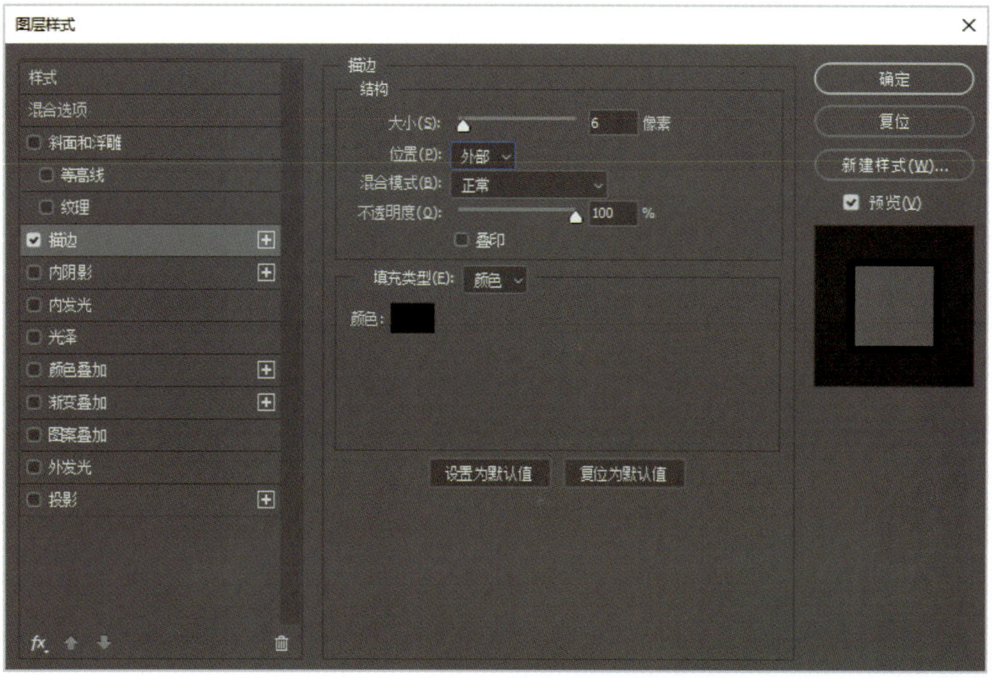

图 1-1-17 “图层样式”对话框参数设置

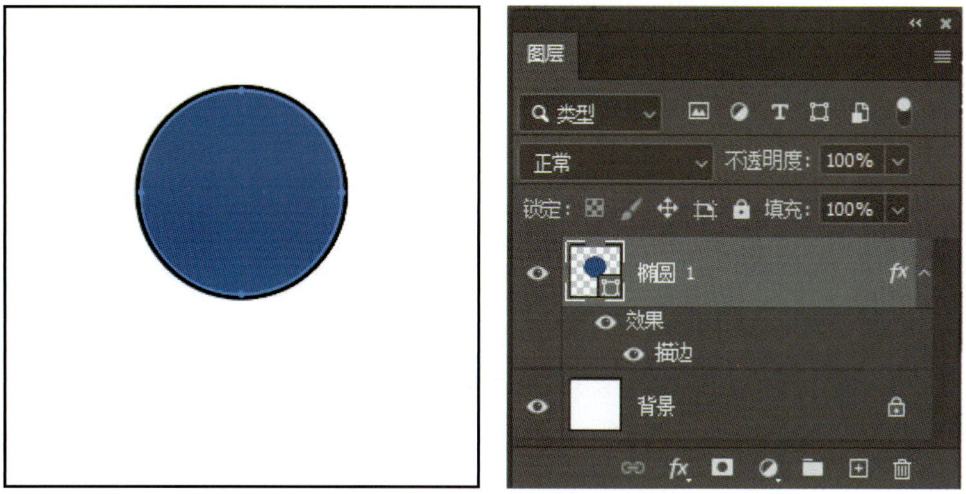

图 1-1-18 为圆形添加图层样式效果

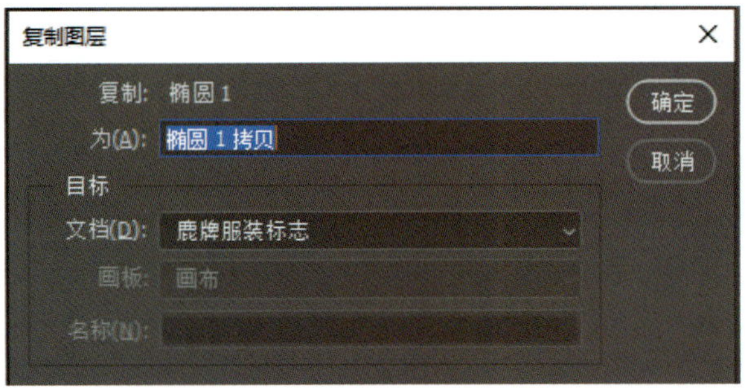

图 1-1-19　“复制图层”对话框

3. 执行“图层”“图层样式”“清除图层样式”命令，将“椭圆 1 拷贝”图层中的图层样式删除，如图 1-1-20 所示。

4. 单击工具属性栏中的“填充”按钮，在弹出的对话框中选取黑色，然后在“图层”面板中将其图层混合模式设置为“滤色”，如图 1-1-21 所示。

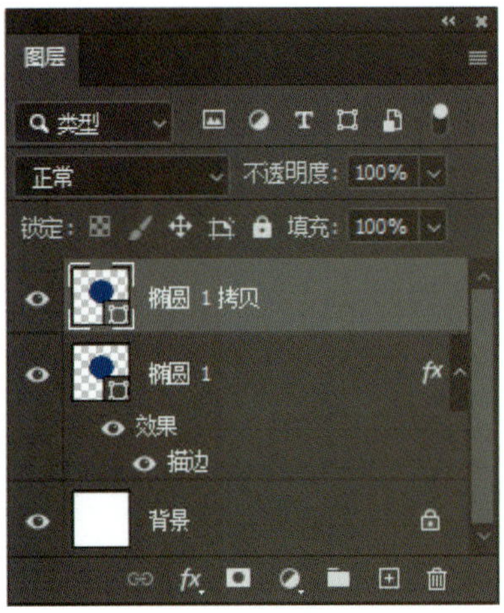

图 1-1-20　“图层”面板

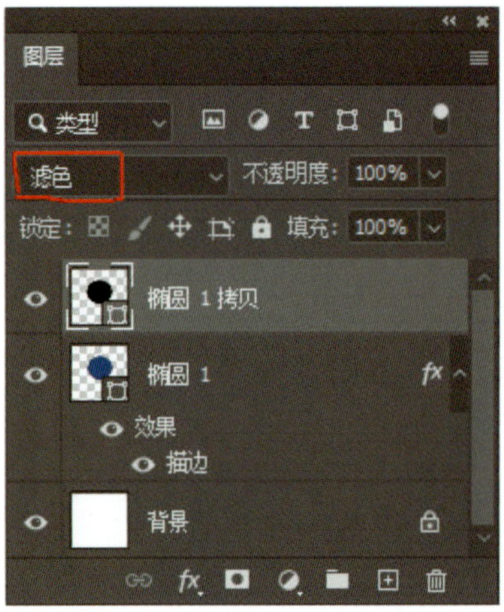

图 1-1-21　为图层设置“滤色”效果

5. 执行“图层”“图层样式”“内阴影”命令，弹出“图层样式”对话框，设置不透明度为“70%”，角度为“125 度”，距离为“3 像素”，大小为“8 像素”，如图 1-1-22 所示。接着选中“渐变叠加”样式，设置混合模式为“滤色”，不透明度为“50%”，设置渐变为“前景色到背景色渐变”，勾选“反向”选项，样式为“径向”，缩放为“90%”，如图 1-1-23 所示。然后在图形上按下鼠标左键拖动，调整图形上面添加的渐变叠加颜色的位置，其效果如图 1-1-24 所示，最后单击“确定”按钮。

6. 选中“椭圆 1 拷贝”图层，按下鼠标左键拖动到“创建新图层”图标处，即可复制生成为“椭圆 1 拷贝 2”图层，然后单击“内阴影”图层左侧的图标 ，将“椭圆 1 拷贝 2”图层中的内阴影效果图层隐藏，如图 1-1-25 所示。

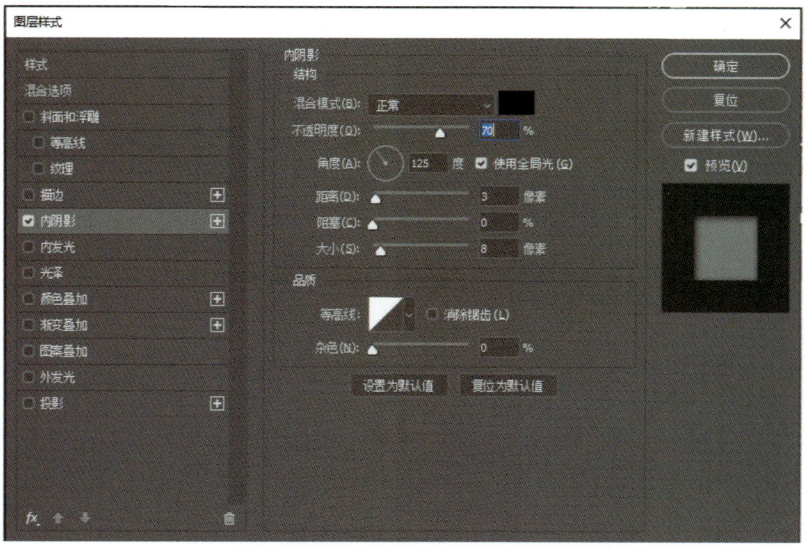

图 1-1-22　在“图层样式”对话框中设置“内阴影”参数

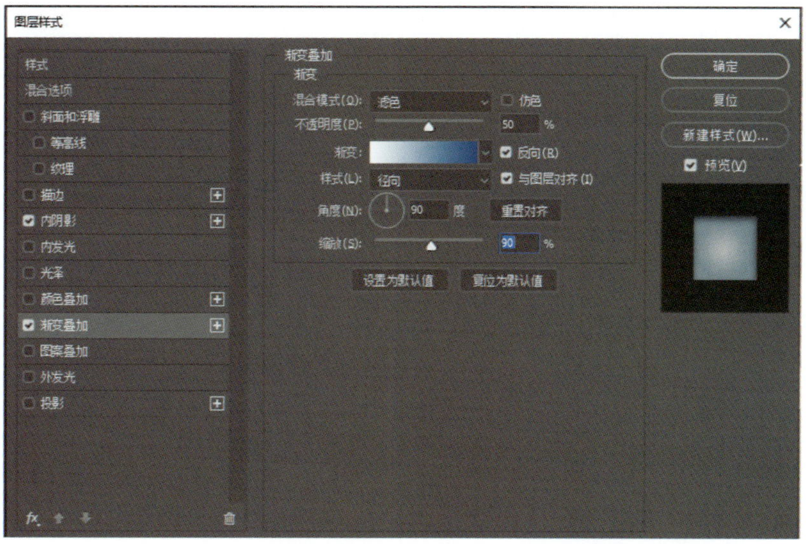

图 1-1-24　添加“图层样式”后的效果

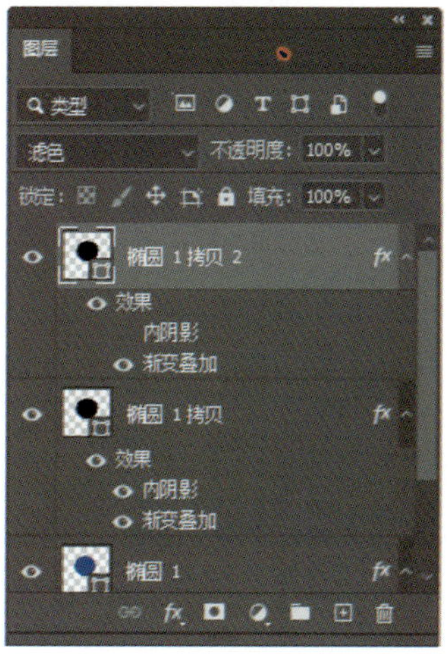

图 1-1-25　在“图层”面板隐藏“内阴影”

7. 双击“椭圆 1 拷贝 2”图层下面的“渐变叠加”图层，打开“图层样式”对话框，修改不透明度为“40%”，缩放为“70%”，如图 1-1-26 所示。然后在图形上按下鼠标左键拖动，将渐变叠加的颜色光晕移动到圆形的左下边位置，最后单击“确定”按钮，修改后效果如图 1-1-27 所示。

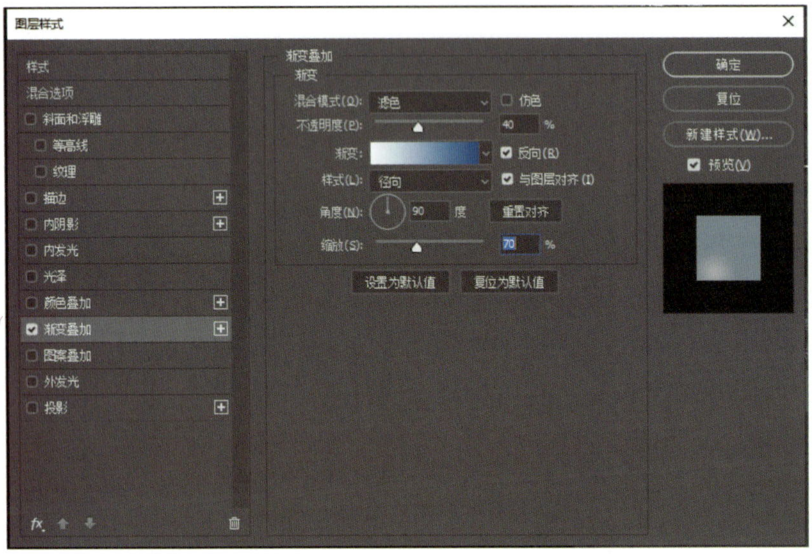

图 1-1-26　在“图层样式”面板修改参数

图 1-1-27　修改后的渐变叠加效果

小贴士

打开的对话框中有“预览”选项，勾选“预览”选项可以直观看到参数设置后的效果或操作过程的预览效果，方便制作时对图形图像的效果作出及时的处理。

五、新建图层

单击“图层”面板底部的“创建新图层”图标 ，在“图层”面板中新建“图层 1”。然后按 X 健，将前景色和背景色互换，即前景色为白色。

六、绘制图案

1. 选取自定形状工具图标 ，单击工具属性栏中的“自定形状”拾色器图标 形状: ，在弹出的面板中选择“野生动物”组中的“鹿”图形，如图 1-1-28 所示。

2. 按住 Shift 键在圆形上拖拽鼠标光标，绘制“鹿”图形，效果如图 1-1-29 所示。

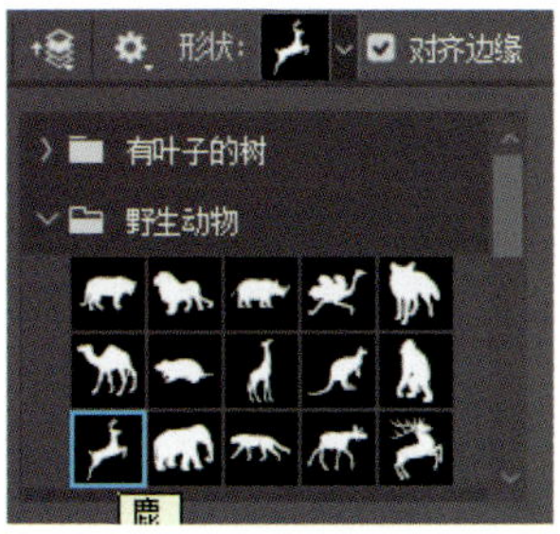

图 1-1-28　选择“鹿”图形

图 1-1-29　绘制“鹿”图形

七、输入文字

1. 单击“默认前景色和背景色”图标 ，设置前景色为黑色，选取“横排文字工具”图标 ，在工具属性栏中设置字体类型为“黑体”，文字的大小为“72 点”，然后在图像窗口单击鼠标左键，输入“鹿牌服装”，按 Esc 键退出输入。

2. 在工具属性栏中设置字体类型为“Arial”，文字的大小为“32 点”，再次在图像窗口单击鼠标左键，输入拼音“LUPAI FUZHUANG”，然后选择“移动”图标 调整文字的位置，效果如图 1-1-30 所示。

图 1-1-30　绘制完成的服装标志

八、保存文档

执行“文件”“存储为”命令，在弹出的对话框中单击“保存在您的计算机上”按钮，然后在弹出的“另存为”对话框中选择文件存储位置，文件名默认，保存类型为“Photoshop（*.PSD，*.PDD，*.PSDT）”，单击“保存”按钮保存该文档。

任务二

TASK 2

设计翔韵地产标志

任务目标

1. 能使用“钢笔工具”绘制图形。
2. 能使用“弯度钢笔工具”绘制图形。
3. 能使用“渐变”工具为图形填充颜色。
4. 能使用“文字”工具输入与编辑文字。
5. 能复制“图层样式”。

任务描述

本任务主要利用“弯度钢笔工具”“渐变”工具和“文字”工具制作图 1-2-1 所示翔韵地产标志。完成本任务，除了要学习标志的绘制技巧之外，还要学习钢笔工具、渐变填充、复制图层样式的使用方法。

图 1-2-1　翔韵地产标志

相关知识

一、钢笔工具

“钢笔工具”可通过锚点与手柄创建和更改路径或形状，主要用于绘制较为自由且复杂的路径。选择“钢笔工具”后在页面中单击 2 个锚点可绘制直线路径，继续单击并按住鼠标拖动可绘制有弧度的路径或形状，此时的锚点会产生 2 条控制手柄，用于控制弧度的形状和大小，如图 1-2-2 所示。

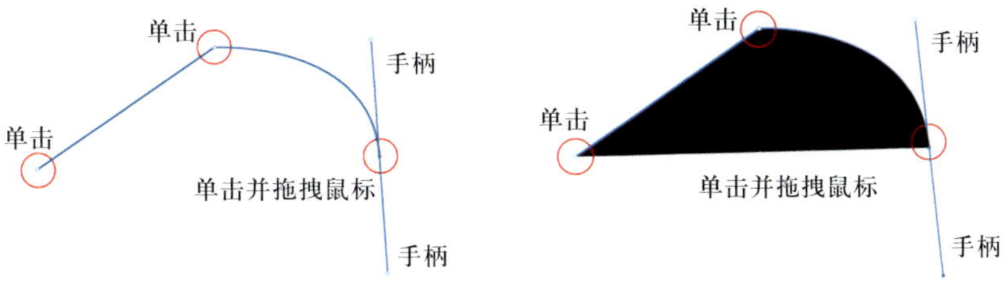

图 1-2-2　使用“钢笔工具”绘制形状和路径

在使用“钢笔工具”状态下，按住 Shift 键会以水平、垂直或倾斜 45 度进行绘制。将“钢笔工具”定位到所选路径上方时，它会变成“添加锚点工具”；将“钢笔工具”定位到锚点上方时，它会变成“删除锚点工具”。要闭合路径，则在绘制路径后将光标移动到路径起始锚点处并单击鼠标，如图 1-2-3 所示。

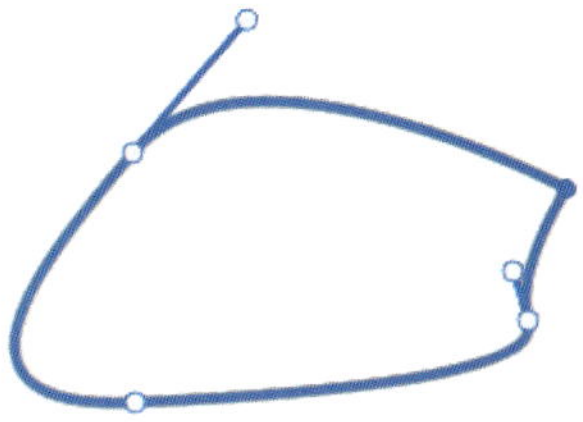
图 1-2-3　绘制闭合路径

二、弯度钢笔工具

“弯度钢笔工具”可使用点绘制和更改路径或形状。鼠标右键单击工具箱中的“”图标，可从弹出的选项卡中选择“弯度钢笔工具”，如图 1-2-4 所示。

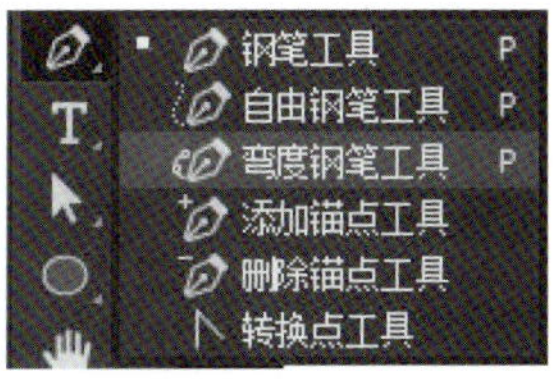

图 1-2-4　选择“弯度钢笔工具”

“弯度钢笔工具”与“钢笔工具”的使用方法相似，但“弯度钢笔工具”在使用时更加灵活。用该工具在页面中随意地绘制三个点就会形成一条曲线；要调整图形形态，只要将锚点选中就可以进行拖拽修改。在任意一个锚点上方双击，即可进行圆角与尖角之间的转换（按住 Alt 键的同时单击锚点也可以实现相同的操作）。

三、自由钢笔工具

“自由钢笔工具”主要用于在绘制路径或形状时添加描点。在工具箱中选中“自由钢笔工具”，在页面中按住鼠标左键随意拖拽，光标经过的区域即可形成路径。

四、添加锚点工具

“添加锚点工具”用于为路径添加锚点，调整路径的状态。使用该工具在路径上单击，即可添加新的锚点。

五、删除锚点工具

“删除锚点工具”用于删除路径中不需要的锚点，调整路径的状态。使用该工具在路径上的锚点处单击，即可删除指定的锚点。

六、转换点工具

“转换点工具”用于转换平滑锚点和拐角锚点，编辑形状和路径。使用该工具在路径上的锚点处单击，即可在平滑锚点和拐角锚点之间转换。

七、渐变工具

“渐变工具”用于创建颜色之间的渐变混合。在工具箱中选中“渐变工具”，选取渐变填充的对象，使其变为选区，根据设计需要，在工具属性栏设置可编辑渐变颜色、渐变类型、模式、不透明度等，然后在图形选区上拖动鼠标即可为对象填充渐变色，拖动鼠标的方向不一样，渐变填充的效果就不同。

八、渐变填充对象

选取渐变填充的对象，使其变为选区，选择“渐变工具”，单击浮动面板中的“渐变”面板并打开，如图 1-2-5 所示，在“渐变”面板中选择并单击渐变填充色块，即可渐变填充对象，效果如图 1-2-6 所示。

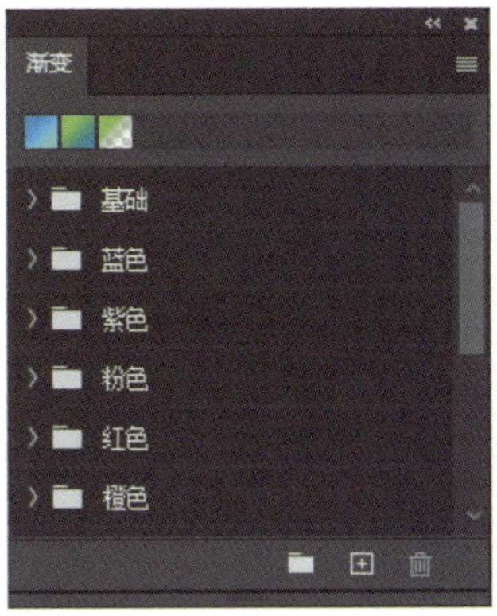

图 1-2-5 “渐变”面板

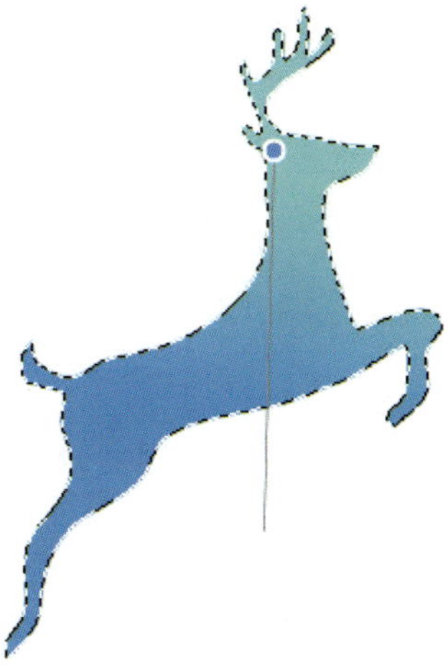

图 1-2-6 渐变填充效果

工具属性栏中显示的渐变类型项分为“线性渐变”“径向渐变”“角度渐变”“对称渐变”和“菱形渐变”五种。单击“点按可编辑渐变”图标 ，弹出“渐变编辑器”，用鼠标在渐变控制条下方单击，可添加渐变色标滑块；选中某一渐变色标滑块后，被选中的渐变色标滑块中的小三角呈黑色显示，同时“渐变编辑器”下面的“删除”按钮变为可用，单击此按钮将删除选中的渐变色标滑块，如图 1-2-7 所示。

制作时可通过拖动渐变色标滑块来调整渐变填充的位置，通过设置各渐变色标滑块的颜色值来调整渐变填充的颜色，渐变效果如图 1-2-8 所示。有关渐变的调整需要通过“渐变工具”来完成。

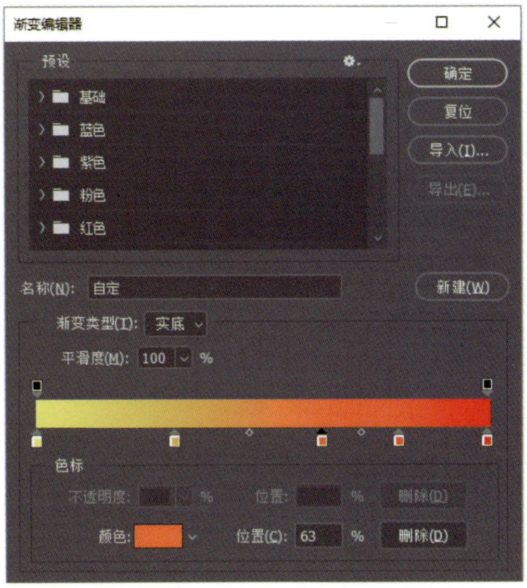

图 1-2-7 设置“渐变编辑器”

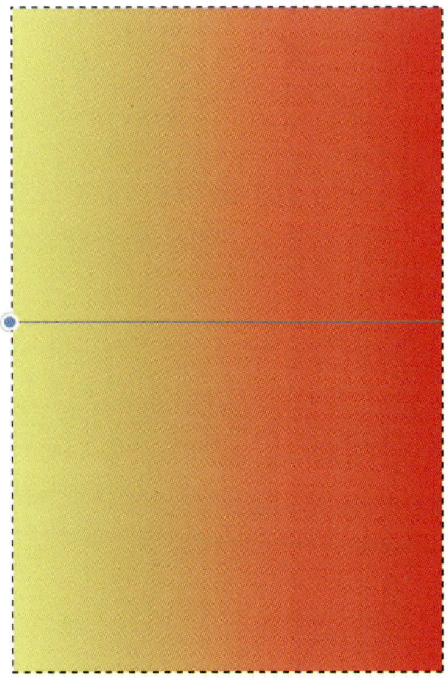

图 1-2-8 调整渐变填充效果

任务实施

一、新建 Photoshop 文档

按“Ctrl+N”组合键，创建一个宽度为“180 毫米”，高度为“160 毫米”，分辨率为“150 像素 / 英寸”，颜色模式为“CMYK 颜色”，背景内容为白色的文档。

二、绘制标志中的祥云

1. 鼠标右键单击工具箱中的“钢笔工具”图标 ，从弹出的选项卡中选择“弯度钢笔工具”，在工具属性栏设置工具属性为“路径”，在页面适当位置单击，确定弯度钢笔路径的起点，然后将鼠标光标移动到适当位置再次单击，确定第 2 个锚点，创建一条弯度钢笔路径，如图 1-2-9 所示。

2. 按照要设计的标志形状继续移动鼠标光标，并在适当位置单击，确定弯度钢笔路径的第 3 个锚点，此时就会形成一条曲线，如图 1-2-10 所示。

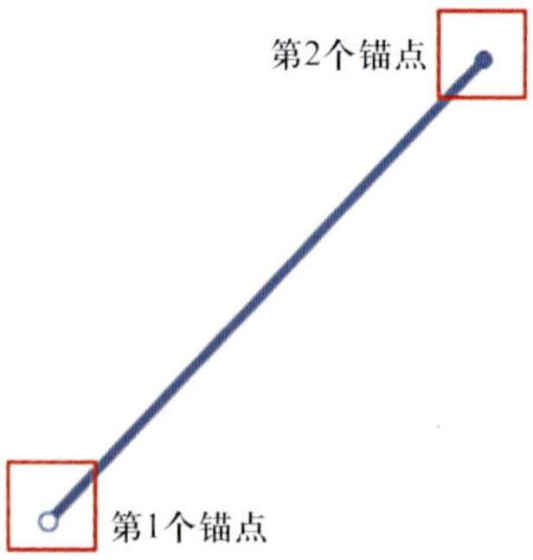

图 1-2-9　两个锚点创建的直线路径

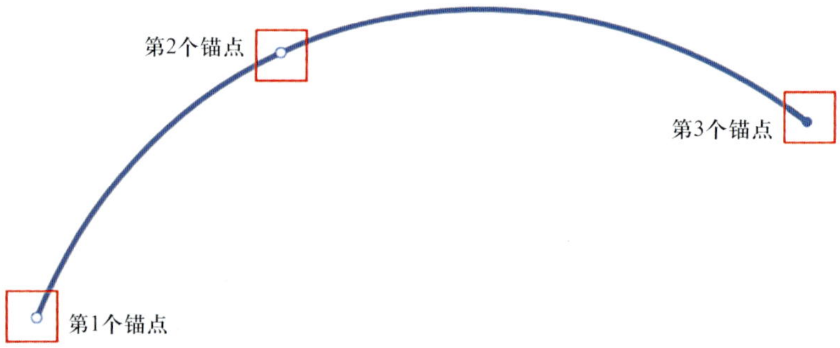

图 1-2-10　确定弯度钢笔路径的第 3 个锚点

3. 用相同的方法，按照标志形状继续依次单击创建其他锚点，如图 1-2-11 所示，当鼠标光标移动到第 1 个锚点位置时，鼠标光标右下角出现一个 图标，此时单击即可创建一条闭合的路径，如图 1-2-12 所示。

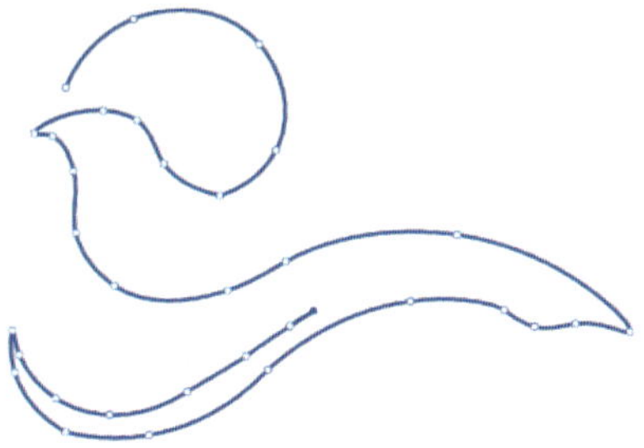

图 1-2-11　创建祥云图形的其他锚点

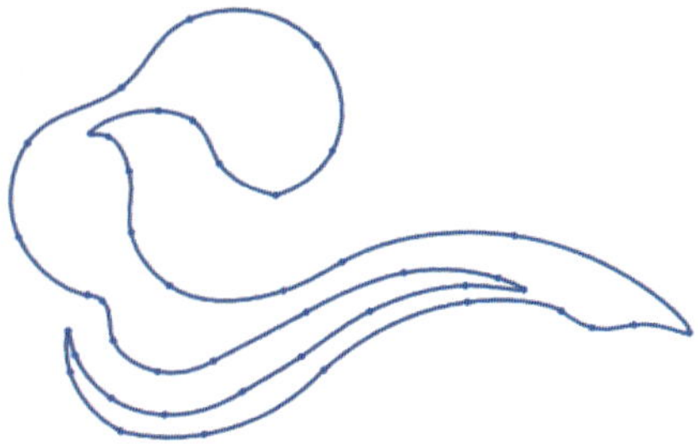

图 1-2-12　闭合后的路径

三、绘制标志中的叶子

1. 选择工具箱中的“钢笔工具”，在祥云路径右上部分的适当位置依次单击多个锚点，使它形成叶子形状的闭合路径，如图 1-2-13 所示。

2. 继续在祥云路径右下部分的适当位置依次单击多个锚点，使它形成另一片叶子形状的闭合路径，如图 1-2-14 所示。

图 1-2-13　绘制祥云右上部分的叶子

图 1-2-14　绘制祥云右下部分的叶子

四、调整标志的造型

1. 鼠标右键单击工具箱中的“钢笔工具”图标 ，从弹出的选项卡中选择“转换点工具”图标 ，单击祥云右上部分的叶子路径，将鼠标光标移动到路径的锚点上，按住鼠标左键拖拽鼠标光标，此时拖拽出两条控制手柄，通过调整控制手柄的长度和方向，从而调整路径的弧度，如图 1-2-15 所示。

2. 第一个锚点调整好后，再在另一个锚点上按下鼠标左键拖动，出现控制手柄后调整路径的形状，按照叶子形状依次调整其他锚点，将路径调整成如图 1-2-16 所示的叶子形状。

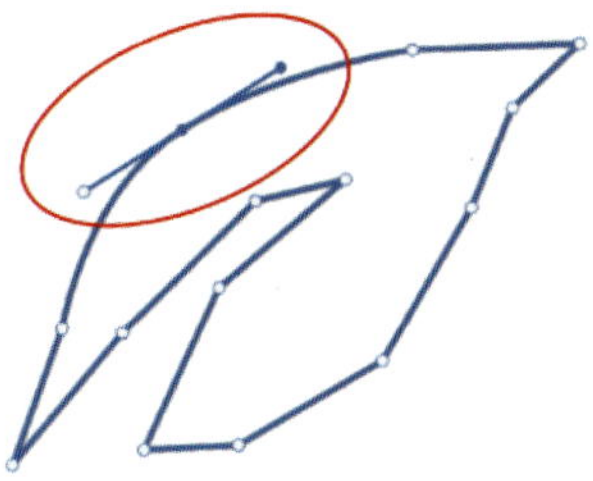

图 1-2-15　调整路径时的状态

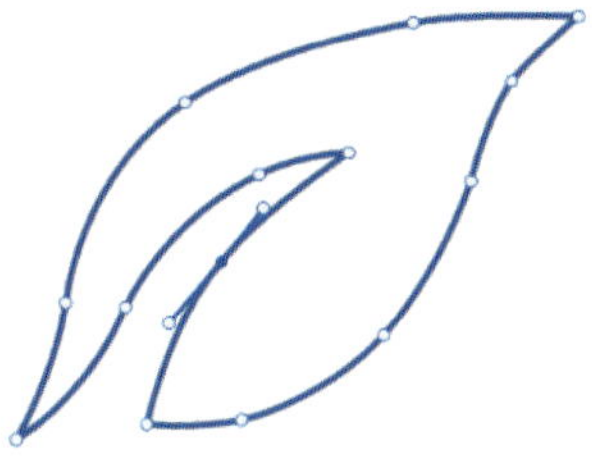

图 1-2-16　调整后的叶子路径

小贴士

调整路径时，如果锚点右侧的路径调整完成了，就可以释放鼠标左键，然后拖动锚点左侧的控制手柄进行路径调整，这时锚点右侧的路径将被锁定，平滑点也就变成了角点。

3. 用相同的调整方法，按照标志形状依次调整其他锚点，将路径调整成如图 1-2-17 所示的标志形状。

图 1-2-17 调整后的标志形状

五、为标志填充颜色

1. 在“路径”面板中，将绘制的“工作路径”拖拽到“创建新路径”图标 上，此时路径名称变为“路径 1”，并应存储工作路径，以免不慎丢失。然后单击“路径”面板底部的“将路径作为选区载入”图标 ，将路径转换为选区，如图 1-2-18 所示。

图 1-2-18 将路径转换为选区

2. 选取“渐变工具”，在工具属性栏中单击“点按可编辑渐变”图标 ，弹出“渐变编辑器”，双击渐变控制条下方的第一个“色标”滑块，如图 1-2-19 所示，在弹出的“拾色器（色标颜色）”对话框中，设置渐变颜色为“C80、M25、Y30、K0”，如图 1-2-20 所示。

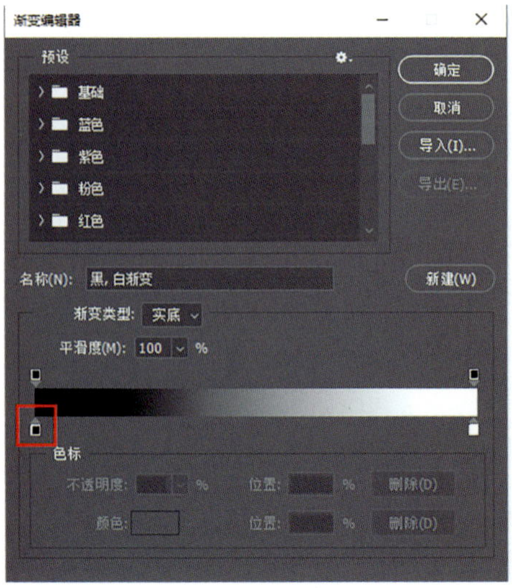

图 1-2-19 “渐变编辑器”中的“色标”滑块

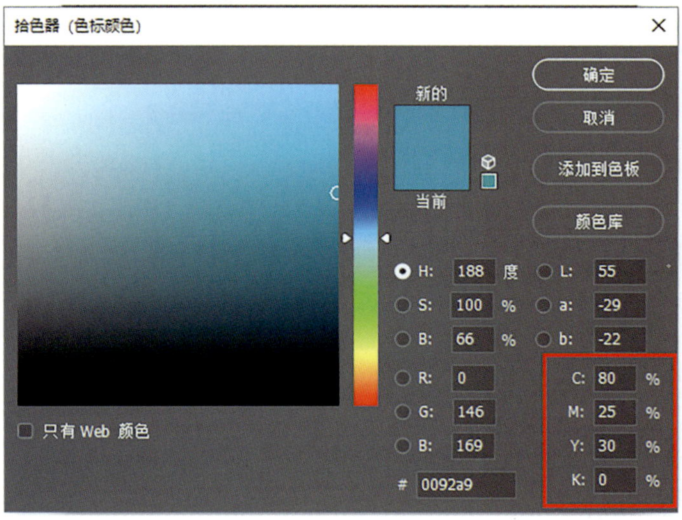

图 1-2-20 “拾色器（色标颜色）”对话框参数设置

3. 双击渐变控制条下方的第二个“色标”滑块，在弹出的“拾色器（色标颜色）”对话框中，设置渐变颜色为“C50，M0，Y90，K0”，接着在渐变控制条下方单击，添加一个渐变滑块，并设置颜色为“C40，M0，Y50，K0”，位置为“55%”，如图 1-2-21 所示。单击“确定”按钮，结束设置。

4. 在“图层”面板中新建“图层 1”，在工具属性栏中单击“线性渐变”图标 ，接着在选区中由下往上拖拽鼠标光标填充渐变色，然后按“Ctrl+D”组合键去除选区，填充颜色后的图形效果如图 1-2-22 所示。

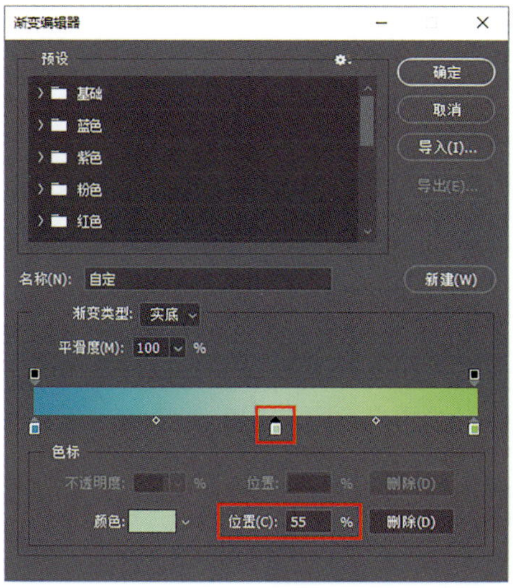

图 1-2-21　设置渐变颜色

图 1-2-22　填充渐变色后的效果

六、为标志添加效果

1. 执行“图层”“图层样式”“混合选项”命令，在弹出的“图层样式”对话框中为图形设置“投影”参数及选项为：混合模式为“正片叠底”，不透明度为“40%”，距离为“10 像素”，扩展为“8%”，大小为“20 像素”，其他为默认值，如图 1-2-23 所示。

2. 在对话框中再选中“描边”的图层样式，设置参数及选项为：大小为“3 像素”，位置为“外部”，混合模式为“正常”，不透明度为“100%”，颜色为白色，单击“确定”按钮，为图形添加图层样式后的效果如图 1-2-24 所示。

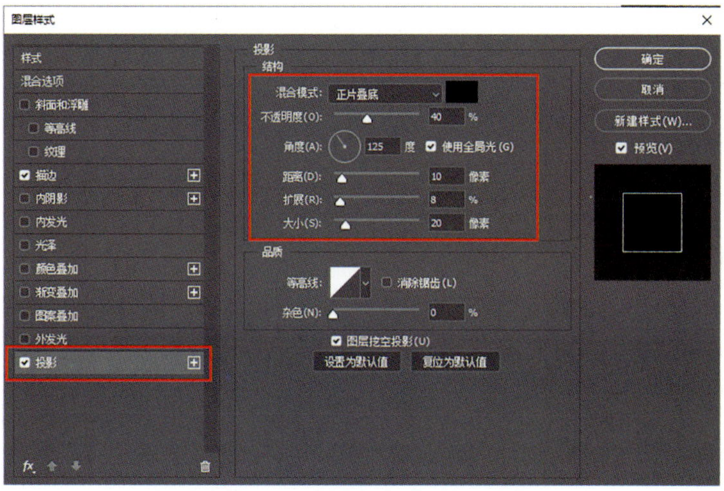

图 1-2-23　“图层样式”对话框参数设置

图 1-2-24　为图层添加图层样式后的效果

七、输入文字

1. 选取“横排文字工具”图标 **T**，在工具属性栏中设置字体类型为“Adobe 黑体 Std”，文字的大小为“85 点”，颜色为“C100，M0，Y50，K20”，如图 1-2-25 所示。然后在图像窗口单击鼠标左键，输入中文“翔韵地产”，此时在图层面板会自动生成“翔韵地产”图层，接着使用“移动工具”将文字移动到标志下方居中的位置。

图 1-2-25　横排文字工具属性栏中的参数及选项设置

2. 再次选取“横排文字工具”图标 **T**，在工具属性栏中设置字体类型为“Arial”，文字的大小为“35 点”，颜色为“C100，M0，Y50，K20”，然后在图像窗口单击鼠标左键，输入英文“XIANG YUN ESTATE ”，在图层面板会自动生成“XIANG YUN ESTATE”图层，按 Esc 键退出输入，再使用“移动工具”调整文字的位置。如图 1-2-26 所示。

图 1-2-26　在画面中输入的文字

八、给文字添加效果

1. 单击“图层 1”，将其设置为工作图层，执行“图层”“图层样式”“拷贝图层样式”命令，然后单击“翔韵地产”图层，将其设置为工作图层，执行“图层”“图层样式”“粘贴图层样式”命令，为中文“翔韵地产”添加图层样式，效果如图 1-2-27 所示。

2. 单击“XIANG YUN ESTATE”图层，将其设置为工作图层，执行“图层”“图层样式”“粘贴图层样式”命令，为文字添加图层样式。

3. 执行“图层”“图层样式”“投影”命令，在“图层样式”对话框中将距离设置为“6 像素”，大小设置为“15 像素”，然后单击“确定”按钮，为文字添加“投影”图层样式效果，如图 1-2-28 所示。

图 1-2-27　为文字添加图层样式效果

图 1-2-28　为文字添加“投影”图层样式效果

小贴士

在复制图层样式时，执行"拷贝图层样式"命令可以将工作图层应用的样式拷贝到剪贴板中，直到下一次执行该命令之前，剪贴板中将一直保存该样式，并可以在不同图片中多次应用。

九、保存文档

按"Ctrl+S"快捷键，在弹出的对话框中单击"保存在您的计算机上"按钮，在弹出的"另存为"对话框中选择文件存储位置，文件名为"翔韵地产标志"，保存类型为"Photoshop（*.PSD、*.PDD或*.PSDT）"，单击"保存"按钮保存该文档，如图1-2-1所示。

任务三 TASK 3 设计宝贝玩具店标志

任务目标

1. 能应用“转换点工具”。
2. 能应用“画笔工具”。
3. 能应用“减淡工具”和“加深工具”。
4. 能应用描边命令。
5. 能调整图层顺序。

任务描述

本任务要设计的是宝贝玩具店标志（见图 1-3-1），制作过程主要利用“弯度钢笔工具”“钢笔工具”“转换点工具”和“画笔工具”。要完成本任务，除了掌握卡通标志的绘制技巧之外，还要掌握“弯度钢笔工具”“画笔工具”“减淡工具”和“加深工具”的使用方法及调整图层顺序的方法。

图 1-3-1　宝贝玩具店标志

相关知识

一、画笔工具

“画笔工具”是 Photoshop 使用频率非常高的一种工具，其最基本的使用方法就是通过鼠标涂抹进行绘制，其次是通过路径描边进行绘制。单击工具箱中的“画笔工具”，在工具属性栏中可以看到很多选项设置，如图 1-3-2 所示。画笔工具属性栏中各选项的含义如下：

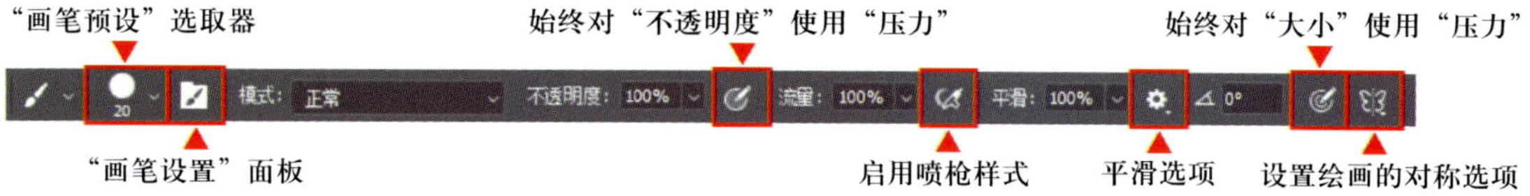

图 1-3-2　画笔工具属性栏

1.“画笔预设”选取器：单击此图标即可打开“画笔预设”选取器面板，如图 1-3-3 所示；根据绘制需要选择不同类型的画笔笔尖，单击其图标即可选中该笔尖，接着可以在页面中绘制。

大小：通过参数设置或者移动滑块调整画笔笔尖的大小。在英文输入法状态下，可以按“[”键和“]”键改变画笔笔尖的大小。

硬度：可以对圆形的画笔硬度数值进行调整。数值越大画笔边缘越清晰，数值越小画笔边缘越模糊。

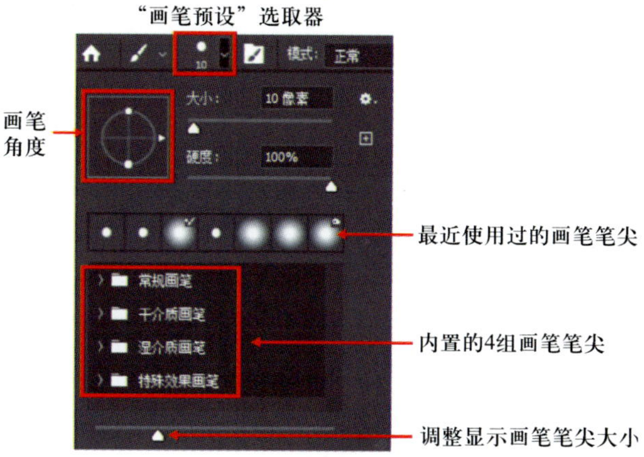

图 1-3-3　“画笔预设”选取器面板

小贴士

选择“画笔工具”后，在页面中单击鼠标右键也可以打开“画笔预设”选取器。

2.“画笔设置”面板 ：单击该图标即可打开“画笔设置”面板。

3. 模式：用来设置当前颜色与现有颜色或像素的混合。使用该功能需要选择一个非空白图层进行绘制，才能看到混合效果。

4. 不透明度：用来设置画笔绘制颜色的不透明度。数值越大，画笔绘制颜色的不透明度越高；数值越小，画笔绘制颜色的不透明度越低。

5. 始终对“不透明度”使用“压力”：在使用带有压感的手绘板时，启用该功能可对“不透明度”进行“压力”调节。在关闭该功能时，通过“画笔预设”选取器控制压力。

6. 流量：用来设置当将光标移到某个区域上方时应用颜色的速率。在某个区域上方进行绘画时，如果一直按住鼠标左键，颜色量将根据流动速率增大，直至达到“不透明度”设置。

7. 启用喷枪样式：激活该图标，会根据鼠标左键的单击程度确定画笔笔迹的填充数量。

8. 平滑：用于设置所绘制线条的流畅程度，数值越高，线条越平滑。

9. 角度 0°：用来设置画笔笔尖的旋转角度。

10. 始终对“大小”使用“压力”：在使用带有压感的手绘板时，启用该功能则可以对“大小”使用“压力”调节。在关闭该功能时，通过“画笔预设”选取器控制压力。

11. 对称选项：设置绘画的对称选项。

小贴士

在使用“画笔工具”绘制时，可以按数字键快速调整画笔的“不透明度”，数字 1 ~ 9 分别代表 10% ~ 90% 的不透明度，0 代表 100% 的不透明度。

二、减淡工具

“减淡工具”主要用来调亮图像中的区域。使用该工具时，可在工具属性栏中设置各选项及参数。在英文输入法状态下，可以按“ [”键和“] ”键改变减淡工具像素的大小。

三、加深工具

“加深工具”主要用来调暗图像中的区域。其使用方法与“减淡工具”相似。

四、调整图层顺序的方法

1. 执行“图层”“排列”命令，在弹出的“排列”子菜单中执行相应的命令，即可调整图层的位置，如图 1-3-4 所示。

2. 打开“图层”面板，在要调整顺序的图层上按下鼠标左键，然后向上或向下拖拽鼠标，此时会有一蓝色矩形线框跟随鼠标光标移动，当线框调整至要移动的位置后释放鼠标左键，当前图层即会调整至释放鼠标左键的图层位置，如图 1-3-5 所示。

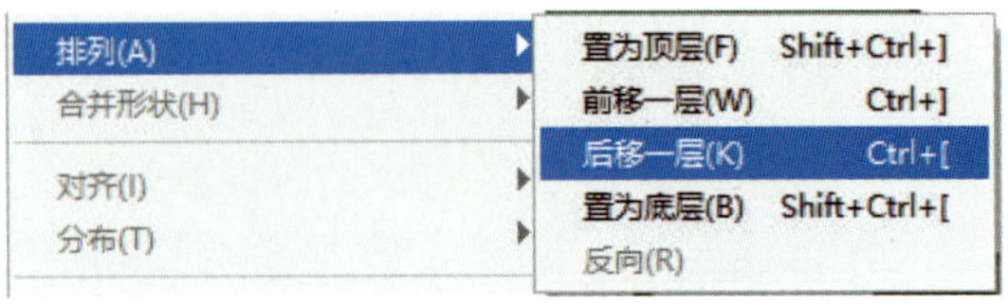

图 1-3-4 “排列”子菜单

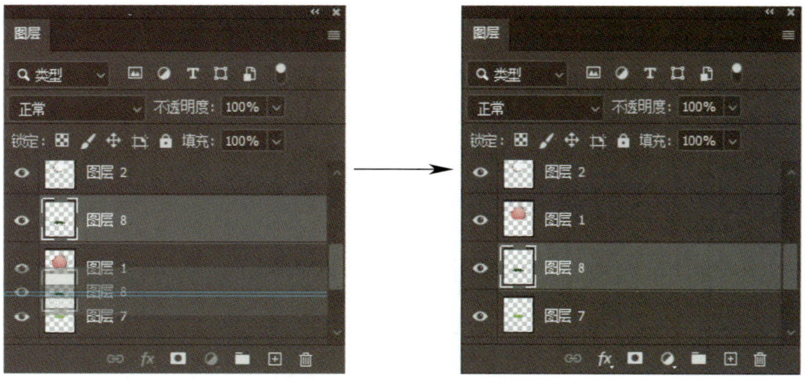

图 1-3-5 调整图层顺序

任务实施

一、打开 Photoshop 文档

启动 Photoshop 软件后，执行“文件”“打开”命令或按“Ctrl+O”快捷键，将“素材 / 项目一素材”目录下名为“宝贝玩具店标志线稿.JPG”的文件打开，如图 1-3-6 所示。

图 1-3-6 打开的文件

二、调整文档颜色

1. 执行“图像”“模式”“CMYK 颜色”命令，将文件颜色模式转换为 CMYK 颜色模式。

2. 执行“图像”“调整”“色相 / 饱和度”命令，弹出“色相 / 饱和度”对话框，勾选“着色”，设置色相为“0”，饱和度为“100”，明度为“85”，如图 1-3-7 所示。单击“确定”按钮，调整颜色后的效果如图 1-3-8 所示。

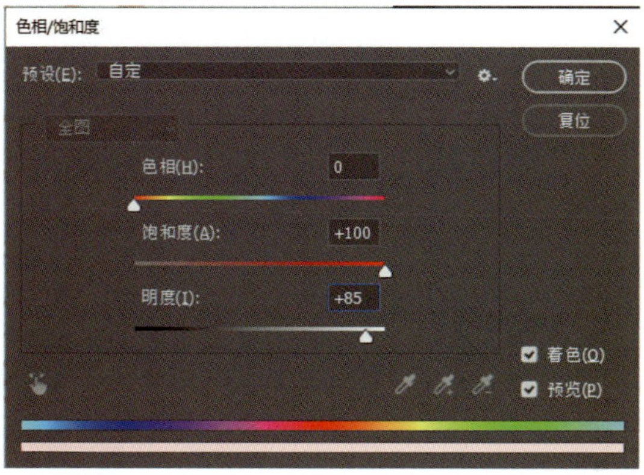

图 1-3-7 在“色相 / 饱和度”对话框设置参数

图 1-3-8 调整颜色后的效果

三、绘制卡通标志头部

1. 选取“弯度钢笔工具”，在工具属性栏设置其属性为“路径”，根据线稿轮廓，在画面中依次单击，绘制如图 1-3-9 所示的路径。

2. 选取钢笔工具组中的“转换点工具”，在路径上单击，使路径显示出锚点，然后依次对锚点进行调整，使路径紧贴在卡通标志的轮廓边缘，如图 1-3-10 所示。

图 1-3-9　绘制的路径

图 1-3-10　调整后的路径

小贴士

在 Photoshop 中使用“钢笔工具”或“弯度钢笔工具”绘制精准曲线或其他图形形状是比较难的，建议在绘制之前，先将设计稿或实例效果图片置入操作的文档中，然后参照着绘制，这样操作又快又好。

3. 单击“路径”面板右上角的下拉按钮，在弹出的下拉菜单中选择“存储路径”命令，弹出“存储路径”对话框，将名称修改为“头”，如图 1-3-11 所示，然后单击“确定”按钮，将绘制的路径保存，如图 1-3-12 所示。

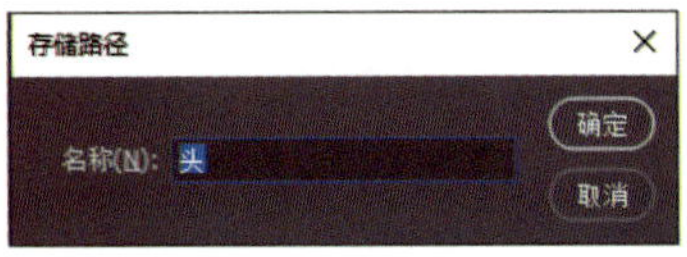

图 1-3-11　“存储路径”对话框

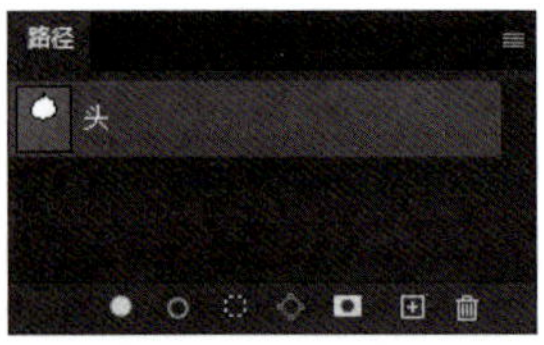

图 1-3-12　“路径”面板

4. 按“Ctrl+Enter”快捷键，将路径转换成选区，然后在“图层”面板底部单击“创建新图层”图标，创建“图层 1”。

5. 将前景色设置为浅粉红色（C0，M40，Y20，K0），背景色设置为深粉红色（C0，M70，Y30，K0），然后选取“渐变工具”，再单击工具属性栏中“点按可编辑渐变”图标，在弹出的“渐变编辑器”窗口中选取“预设”“基础”中的“前景色到背景色渐变”图标，如图 1-3-13

所示。然后单击“确定”按钮关闭窗口。

6. 单击工具属性栏中的“径向渐变”图标 、由选区的中上方向下方拖动鼠标光标填充渐变色，释放鼠标左键，填充径向渐变后的效果如图 1-3-14 所示。

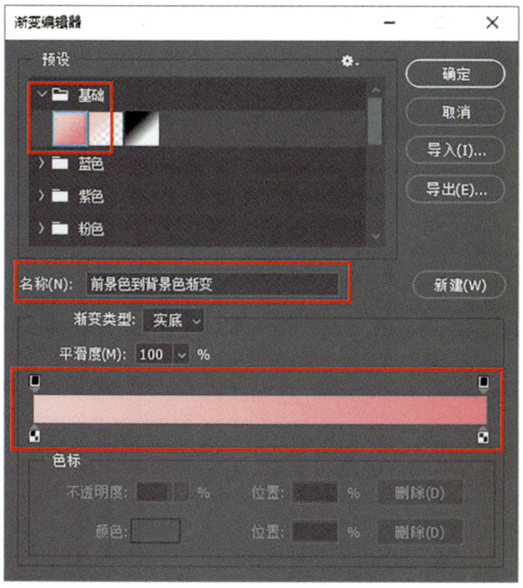

图 1-3-13 “渐变编辑器”窗口

图 1-3-14 填充径向渐变后的效果

7. 单击工具箱中的“默认前景色和背景色”图标 ，将前景色设置为黑色，然后执行“编辑”“描边”命令，弹出“描边”对话框，设置描边宽度为“4 像素”，位置为“居中”，如图 1-3-15 所示。单击“确定”按钮，为选区描边后的效果如图 1-3-16 所示。再按“Ctrl+D”快捷键取消选区。

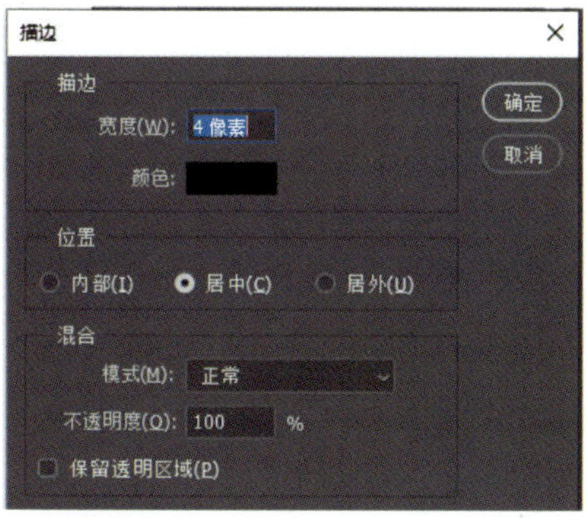

图 1-3-15 “描边”对话框参数设置

图 1-3-16 为选区描边后的效果

8. 在图层面板底部单击“创建新图层”图标 ，创建“图层 2”，然后单击“图层 1”左侧的图标 ，隐藏该图层。

9. 使用“弯度钢笔工具” 和“转换点工具” ，根据线稿绘制并调整卡通标志脸部的轮廓路径，如图 1-3-17 所示，然后用与步骤“3”相同的方法，将路径命名为“脸”进行保存。

10. 将前景色设置为白色，按“Ctrl+Enter”快捷键将路径转换为选区，再按“Alt+Delete”快捷键将选区填充白色，如图 1-3-18 所示。

图 1-3-17　绘制并调整卡通标志脸部的轮廓路径

图 1-3-18　选区填充白色的效果

小贴士

按“Alt+Delete”快捷键或“Alt+Backspace”快捷键可为当前的选区或页面填充前景色；按“Ctrl+Delete”快捷键或“Ctrl+Backspace”快捷键可为当前的选区或页面填充背景色。

11. 选取“画笔工具”，在工具属性栏中的“画笔预设”选取器图标上单击，弹出“画笔预设”面板，设置大小为“55 像素”、硬度为“0%”，如图 1-3-19 所示；再设置工具属性栏中的流量为“10%”。

12. 接着设置前景色为粉红色（C0，M50，Y30，K0），然后在选区里的左下方和右下方拖拽鼠标光标喷绘粉红色，绘制出脸部的色彩，如图 1-3-20 所示。

13. 用与步骤 7 相同的方法，对选区进行描边操作，效果如图 1-3-21 所示。

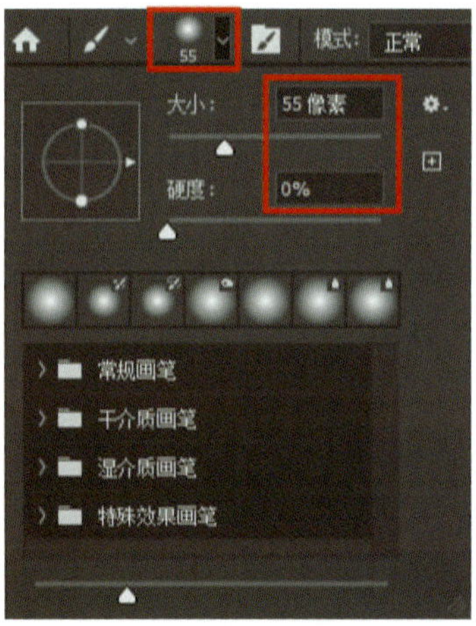

图 1-3-19　在“画笔预设”面板设置参数

图 1-3-20　选区填充喷绘粉红色的效果

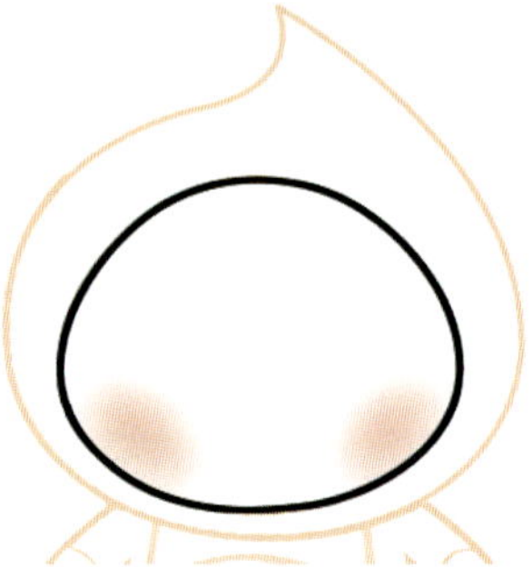

图 1-3-21　描边后的效果

四、绘制卡通标志眼睛

1. 单击“图层 2”左侧的 图标，隐藏该图层。再新建“图层 3”，然后选取“椭圆选框工具” ，根据线稿轮廓在卡通线稿的眼睛处绘制椭圆形选区，并为其填充白色。

2. 将前景色设置为浅蓝色（C30，M0，Y10，K0），选取“画笔工具” ，在选区下方喷绘浅蓝色，然后为该椭圆形选区描边，设置宽度为“3 像素”、颜色为黑色，位置为“居中”，效果如图 1-3-22 所示。

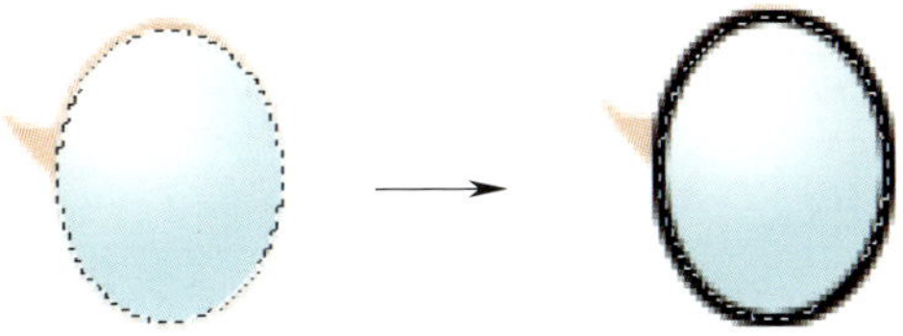

图 1-3-22 喷绘及描边效果

3. 单击“图层 3”左侧的 图标，隐藏该图层。选取“椭圆选框工具” ，根据线稿轮廓绘制瞳孔的选区，在工具属性栏上选中“从选区减去”图标 ，在瞳孔选框左上角拖动鼠标减除白点部分。然后显示该图层，并为瞳孔选区填充暗蓝色（C60，M30，Y0，K80），效果如图 1-3-23 所示。

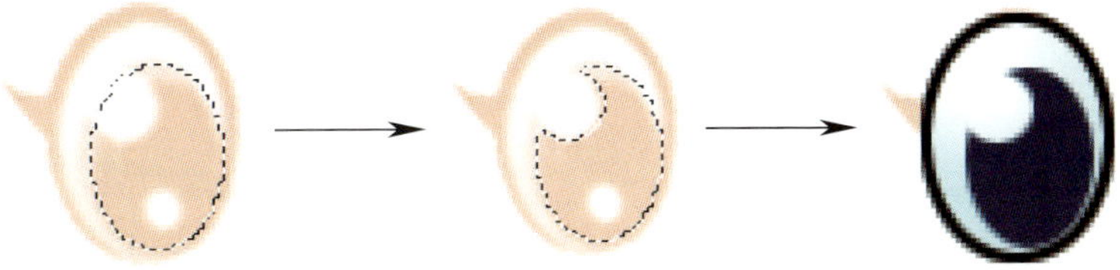

图 1-3-23 绘制瞳孔的效果

4. 选取“椭圆选框工具” ，在瞳孔上绘制高光点，然后用“钢笔工具” 绘制眼睫毛，并填充黑色，效果如图 1-3-24 所示。

5. 在“图层”面板上，将“图层 3”拖动到图层底部的“创建新图层”图标 ，复制生成“图层 3 拷贝”图层。

6. 按“Ctrl+T”快捷键为其添加自由变换框，然后单击鼠标右键，在弹出的选项框中选择“水平翻转”，接着将眼睛拖动到卡通线稿右眼的位置，按 Enter 键确定，效果如图 1-3-25 所示。

图 1-3-24 绘制高光点及眼睫毛

图 1-3-25 将复制的眼睛放到合适的位置

五、绘制嘴巴

1. 使用“钢笔工具” 和“转换点工具” ，根据线稿轮廓绘制并调整出如图 1-3-26 所示的嘴部外轮廓路径。

2. 按“Ctrl+Enter”快捷键将路径转换为选区，然后新建“图层 4”，为嘴部轮廓填充暗红色（C50，M100，Y100，K20），并为其进行描边操作，设置宽度为“2 像素”、颜色为黑色，位置为“居中”，效果如图 1-3-27 所示。

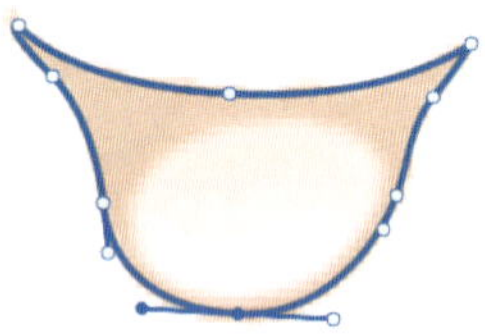

图 1-3-26 绘制嘴部外轮廓路径

图 1-3-27 绘制的嘴部效果

3. 将“图层 4”隐藏，利用“钢笔工具” 和“转换点工具” ，根据线稿轮廓绘制舌头并调整出如图 1-3-28 所示的轮廓路径。

4. 按“Ctrl+Enter”快捷键将路径转换为选区，然后新建“图层 5”，为舌头轮廓填充粉红色（C10，M40，Y10，K0），如图 1-3-29 所示。

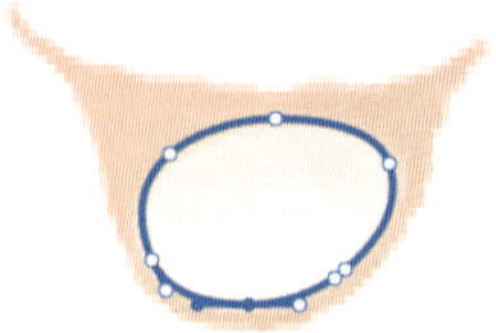

图 1-3-28 绘制舌头轮廓路径

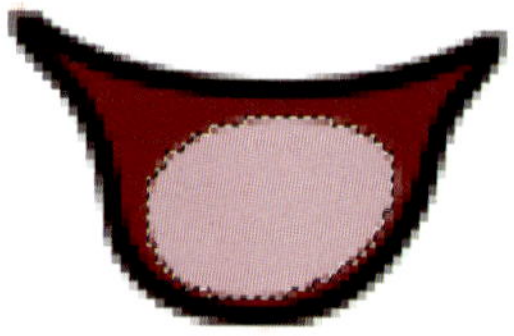

图 1-3-29 为舌头填充颜色

5. 选取“减淡工具” ，设置工具属性栏中各选项及参数如图 1-3-30 所示。在卡通舌头受光位置按住鼠标左键拖拽鼠标光标，绘制出嘴部的亮部区域，然后选取“加深工具” ，设置工具属性栏中各选项及参数如图 1-3-31 所示，最后在卡通舌头上部位置按住鼠标左键拖拽鼠标光标，绘制出舌头的暗部区域并显示“图层 4”，效果如图 1-3-32 所示。

图 1-3-30 设置“减淡工具”属性栏中各选项及参数

图 1-3-31 设置“加深工具”属性栏中各选项及参数

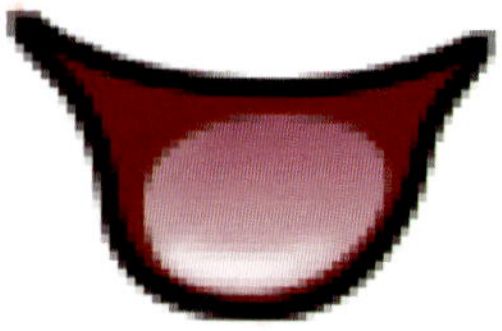

图 1-3-32 绘制好的舌头效果

六、绘制头发刘海

1. 使用“钢笔工具” ，根据线稿轮廓绘制头发刘海轮廓，并调整出如图 1-3-33 所示的路径。

2. 按“Ctrl+Enter”快捷键将路径转换为选区，新建“图层 6”，为刘海轮廓填充浅绿色（C55，M0，Y90，K0），然后对其进行描边操作，设置宽度为“3 像素”、颜色为黑色，位置为“居中”，效果如图 1-3-34 所示。

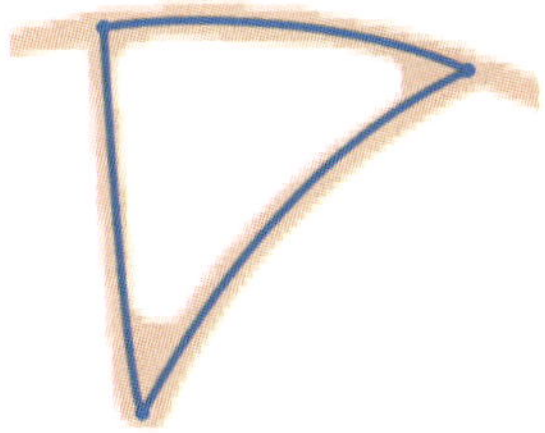

图 1-3-33 绘制头发刘海轮廓路径

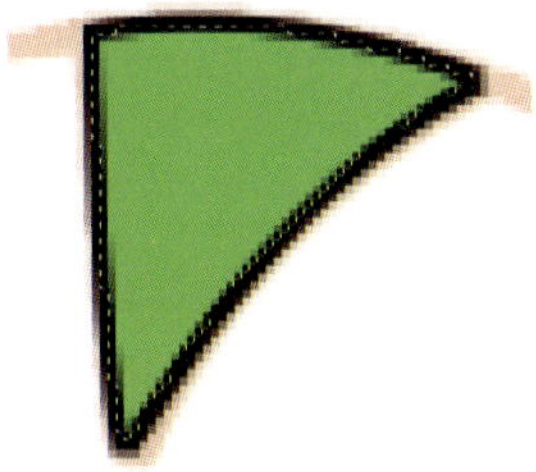

图 1-3-34 为刘海填充颜色及描边

七、绘制眉心点

选取“椭圆选框工具” ，根据线稿轮廓绘制眉心的圆形选区，设置前景色为白色，背景色为红色（C10，M90，Y80，K0），然后对其进行从“前景色到背景色”的径向渐变填充，效果如图 1-3-35 所示。

八、显示头部整体效果

在“图层”面板中，使所有图层左侧的 图标都显示出来，绘制的卡通标志头部效果如图 1-3-36 所示。

图 1-3-35 绘制的眉心点效果

图 1-3-36 绘制的头部整体效果

九、绘制衣服

1. 利用“钢笔工具”和“转换点工具”，根据线稿轮廓绘制衣服并调整出如图 1-3-37 所示的轮廓路径，然后将路径命名为“衣服”进行保存。

2. 按“Ctrl+Enter”快捷键将路径转换为选区，然后新建“图层 7”，为衣服选区填充浅绿色（C55，M0，Y90，K0），效果如图 1-3-38 所示。

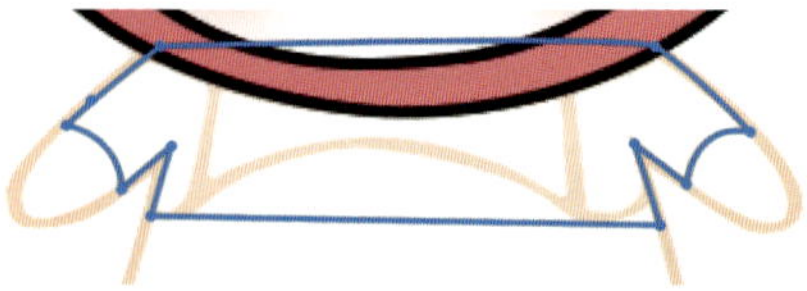

图 1-3-37　绘制的衣服路径

图 1-3-38　给路径填充颜色

3. 在“图层”面板上，把“图层 7”拖动到“图层 1”的下面，如图 1-3-39 所示，按“Ctrl+D”快捷键取消选区，效果如图 1-3-40 所示。

图 1-3-39　调整图层顺序

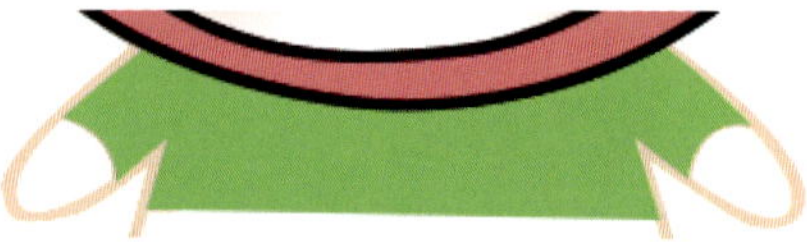

图 1-3-40　调整图层顺序后的效果

十、绘制裤子

1. 将“图层 7”隐藏，利用“钢笔工具”和“转换点工具”，根据线稿轮廓绘制如图 1-3-41 所示的裤子轮廓路径并调整，然后将路径命名为“裤子”进行保存。

2. 按“Ctrl+Enter”快捷键将路径转换为选区，然后在“图层 7”之上新建“图层 8”，为裤子轮廓填充深绿色（C90，M50，Y100，K10），按“Ctrl+D”快捷键取消选区，如图 1-3-42 所示，接着将“图层 7”的衣服显示出来，效果如图 1-3-43 所示。

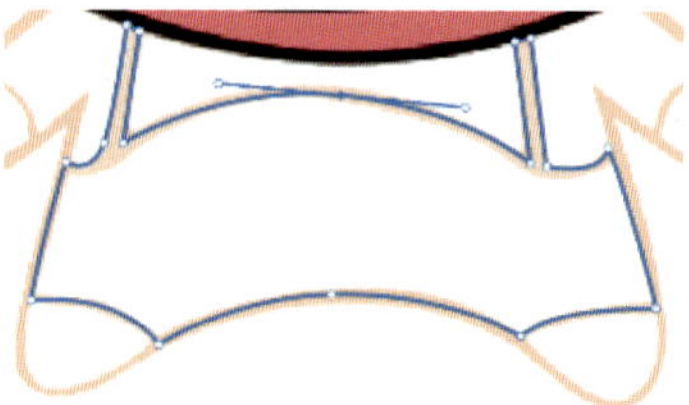

图 1-3-41　绘制裤子轮廓路径并调整

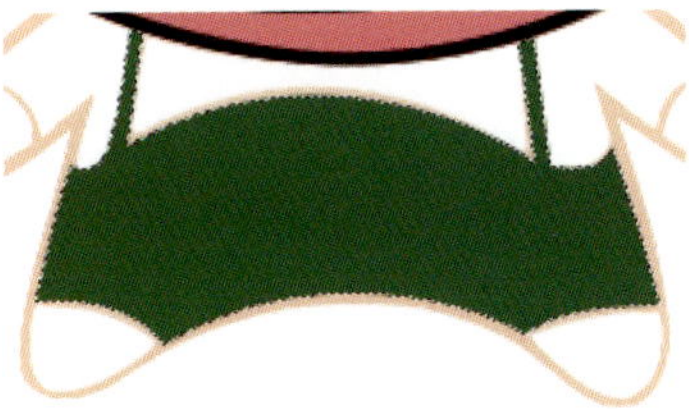

图 1-3-42　为裤子填充颜色

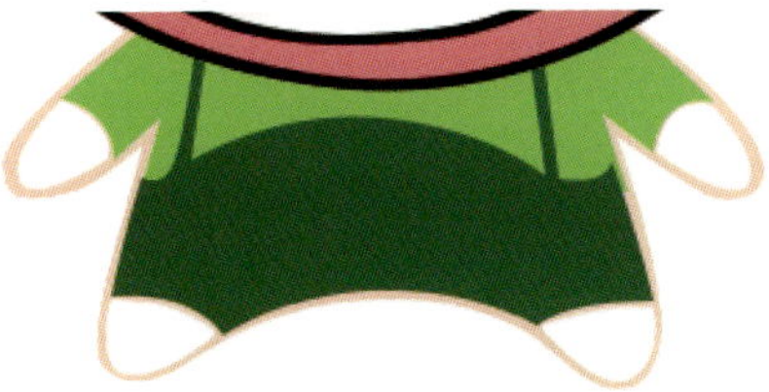

图 1-3-43　绘制的衣服和裤子效果

十一、绘制身体轮廓

1. 利用“钢笔工具”和“转换点工具”，根据线稿轮廓绘制身体部分并调整出如图 1-3-44 所示的身体轮廓路径，然后将路径命名为“身体轮廓”进行保存。

2. 选取“画笔工具”，在页面单击鼠标右键，弹出“画笔预设”面板，设置大小为“4 像素”、硬度为“100%”，如图 1-3-45 所示，然后设置工具属性栏中的模式为“正常”、不透明度为“100%”、流量为“100%”、平滑为“100%”，如图 1-3-46 所示。

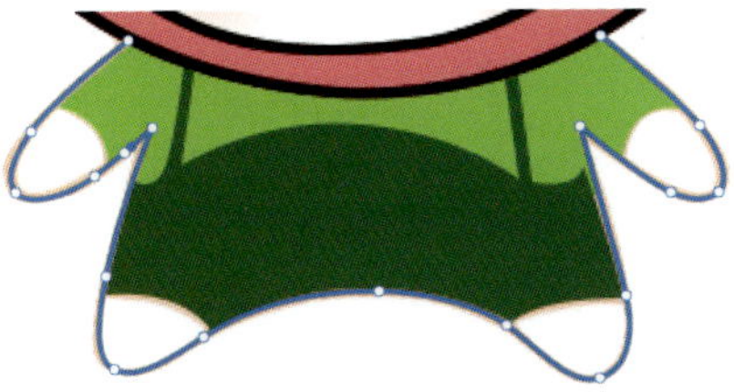

图 1-3-44　绘制卡通身体轮廓路径效果

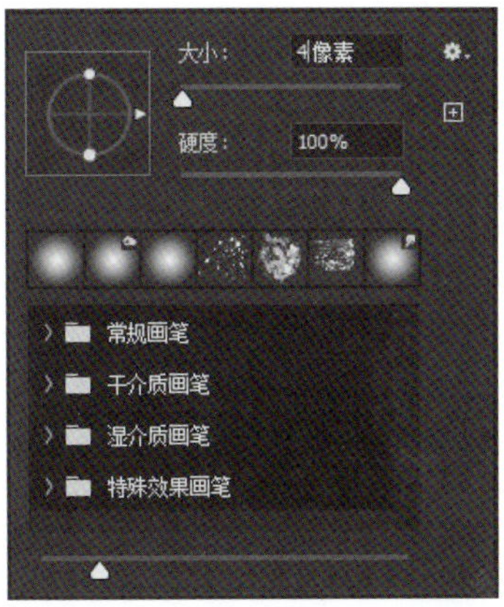

图 1-3-45　“画笔预设”面板

图 1-3-46　在“画笔工具”属性栏设置参数及选项

3. 将前景色设置为黑色，然后单击“路径”面板下方的“用画笔描边路径”图标，用设置的画笔笔尖描绘路径，描绘路径后的效果如图 1-3-47 所示，然后在“路径”面板中的灰色区域处单击，将路径隐藏。

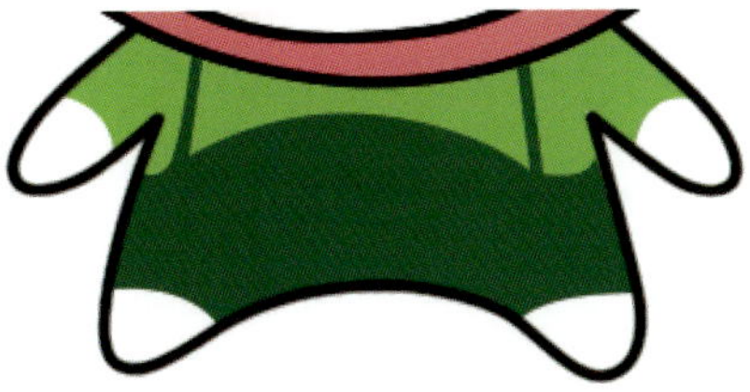

图 1-3-47　描绘路径后的效果

十二、输入文字

1. 输入中文。选取“横排文字工具” T，在工具属性栏中设置字体类型为“Adobe 黑体 Std”，文字的大小 为“65 点”，颜色为“C90，M50，Y100，K10”，然后在图像窗口单击鼠标左键，输入中文“宝贝玩具店”，此时图层面板会自动生成“宝贝玩具店”图层，接着使用“移动工具” 将文字移动到标志下方居中的位置。

2. 输入英文。选取“横排文字工具” T 后在工具属性栏中设置字体类型为“Arial”，文字的大小 为“36 点”，颜色为“C90，M50，Y100，K10”，然后输入英文“Baby toy store”，并将英文移动到中文下方居中的位置，按 Esc 键完成文字输入。

3. 单击“背景”图层，将其设置为当前层，然后为其填充白色，完成卡通标志的绘制，其整体效果如图 1-3-48 所示。

图 1-3-48　绘制完成的卡通标志

十三、保存文档

执行“文件”“存储为”命令，在弹出的对话框中单击“保存在您的计算机上”按钮，在弹出的“另存为”对话框中选择文件存储位置，文件名为“宝贝玩具店标志”，保存类型为“Photoshop（*.PSD，*.PDD，*.PSDT）”，单击“保存”按钮保存该文档。

巩固训练

一、制作狮王设计公司标志

通过制作狮王设计公司标志（见图1-4-1），进一步掌握“钢笔工具”“转换点工具”和“椭圆工具”的使用方法，学会应用“图层样式”命令给对象添加效果，使用“自定形状工具”绘制图形。

二、制作回味鸡餐厅标志

通过制作回味鸡餐厅标志（见图1-4-2），灵活掌握“钢笔工具”“转换点工具”和“椭圆工具”的使用方法，学会应用“画笔工具”绘制图形。

图 1-4-1 狮王设计公司标志

图 1-4-2 回味鸡餐厅标志

三、操作提示

参考“素材/项目一素材”目录下名为“项目一巩固练习.pdf”的文件。

项目二

VIS公关礼品设计

VIS 是 Visual Identity System 首字母缩写，即“视觉识别系统”，是企业形象识别系统（CIS）最具传播力和感染力的部分。作为企业树立整体形象、拓展市场和提升竞争力的有效工具，VIS 的价值已经被诸多国际化大企业所认同。本项目将以蒙莱酒店的 VIS 设计为例，介绍 VIS 的应用知识，主要包括企业的办公用品、礼品等。

本项目将设计酒店信纸及信封、酒店礼品袋、酒店用品挂牌及房卡，重点介绍渐变填充颜色的方法，以及矢量图形工具和“画笔工具”的应用。学习者在 VIS 公关礼品设计的制作过程中掌握图像的绘制与装饰工具及绘制技巧，通过相关知识的学习和基本技能的训练，为日后灵活运用 Adobe Photoshop 打下坚实的基础。

任务一 TASK 1 设计酒店信纸及信封

任务目标

1. 能使用矢量图形工具绘制和编辑图形。
2. 能使用工具属性栏设置工具颜色。
3. 能利用“色板”面板和“颜色”面板设置颜色。
4. 能使用“矩形选框工具”选取图形。
5. 能使用图形的对齐与分布命令排列图形。

任务描述

本任务主要利用矢量图形工具的绘制技巧，并结合“色板”面板和“颜色”面板设置前景色和背景色的方法制作图 2-1-1 所示酒店信纸及信封。要完成本任务，除了要学习简单的矢量图形工具绘制技巧之外，还要熟练运用“钢笔工具”和“横排文字工具”。

图 2-1-1　酒店信纸及信封

相关知识

一、矢量图形工具

矢量图形又称向量图形，特点是放大缩小不会改变图形。矢量图形工具可以用来绘制路径和填充路径区域等，其中包括“钢笔工具”“矩形工具”“圆角矩形工具”“椭圆工具”“多边形工具”“直线工具”“自定形状工具”，如图 2-1-2 所示。

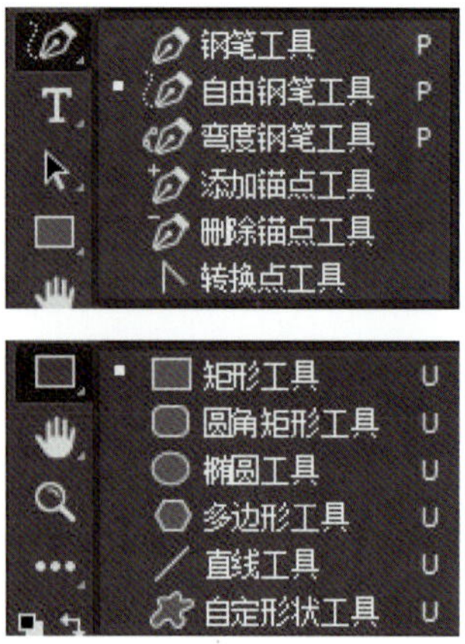

图 2-1-2　矢量图形工具

1. 路径面板

执行“窗口”“路径”命令，打开“路径”面板，其功能包括用前景色填充路径、用画笔描边路径、将路径作为选区载入、从选区生成工作路径、创建新路径、删除当前路径。用“钢笔工具”或“形状工具”都可以绘制路径。例如，用“形状工具”绘制路径时，单击“自定形状工具”图标，在工具属性栏上选择工具模式为“路径”，形状为“袋鼠”，然后在页面绘制，如图 2-1-3 所示。

图 2-1-3　绘制的形状路径

2. 路径选择工具

在 Photoshop 中单击“路径选择工具”图标 ，在绘制好的路径上单击鼠标左键，即可将其选中，以便进行拖动位置等操作。如果有多个路径，按住 Shift 键可以选择多个路径。选中路径后按住 Alt 键的同时拖动鼠标，可复制路径。按住 Ctrl 键单击可以将当前工具转换为“直接选择工具”。同时，还可以用来组合、对齐和分布路径。

小贴士

如果绘制一个形状图层，可以使用“路径选择工具”或“移动工具”将其选中。使用“路径选择工具”选中的是该形状的路径，而使用“移动工具”选中的是该形状的图层。在选择“路径”时必须用“路径选择工具”，而选择“非矢量图层”只能使用“移动工具”。如果用“路径选择工具”选择“非矢量图层”，会遇到“路径选择工具”没有反应的问题，因为“路径选择工具”选择不了没有路径的图层。

3. 直接选择工具

“直接选择工具” 用于选择路径上的单个或多个锚点，可以移动锚点、调整方向线。单击可以选中其中某一个锚点；框选或按住 Shift 键单击可以选择多个锚点。按住 Ctrl 键并单击可以将当前工具转换为“路径选择工具”。

二、颜色的设置

在 Photoshop 中，设置颜色主要分为设置前景色与设置背景色，常用的颜色设置方式有利用工具箱上的图标进行设置、利用“色板”面板进行设置和利用“颜色”面板进行设置。

1. 利用工具箱设置颜色

在工具箱中，单击“设置前景色”或“设置背景色”图标，弹出“拾色器”对话框，输入参数或选择需要的颜色，按“确定”按钮完成颜色设置，如图 2-1-4 所示。

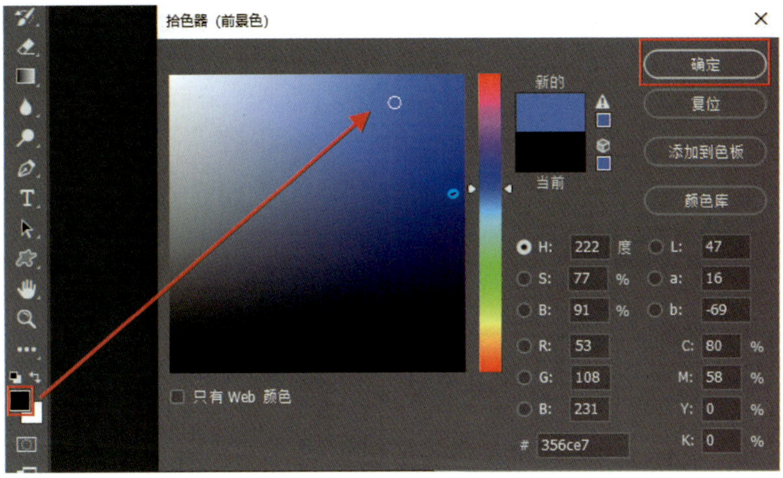

图 2-1-4　利用工具箱设置颜色

2. 利用“色板”面板设置颜色

执行“窗口”“色板”命令，打开“色板”面板。“色板”面板中默认了很多的颜色色块，在任意一个色块上单击鼠标左键，就可以选中颜色作为前景色使用。单击“色板”面板右上角的图标，在弹出的下拉菜单中可以进行新建色板组、重命名编组、删除编组、导入色板等基本操作，如图 2-1-5 所示。

3. 利用“颜色”面板设置颜色

执行“窗口”“颜色”命令或按 F6 快捷键，打开“颜色”面板，首先单击选择“设置前景色”或“设置背景色”图标，然后输入颜色的参数即可。单击“颜色”面板右上角的图标，在弹出的下拉菜单中可以选择不同的颜色显示方式，如图 2-1-6 所示。

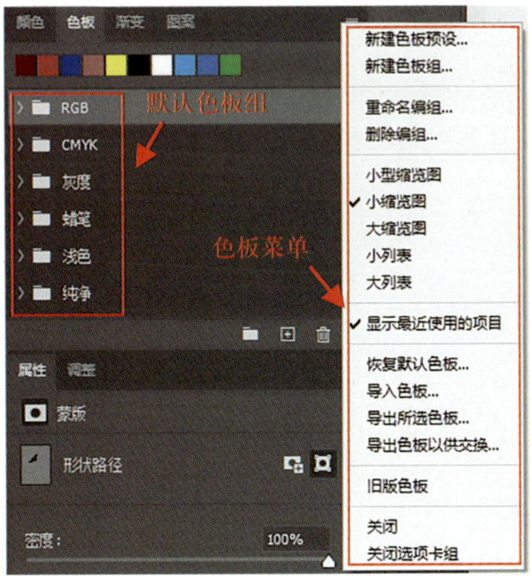

图 2-1-5　利用“色板”面板设置颜色

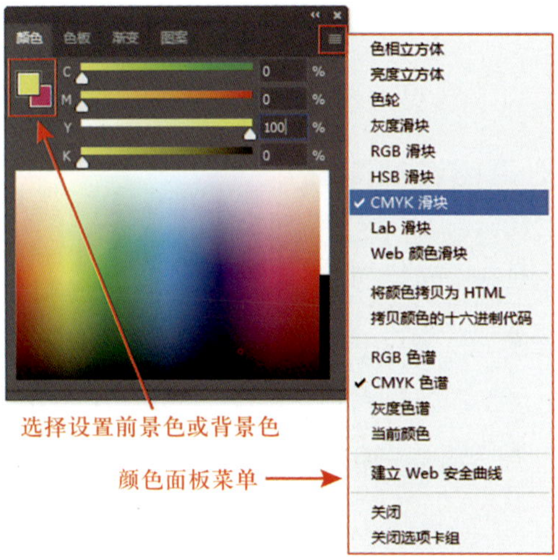

图 2-1-6　利用“颜色”面板设置颜色

三、矩形选框工具

矩形选框工具组含有“矩形选框工具”、“椭圆选框工具”、“单行选框工具”、“单列选框工具”，如图 2-1-7 所示。这些工具用于创建新选区、添加到选区、从选区减去、与选区交叉等操作，如图 2-1-8 所示。

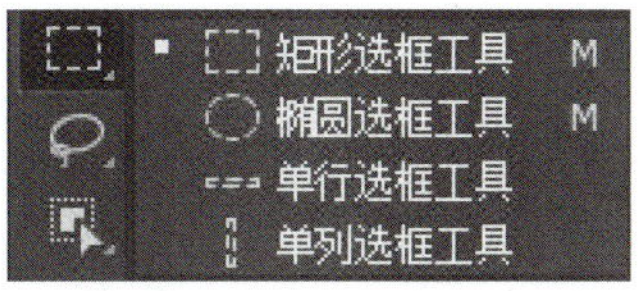

图 2-1-7　“矩形选框”工具组

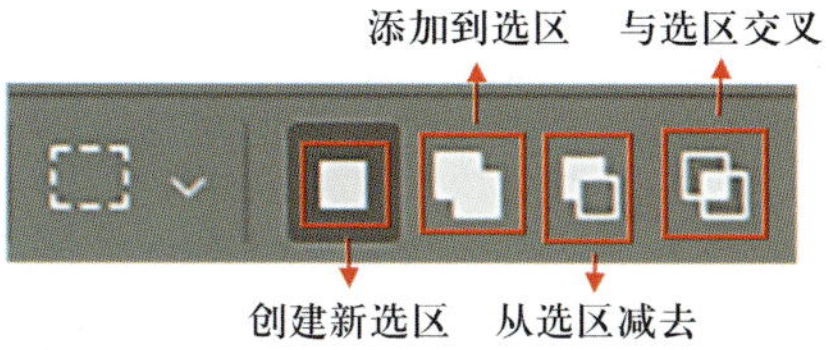

图 2-1-8　“矩形选框”工具属性

四、图形的对齐与分布

选择“移动工具”后，工具属性栏上显示图形的对齐与分布选项。对齐有左对齐、水平居中对齐、右对齐、顶对齐、垂直居中对齐、底对齐，分布有按顶分布、垂直居中分布、按底分布、按左分布、水平居中分布、按右分布，如图 2-1-9 所示。

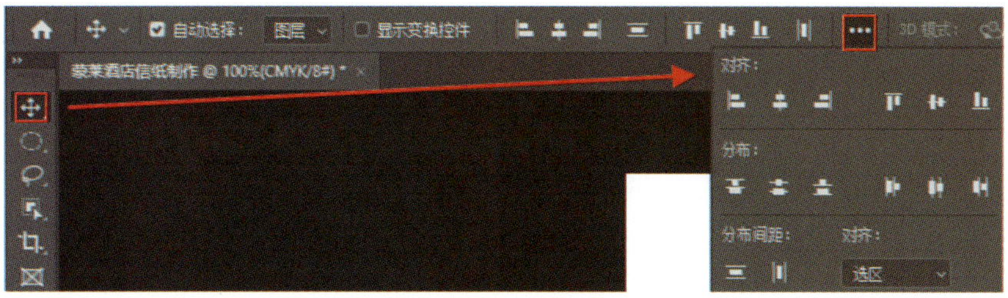

图 2-1-9　图形的对齐与分布

在“图层”面板中，按住 Shift 键单击可选择需要操作的图层，如图 2-1-10 所示。然后，根据设计制作要求单击对齐或分布的选项按钮，即可进行图形的对齐与分布操作，如图 2-1-11 所示。

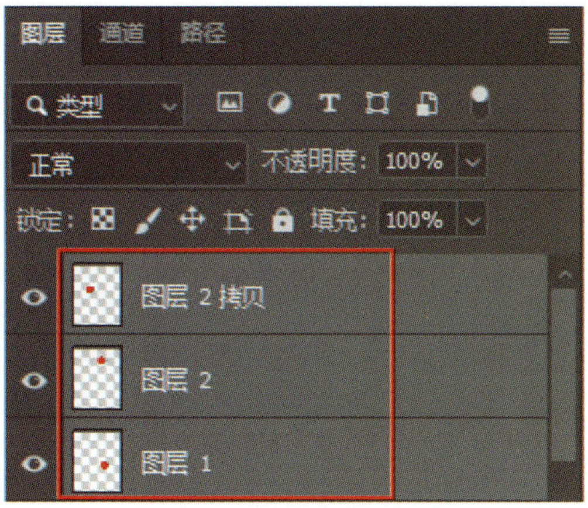

图 2-1-10　选择需要操作的图层

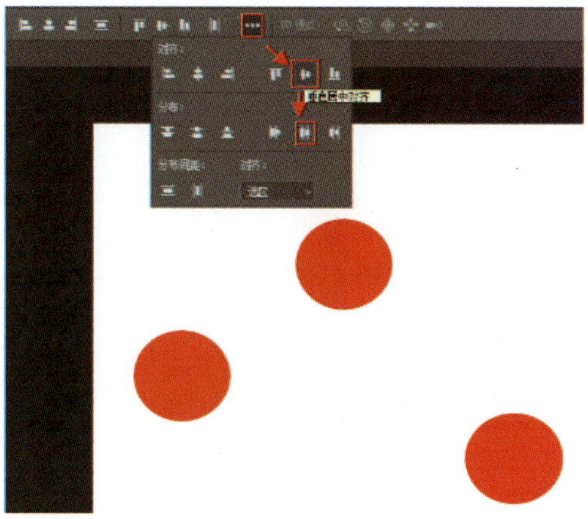

图 2-1-11　垂直居中对齐与水平居中分布

在这里选择对齐方式为“垂直居中对齐”，分布方式为“水平居中分布”，效果如图 2-1-12 所示。

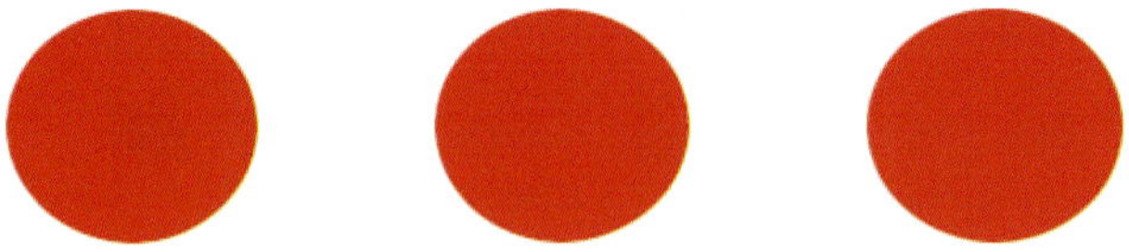

图 2-1-12　图形的对齐与分布效果

小贴士

进行对齐操作时，图形数量应为两个或两个以上；进行分布操作时，图形数量应为三个或三个以上。对齐与分布一般同时使用。

任务实施

一、新建 Photoshop 文档

按“Ctrl+N”快捷键，创建一个名为“蒙莱酒店信纸制作”的文档，宽度为“210”，高度为“285”，单位为“毫米”，颜色模式为“CMYK 颜色”。

二、置入酒店标志

1. 单击“图层”面板底部的“创建新图层”图标 ⊞，新建“图层 1”，双击“图层 1”，将其重命名为“蒙莱酒店标志”，如图 2-1-13 所示。

2. 执行“文件”“打开”命令，打开“素材 / 项目二素材 / 任务一”目录下名为“01 蒙莱酒店标志 .PSD”的文件，按“Ctrl+A”快捷键将文件全部选中，再按“Ctrl+C”快捷键复制文件，如图 2-1-14 所示。

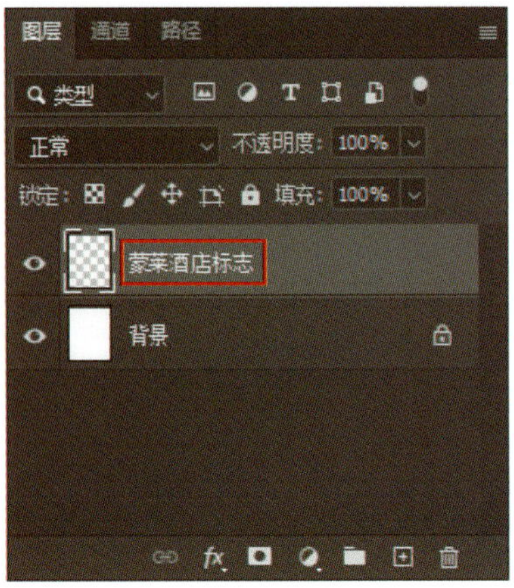

图 2-1-13　新建图层

图 2-1-14　复制标志

3. 返回到“蒙莱酒店信纸制作”文档，单击“蒙莱酒店标志”图层，按“Ctrl+V”快捷键粘贴文件，然后执行“编辑”“自由变换”命令，将蒙莱酒店标志选中，调整大小，并用“移动工具”将标志移动到页面左上角的合适位置，如图 2-1-15 所示。

图 2-1-15　粘贴并调整标志位置

三、绘制底纹

1. 单击“设置前景色”图标，在弹出的“拾色器”对话框中设置颜色（C0，M40，Y80，K0），如图 2-1-16 所示，然后单击“确定”按钮完成设置。

2. 新建图层，命名为“底纹 1”，选择“钢笔工具”，在工具属性栏上设置“形状”，填充颜色“C0，M40，Y80，K0”，无描边，如图 2-1-17 所示。

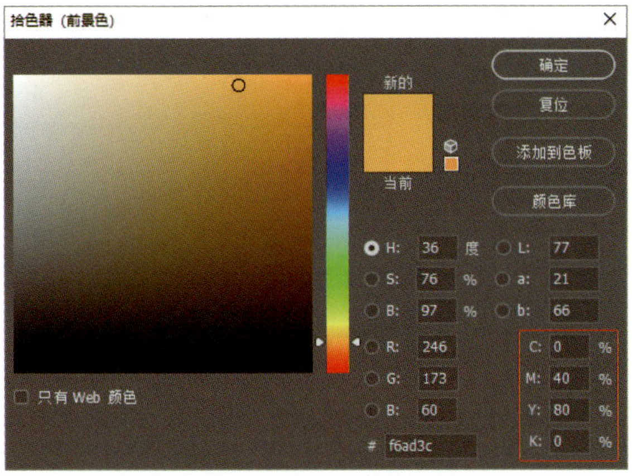

图 2-1-16　设置颜色

图 2-1-17　设置“钢笔工具”属性

3. 接着用“钢笔工具”绘制矢量图形，闭合形状路径并填充颜色，如图 2-1-18 所示。

4. 利用“转换点工具” 将图形形状调整至如图2-1-19所示，并在“图层”面板上将不透明度调整为“80%”，如图 2-1-20 所示。

5. 继续新建图层，分别命名为“底纹 2”“底纹 3”和“底纹 4”，利用“钢笔工具”绘制矢量图形，填充颜色依次为“C0，M50，Y90，K0”“C0，M60，Y90，K0”和“C0，M70，Y90，K0”，不透明度依次为 80%、70%、50%，如图 2-1-21 至图 2-1-23 所示。

图 2-1-18　用“钢笔工具”绘制矢量图形

1

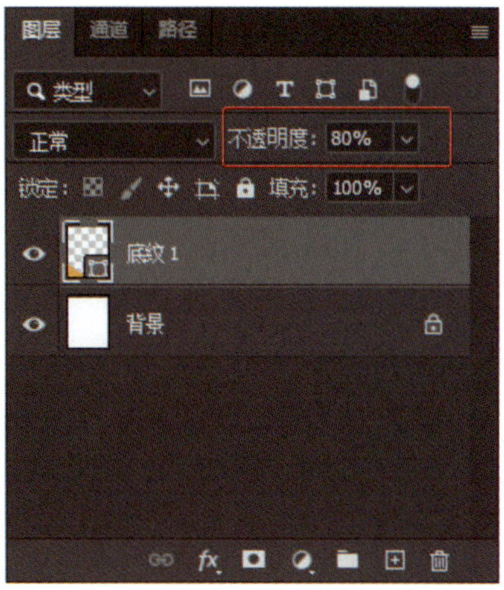

2

3

4

5

❶ 图 2-1-19　用“转换点工具”调整图形
❷ 图 2-1-20　调整不透明度
❸ 图 2-1-21　“底纹 2”效果
❹ 图 2-1-22　“底纹 3”效果
❺ 图 2-1-23　“底纹 4”效果

6. 按住 Shift 键选择“底纹 1”至“底纹 4”，单击“图层”面板的“创建新组”图标创建组，如图 2-1-24 所示，并将组名改为“下底纹”。

7. 选中“下底纹”组，按“Ctrl+J”复制为“下底纹”拷贝，并将组名改为“上底纹”。按“Ctrl+T”自由变换快捷键选中“上底纹”图层组，单击鼠标右键，在弹出的菜单中选择“旋转 180 度”，如图 2-1-25 所示。然后将“上底纹”图层组置于画面上方，效果如图 2-1-26 所示。

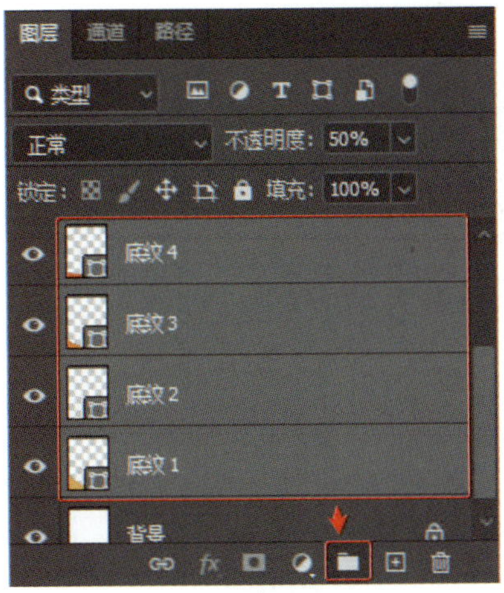

图 2-1-24　创建“下底纹”组

图 2-1-25　自由变换旋转 180°

图 2-1-26　底纹最终效果

四、绘制信纸虚线

1. 在“图层”面板中创建新组，命名为“信纸虚线”，新建图层，命名为“信纸虚线”，如图 2-1-27 所示。

2. 鼠标右键单击工具箱中的“矩形工具”图标 ，在弹出的选项卡中选择“直线工具”，如图 2-1-28 所示。

3. 在工具属性栏上设置工具模式为“形状”，描边为“1 像素”，描边颜色在“色板”灰度面板中选择 80% 灰色，描边选项为“虚线”，如图 2-1-29 所示。

4. 在“信纸虚线”图层上按住 Shift 键绘制水平虚线，接着连续按“Ctrl+J”快捷键 12 次，复制“信纸虚线”图层至“信纸虚线 拷贝 12”图层，然后按“Ctrl+T”快捷键将“信纸虚线 拷贝 12”图层中的虚线选中并移至画面下方，如图 2-1-30 所示。

5. 选择“移动工具”，按住 Shift 键全选所复制的“信纸虚线”图层，单击工具属性栏上的“对齐并分布”图标 ，在弹出

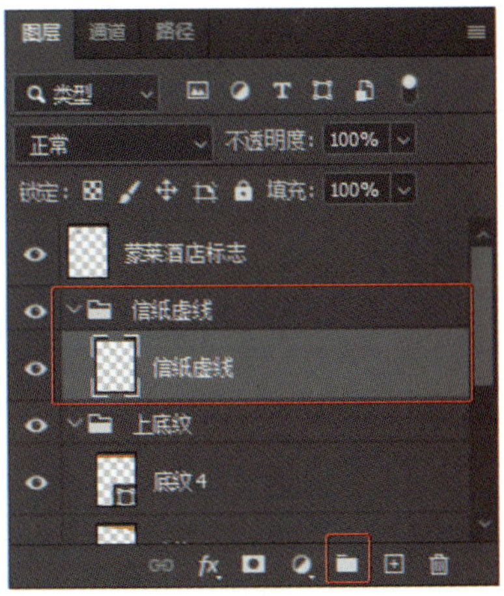

图 2-1-27　创建“信纸虚线”图层组

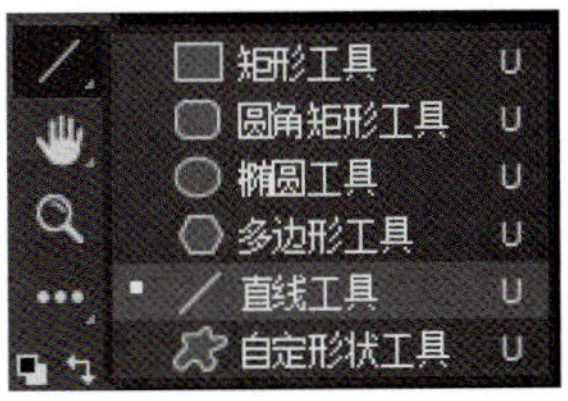

图 2-1-28　选择“直线工具”

的对话框中选择对齐为“画布”，单击“水平居中对齐”图标 与“垂直分布”图标 ，效果如图 2-1-31 所示。

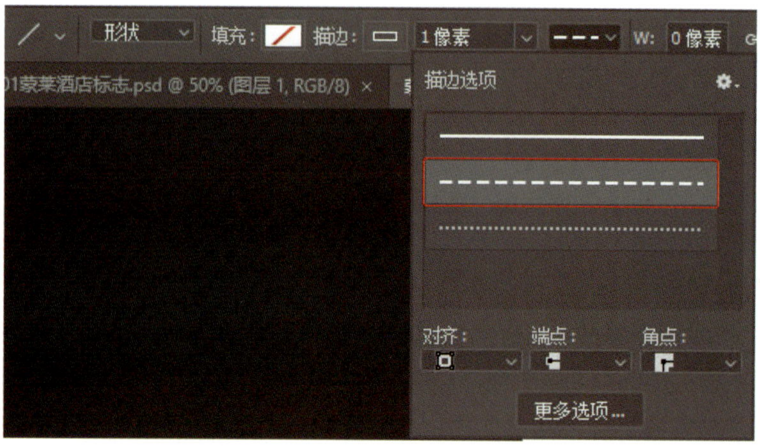

图 2-1-29　设置直线参数

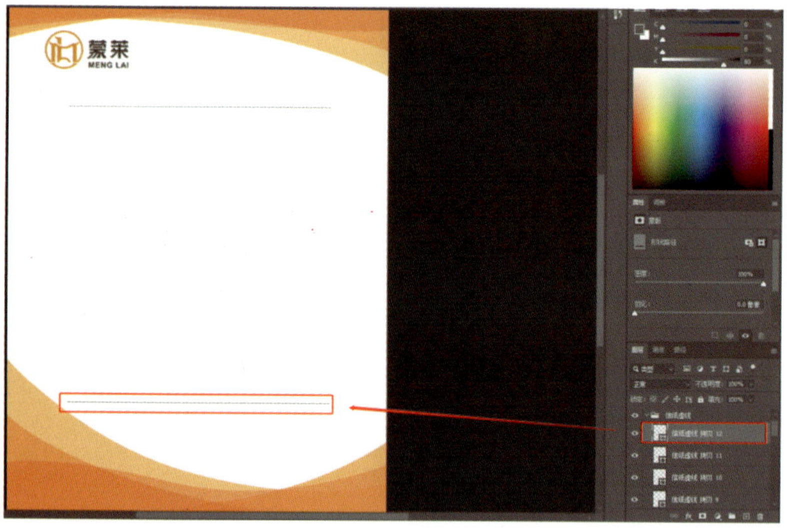

图 2-1-30　绘制信纸虚线

图 2-1-31　设置对齐与分布虚线

五、保存文档

执行“文件”“存储为”命令，在弹出的对话框中单击“保存在您的计算机上”按钮，然后在弹出的“另存为”对话框中选择文件存储位置，文件名默认，保存类型为“Photoshop（*.PSD，*.PDD，*.PSDT）”，单击“保存”按钮保存该文档，效果图如图 2-1-1 所示。

六、制作信封

1. 打开 Photoshop 后，执行“文件”“打开”命令，打开“素材 / 项目二素材 / 任务一”目录下名为“02 蒙莱酒店信封背景 .JPG”的图片文件，如图 2-1-32 所示。

2. 新建图层，命名为“信封正面”，在工具箱上单击“设置前景色”图标，将前景色设置为白色，利用“矩形选框工具” 绘制一个矩形选区，并在选区内按“Alt+Delete”快捷键填充白色，按“Ctrl+D”快捷键取消选区，如图 2-1-33 所示。

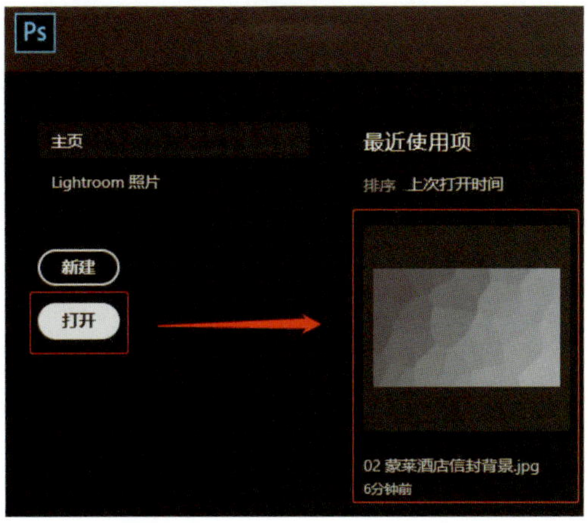

图 2-1-32 打开信封背景图

图 2-1-33 绘制信封正面

3. 打开之前绘制的“蒙莱酒店信纸制作 .PSD”文件，在“图层”面板上选择“下底纹”图层组，按“Ctrl+Alt+E”快捷键盖印“下底纹”图层组，得到一个单独的“下底纹（合并）”图层，如图 2-1-34 所示。

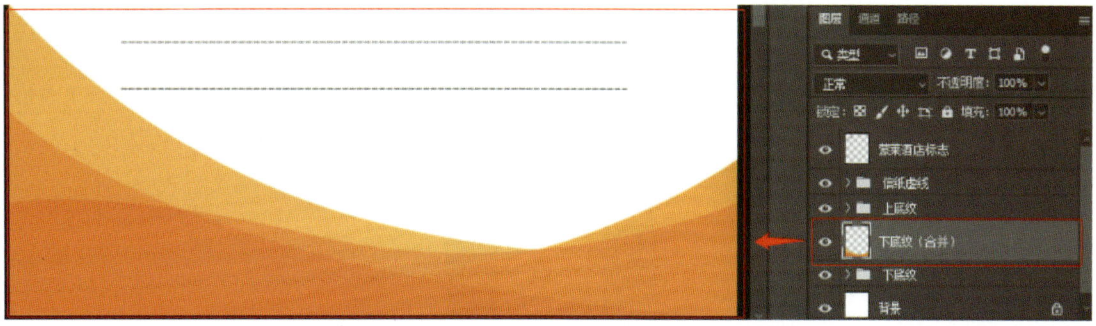

图 2-1-34 盖印“下底纹”图层组

4. 按“Ctrl+A”快捷键全选“下底纹（合并）”图层，接着按“Ctrl+C”快捷键复制至“02 蒙莱酒店信封背景”文件中，将图层名改为“底纹”，按“Ctrl+T”快捷键调整大小并置于适合的位置，如图 2-1-35 所示。

5. 选择“矩形工具”，在工具属性栏上设置“填充”颜色为“C0，M50，Y90，K0”，无描边，如图 2-1-36 所示。

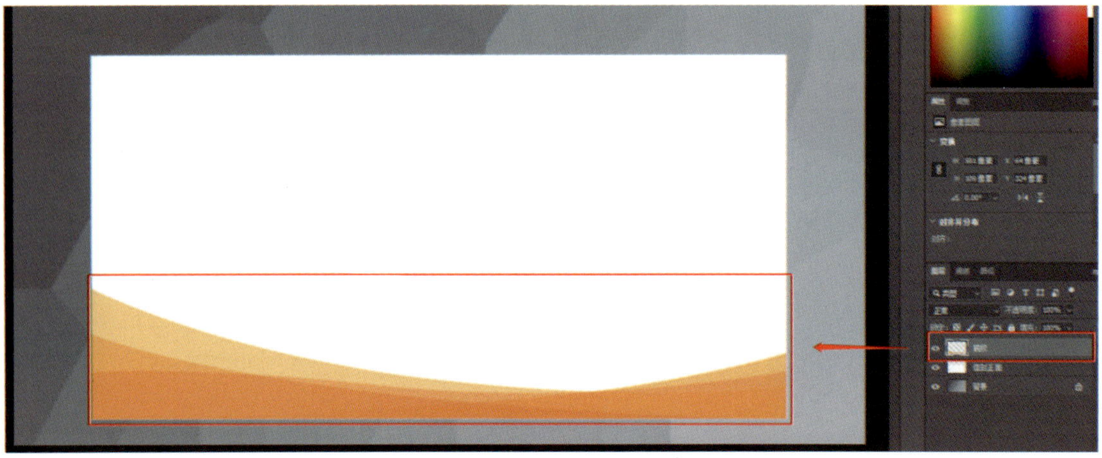

图 2-1-35　信封底纹

图 2-1-36　设置“矩形工具”参数

6. 用“矩形工具”在信封正面上方绘制矩形，按“Ctrl+T”快捷键自由变换，单击鼠标右键选择“透视”，单击右上角的控制点向左移动，调整矩形形状，效果如图 2-1-37 所示。

7. 新建图层，命名为“邮编”，选择“矩形工具”，设置填充为白色，描边为黑色，描边宽度为“1 像素”，描边类型为“实线”，按住 Shift 键绘制正方形，然后按“Ctrl+J”快捷键复制 5 个图层，将最上方图层中的正方形移至右方，选择“移动工具”，按住“Shift”键将所有复制的“邮编”图层全选中，在工具属性栏上，“对齐”选择“选区”，单击“垂直居中分布”与“水平居中分布”图标，如图 2-1-38 所示。

图 2-1-37　绘制信封封口

图 2-1-38　绘制邮编框

8. 选择“矩形工具”绘制粘贴邮票处的正方形，并用“文字工具”输入“贴邮票处”四个字，效果如图 2-1-39 所示。

9. 打开“01 蒙莱酒店标志.PSD”文件，复制标志放置在信封上，并调整大小与位置，如图 2-1-40 所示。

图 2-1-39　绘制“贴邮票处”

图 2-1-40　添加标志

10. 执行“文件”“存储为”命令，在弹出的对话框中单击“保存在您的计算机上”按钮，然后在弹出的“另存为”对话框中选择文件存储位置，文件名改为“蒙莱酒店信封”，保存类型为“Photoshop（*.PSD，*.PDD，*.PSDT）”，单击“保存”按钮保存该文档，效果如图 2-1-1 所示。

任务二 TASK 2 设计酒店礼品袋

任务目标

1. 能够使用渐变填充方式填充图形颜色。
2. 能使用“吸管工具”吸取颜色。
3. 能设置图层组管理图层。
4. 能添加参考线。

任务描述

本任务为设计酒店礼品袋（图 2-2-1），完成本任务，需要掌握渐变填充颜色的使用方法，结合“吸管工具”完成对颜色的选择，并熟练掌握图层组的运用方法与参考线的添加及应用方法，此外，完成本任务还要熟练运用矢量图形工具和文字工具。

图 2-2-1 酒店礼品袋

相关知识

一、渐变填充颜色

渐变填充颜色功能可以创建多种颜色间的混合，其中包括“渐变工具”和“渐变”面板，如图 2-2-2 所示。

1. 渐变工具

在工具箱中选择“渐变工具” 后，可在工具属性栏中编辑并选择渐变类型，单击“编辑渐变”图标，可在预设渐变填充中选取或创建所需的渐变颜色，然后在选中的图像中拖动进行渐变填充。起点（按下鼠标处）和终点（松开鼠标处）会影响渐变外观。渐变属性栏如图 2-2-3 所示。

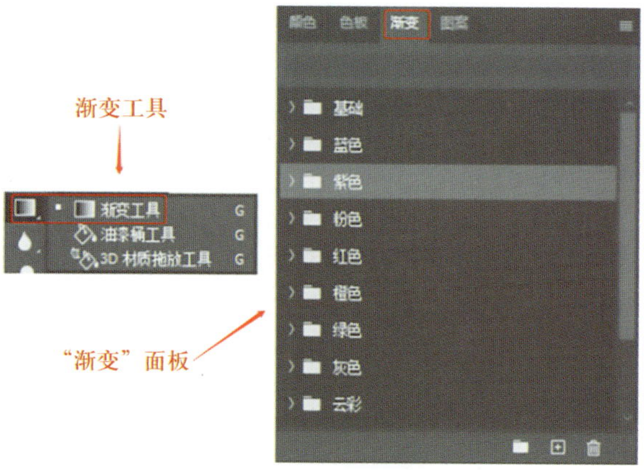

图 2-2-2 渐变填充

图 2-2-3 渐变属性栏

（1）渐变编辑器

单击“编辑渐变”图标进入“渐变编辑器”窗口。通过该窗口，可修改现有渐变或完成定义新渐变，还可以向渐变添加中间色，在两种以上的颜色间创建混合，如图 2-2-4 所示。

（2）渐变类型

线性渐变：以直线从起点渐变到终点。

径向渐变：以圆形图案从起点渐变到终点。

角度渐变：围绕起点以逆时针扫描方式渐变。

对称渐变：使用均衡的线性渐变在起点的任一侧渐变。

菱形渐变：以菱形方式从起点向外渐变，终点定义为菱形的一个角。

2. “渐变”面板

执行“窗口”“渐变”命令，打开“渐变”面板，其中有各主色调渐变组的预设渐变，也可以在“渐变”面板下方单击“创建新组”或“创建新渐变”创建自定义渐变。如果不需要某个渐变，可将其选中，然后单击“删除渐变”图标即可，如图 2-2-5 所示。

使用“渐变”面板填充渐变颜色方法如下：

（1）在“渐变”面板中选中所需的渐变色，选取“渐变”工具并按住鼠标左键拖动渐变填充区域，从起点（按下鼠标处）到终点（松开鼠标处）完成渐变填充。

（2）在非背景图层的任意图层上绘制选区，再单击“渐变”面板上选择的预设渐变，完成选区渐变填充。

（3）选中非背景图层的任意图层，单击“渐变”面板上选中的预设渐变完成画布渐变填充。

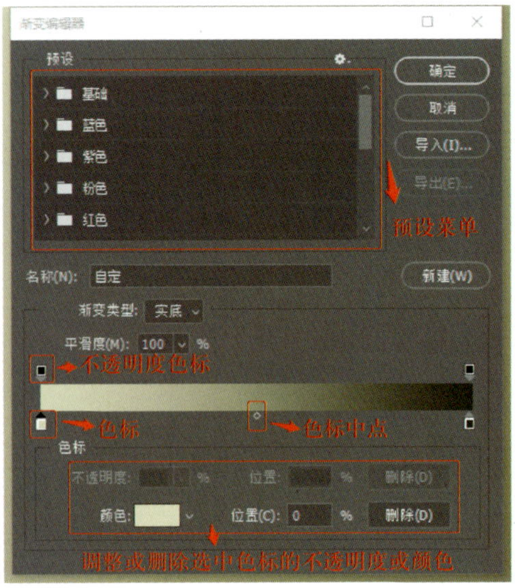

图 2-2-4 “渐变编辑器”窗口

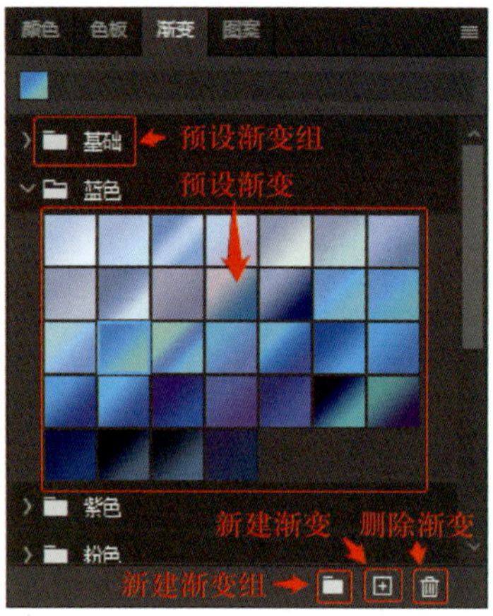

图 2-2-5 “渐变”面板

二、吸管工具

“吸管工具”用于拾取图像中某个具体位置的颜色。单击“吸管工具”图标之后，即可在图像上面单击进行取色，取出来的颜色将放在前景色中。“吸管工具”吸取颜色之后，就可以将拾取到的颜色用来填充和描边选区。

小贴士

如果需要将吸取的颜色放置在背景色中，应先按住 Alt 键，再单击“吸管工具”图标进行取色。

三、图层组

图层组的主要作用是有效组织和管理各个图层，缩短“图层”面板的占用空间。在使用 Photoshop 设计制作过程中，有时候使用到的图层数很多，“图层”面板会拉得很长，使得查找图层很不方便，将图层分组可提高“图层”面板的使用效率。

1. 创建图层组

（1）单击“图层”面板下面的“创建新组”图标，即可创建一个图层组，如图 2-2-6 所示。

（2）执行“图层”“新建”“组”命令，也可以创建一个图层组。

2. 复制图层组

在“图层”面板上用鼠标右键单击想要操作的图层组，在弹出的菜单中选择“复制组”，或者选中想要操作的图层组后按“Ctrl+J”快捷键即可复制图层组，如图 2-2-7 所示。操作后，图层组下面的所有图层被原样复制到另外一个新组。

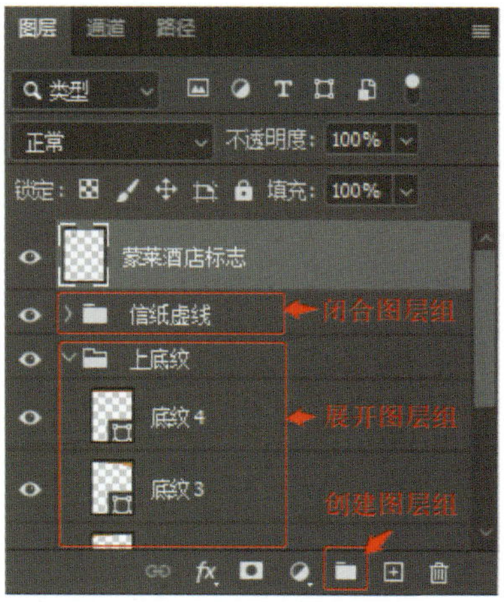

图 2-2-6　创建图层组

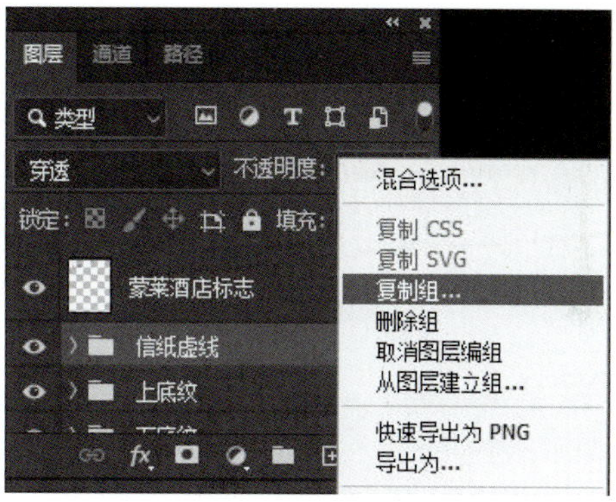

图 2-2-7　复制图层组

3. 将图层添加到图层组或取消图层组

（1）将图层添加到已有图层组：单击选中图层后，按住鼠标左键将其拖动到已有图层组内。

（2）将多个图层编组：选择需要添加到图层组的多个图层，然后按“Ctrl+G”快捷键，将其一并添加到图层组。

（3）取消图层组：按“Ctrl+Shift+G”快捷键取消分组。

四、参考线

参考线是以浮动状态显示在图像上方的辅助线，可以在使用 Photoshop 过程中精确地定位图像和其他元素，并且在打印和输出过程中不会显示出来。

1. 设置标尺单位

在添加参考线前先需要在 Photoshop 中显示标尺，执行“视图”“标尺”命令即可，或按“Ctrl+R”快捷键显示标尺。将鼠标移动到标尺数字上单击鼠标右键，就会弹出标尺单位供选择，用鼠标左键单击所需的单位即可，如图 2-2-8 所示。

2. 新建参考线

（1）单击横向的标尺并按住鼠标向下拖动，可拉出水平参考线，单击竖向的标尺并按住鼠标向下拖动，可拉出垂直参考线。

（2）执行“视图”“新建参考线”命令，在弹出的对话框中选择“水平”或者“垂直”，单击“确定”按钮，即可新建水平或垂直方向的参考线，如图 2-2-9 所示。

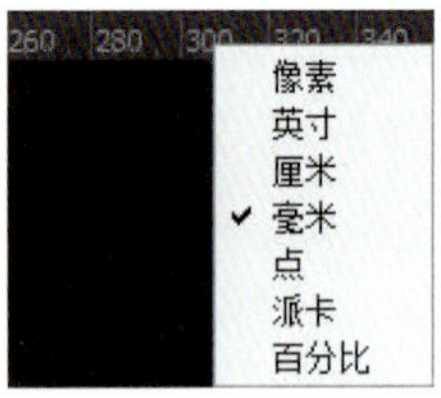

图 2-2-8　设置标尺单位

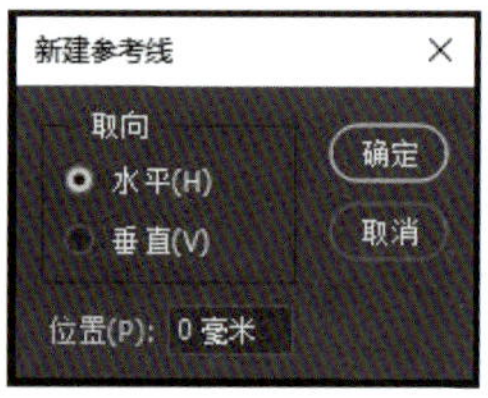

图 2-2-9　“新建参考线”对话框

3. 移动、锁定、隐藏或删除参考线

（1）移动参考线：用“移动工具”选择“参考线”后按住鼠标左键可左右或上下移动参考线。

（2）锁定参考线：执行“视图”“锁定参考线”命令，或按“Alt+Ctrl+；”快捷键，即可锁定参考线，如图 2-2-10 所示。

（3）隐藏“参考线”：执行“视图”“显示”“参考线”命令，或按“Ctrl+；”快捷键，即可隐藏或显示参考线，如图 2-2-10 所示。

（4）删除“参考线”：执行“视图”“清除参考线”命令，即可删除所有参考线，如图 2-2-10 所示；也可以使用“移动工具”将参考线移到标尺上删除。

4. 智能参考线

智能参考线在绘制形状或创建选区或切片时会自动出现，使操作更加简单。执行“视图”“显示”“智能参考线”命令即可打开或关闭智能参考线，其默认设置为紫色线条。在使用移动工具进行移动操作时，通过智能参考线可以对齐其他的图像、形状、选区等。

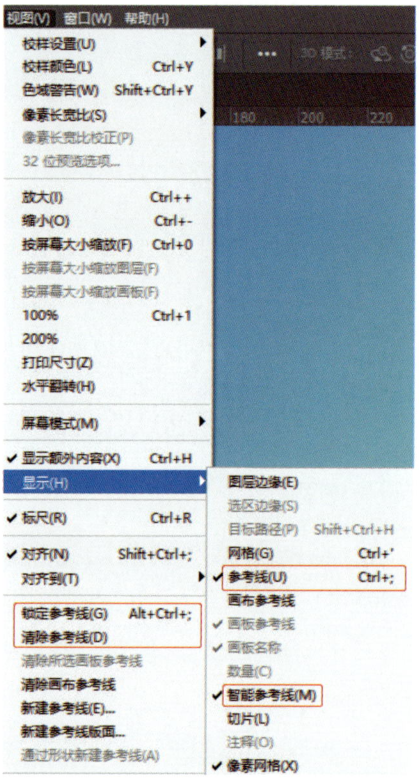

图 2-2-10　锁定、隐藏或删除“参考线”

任务实施

一、新建文档

按“Ctrl+N”快捷键，创建一个名为“酒店礼品袋”的文档，宽度为“450”，高度为“300”，单位为“毫米”，颜色模式为“CMYK 颜色”。

二、填充背景色

1. 选择渐变颜色

打开“渐变”面板，选择“灰色”渐变组里的“灰色 _11”，如图 2-2-11 所示。

2. 填充渐变颜色

单击“渐变工具”图标，选择“径向渐变”类型，在页面右上角按住鼠标左键拖动鼠标至左下角放开左键，完成渐变颜色填充，效果如图 2-2-12 所示。

图 2-2-11　选择渐变颜色

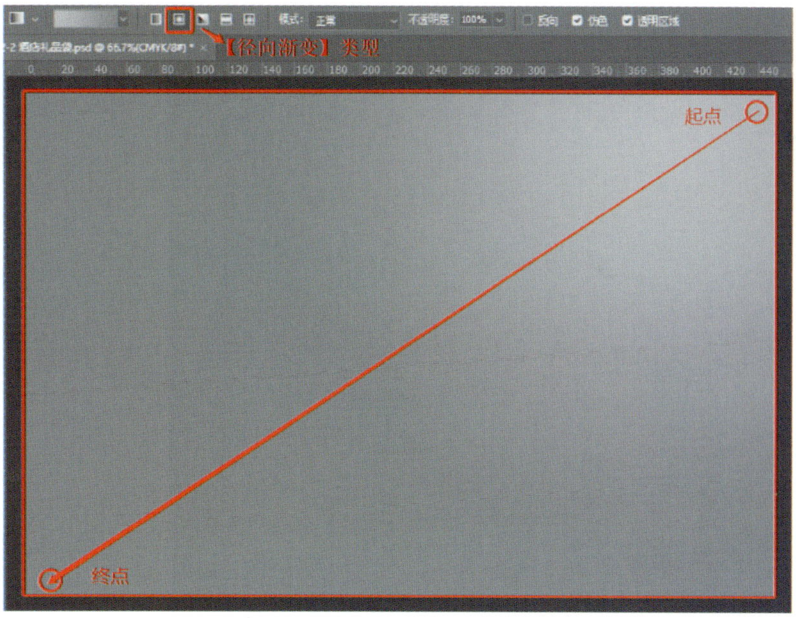

图 2-2-12　填充渐变颜色

三、绘制酒店礼品袋外观

1. 添加参考线

按“Ctrl+R”快捷键打开标尺，在标尺上单击鼠标右键，设置标尺单位为“毫米”。依次执行“视图”“新建参考线”命令，在弹出的“新建参考线”对话框中设置取向为“垂直”，位置依次设置为“80 毫米”“320 毫米”“360 毫米”，然后设置取向为“水平”，位置依次设置为“70 毫米”“290 毫米”，效果如图 2-2-13 所示。

2. 绘制礼品袋外形

选择“矩形工具”，填充颜色为白色，无描边，绘制矩形，按“Ctrl+T”快捷键选取矩形应用“自由变换”命令，单击鼠标右键选择“透视”，调整矩形形状，按 Enter 键完成礼品袋正面形状。再选择“矩形工具”，填充颜色为橙色（C0，M60，Y100，K0），无描边，按“Ctrl+T”快捷键应用“自由变换”命令，调整矩形形状，完成礼品袋外形，效果如图 2-2-14 所示。

图 2-2-13　添加参考线

3. 绘制手提绳孔

选择“椭圆工具”，设置填充颜色为“70%”灰色，描边颜色为橙色（C0，M60，Y100，K0），描边大小为“3 像素”，然后绘制两个手提绳孔，效果如图 2-2-15 所示。

图 2-2-14　绘制礼品袋外形

图 2-2-15　绘制手提绳孔

新建图层，选择“画笔工具”，在工具属性栏上打开“画笔预设选取器”，选取“常规画笔”中的“硬边圆”笔触，并设置其大小为“11 像素”，硬度为“100%”，将前景色设置为橙色（C0，M60，Y100，K0），然后绘制袋前面手提绳。接着在“背景”图层上方新建图层，将前景色改为“C0，M60，Y100，K20”，使用“画笔工具”绘制袋后手提绳，效果如图 2-2-16 所示。

选择酒店礼品袋外观所有图层，按“Ctrl+G”快捷键将图层编组，并命名为“礼品盒外观”，效果如图 2-2-17 所示。

图 2-2-16　绘制手提绳

图 2-2-17　将“礼品盒外观”图层编组

四、设计礼品袋外观图案

1. 添加标志

执行“文件”“打开”命令，打开“素材 / 项目二素材 / 任务二”目录下名为“01 标志素材 .PSD”的文件，按“Ctrl+A”快捷键将文件全部选中，再按“Ctrl+C”快捷键复制文件，返回“酒店礼品袋”文档，按“Ctrl+V”快捷键粘贴，并调整大小与位置，效果如图 2-2-18 所示。

选中“标志”图层，使用“矩形选框工具”框选标志，按“Ctrl+J”快捷键复制图层，并将其移到手提袋的侧边，按住 Ctrl 键单击“图层缩览图”创建标志选区，设置前景色为白色，按“Alt+Delete”快捷键将标志填充为白色，效果如图 2-2-19 所示。

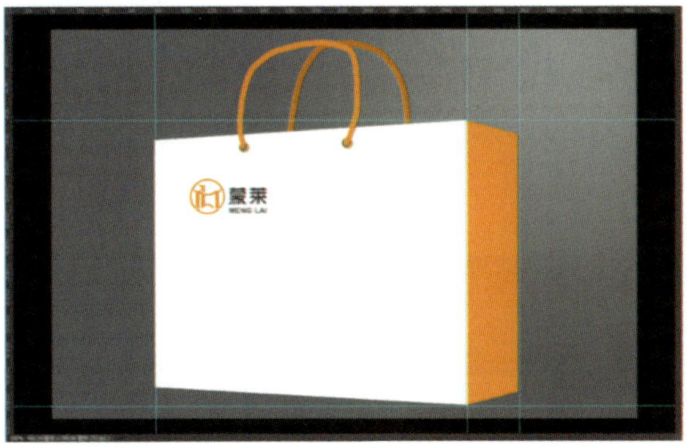
图 2-2-18　添加标志

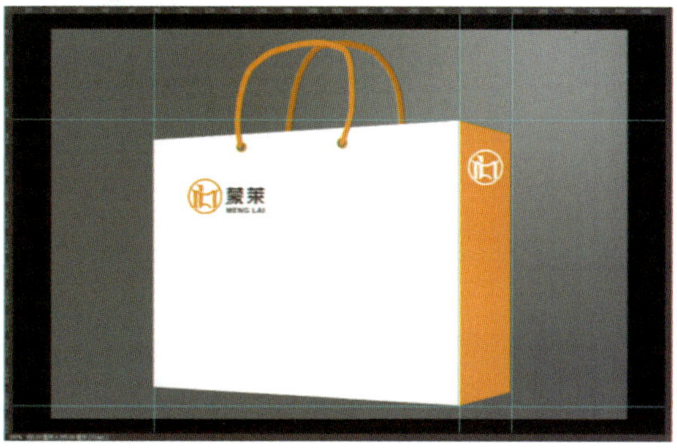
图 2-2-19　添加侧面标志

2. 添加底纹

参考添加标志步骤添加底纹，将“素材 / 项目二素材 / 任务二”目录下名为“02 礼品袋底纹 .PSD”的文件复制并粘贴到“酒店礼品袋”文档，按“Ctrl+T”快捷键调整大小，然后单击鼠标右键选择“透视”命令，调整底纹形状，按 Enter 键确定操作，效果如图 2-2-20 所示。

3. 添加文字

选择“直排文字工具”，设置字体为“黑体”，大小为“55 点”，输入文字“TEL：3688 8888”，鼠标右键单击文字图层，在打开的菜单中选择“栅格化图层”命令，按“Ctrl+T”快捷键并单击鼠标右键选择“透视”，根据礼品袋侧面调整文字透视关系，按 Enter 键确定操作，效果如图 2-2-21 所示。

图 2-2-20　添加底纹

图 2-2-21　添加文字

五、添加投影

选择“礼品袋外观”图层组并按“Ctrl+Alt+E”快捷键盖印图层组，得到一个新的“礼品袋外观（合并）”图层，如图 2-2-22 所示。

双击“礼品袋外观（合并）”图层，打开“图层样式”对话框，选中“投影”选项，设置混合模式为“正片叠底”，不透明度为“35%”，角度为“135 度”，距离为“50 像素”，大小为“50 像素”，如图 2-2-23 所示。单击“确定”按钮，最终效果如图 2-2-24 所示。

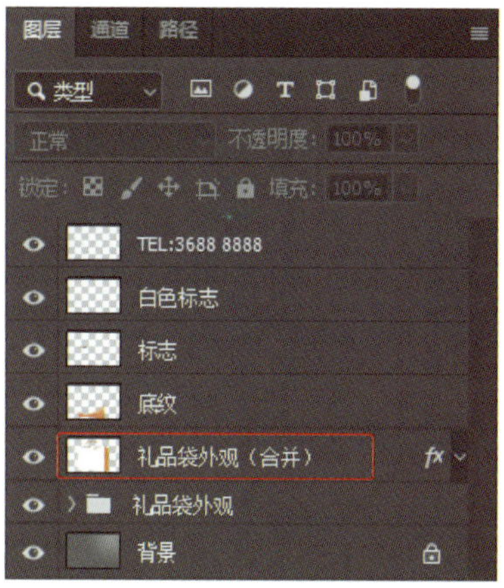

图 2-2-22　盖印图层组

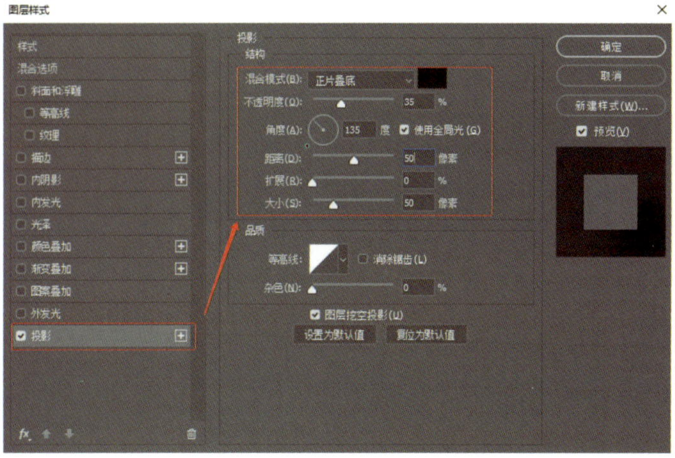

图 2-2-23　设置投影参数

图 2-2-24　最终效果

六、保存文档

执行“文件”“存储为”命令，在弹出的对话框中单击“保存在您的计算机上”按钮，然后在弹出的“另存为”对话框中选择文件存储位置，文件名为“蒙莱酒店礼品袋”，保存类型为“Photoshop（*.PSD，*.PDD，*.PSDT）”，单击“保存”按钮保存该文档，效果图如图 2-2-1 所示。

任务三 TASK 3 设计酒店客房挂牌及房卡

任务目标

1. 能根据需要应用画笔工具组各工具绘制和编辑图形。
2. 能在“画笔”面板中选择画笔并设置其属性。
3. 能使用“内容识别填充”命令编辑图形。
4. 能使用“变换”命令编辑图形。
5. 能使用图形的旋转、复制操作编辑图形。

任务描述

本任务为制作酒店客房挂牌及房卡，完成本任务，需要掌握画笔工具组的应用，熟练运用“画笔设置”及“画笔”面板，并结合“内容识别填充”与“变换”命令，最终完成酒店客房挂牌及房卡制作（见图 2-3-1）。要完成本任务，还要熟练运用“圆角矩形工具”“椭圆工具”，以及渐变填充和文字工具。

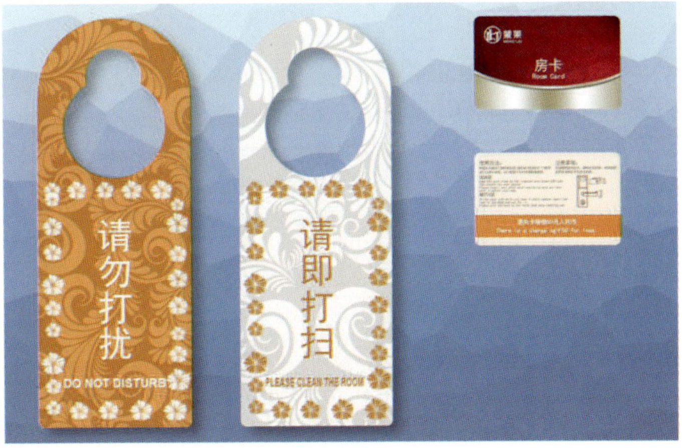

图 2-3-1 酒店客房挂牌及房卡

相关知识

一、画笔工具组

Photoshop 工具箱中的画笔工具组包含了 4 种工具，它们分别是“画笔工具”“铅笔工具”“颜色替换工具”和“混合器画笔工具”，如图 2-3-2 所示。该工具组中默认的“画笔工具”可以使用前景色绘制出各种线条，也可以修改通道和蒙版。

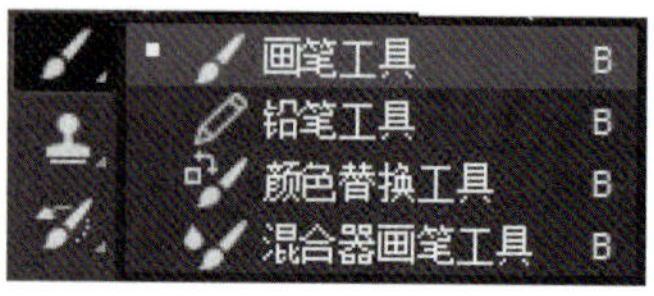

图 2-3-2　画笔工具组

1. 画笔工具

使用“画笔工具”既可以画出边缘比较柔和流畅的线条，也可以绘制出各种漂亮的图案，常用于上色、画线等。

在使用“画笔工具”前，首先设置“前景色”，然后选择“画笔工具”，在工具属性栏上打开“画笔预设选取器”设置画笔大小、硬度、笔尖效果，并设置模式、不透明度、流量等参数值，如图 2-3-3 所示。完成设置后在页面区域画出所需图案或线条。

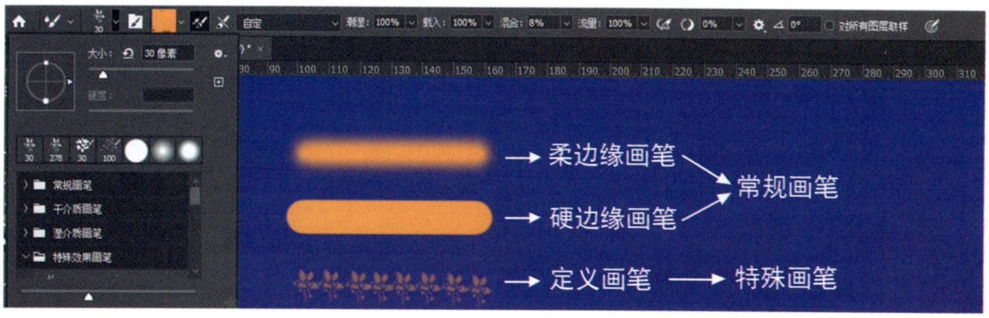

图 2-3-3　画笔工具

2. 铅笔工具

“铅笔工具”与“画笔工具”功能类似，不同之处在于，铅笔只有透明度的控制，没有硬度和流量控制，铅笔的边缘无法模糊化，常用于勾线、绘画起稿，如图 2-3-4 所示。

3. 颜色替换工具

“颜色替换工具”能够简化图像中特定颜色的替换，可以用校正颜色在目标颜色上绘画。

选择“颜色替换工具”，在工具属性栏上设置模式为“颜色”，限制为“连续”，容差为“50%”（根据图像的色彩差异自行调整）。根据所需替换的颜色设置“前景色”，在需要替换颜色范围按住鼠标左键，拖拽鼠标，开始替换目标颜色，可单击鼠标左键调整局部，效果如图 2-3-5 所示。

4. 混合器画笔工具

“混合器画笔工具”可以绘制出逼真的手绘效果，是较为专业的绘画工具，通过工具属性栏可以设置画笔、调节笔触的颜色和潮湿度、混合颜色等，如同在绘制水彩画或油画时，随意调节色彩颜色和浓度、进行颜色混合等，如图 2-3-6 所示。应用“混合器画笔工具”制作效果前后对比如图 2-3-7 所示。

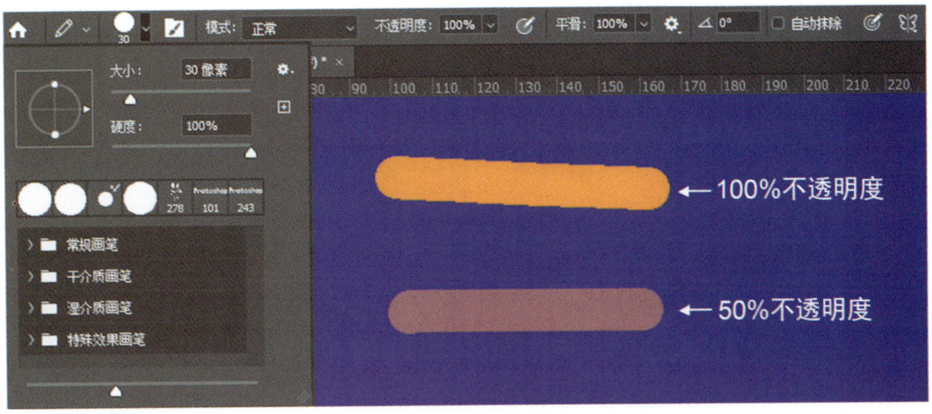

图 2-3-4　铅笔工具

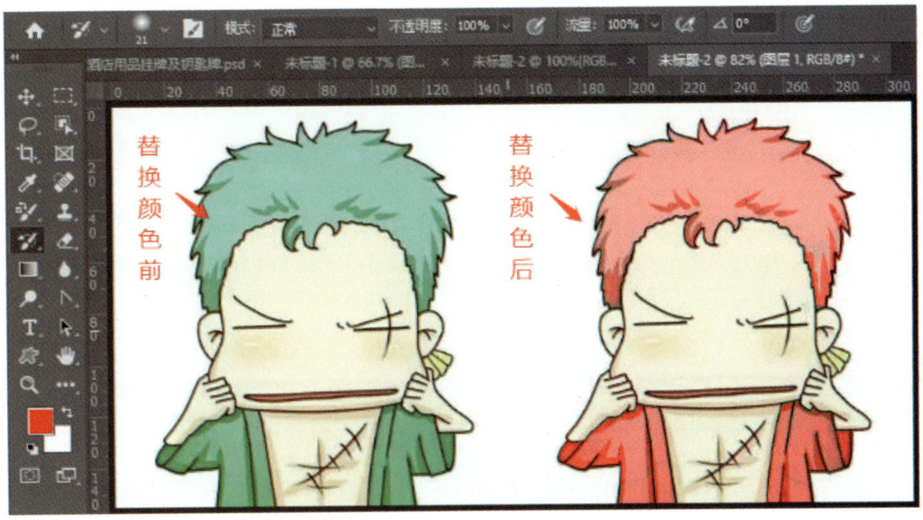

图 2-3-5　颜色替换工具

图 2-3-6　混合器画笔工具

图 2-3-7　应用“混合器画笔工具”制作效果前后对比

二、“画笔”面板

执行“窗口”“画笔”命令，打开“画笔”面板，“画笔”面板中提供了各种系统预设的画笔，这些预设的画笔有大小、形状和硬度等属性。单击“画笔”面板右上角的 ▤ 小图标，可以新建画笔组、重命名画笔，还可以设定画笔显示方式，如图 2-3-8 所示。

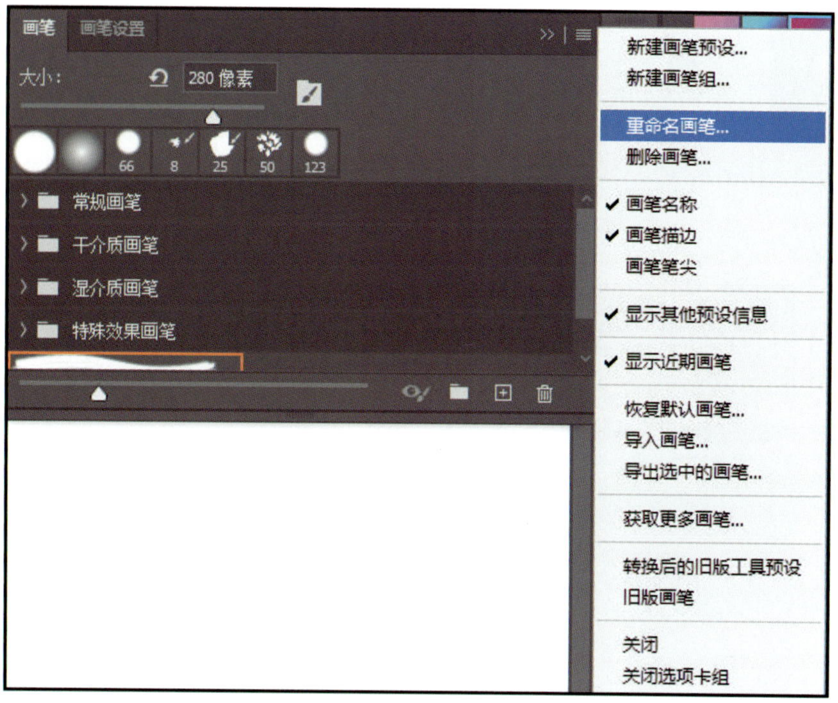

图 2-3-8　“画笔”面板

三、“画笔设置”面板

“画笔设置”面板的快捷键是 F5。“画笔笔尖形状”一栏中，“大小”是指笔的粗细、角度和圆度，可以在小窗口拖拽调节；“硬度”代表边缘的虚实；“间距”代表每个元素的距离，间距越大，每一个元素距离越远。“画笔设置”面板如图 2-3-9 所示，包括形状动态、散布、纹理、双重画笔、颜色动态、传递、画笔笔势、杂色、湿边、建立、平滑、保护纹理等功能，每种功能都有对应的调整面板。

“形状动态”调整面板中比较直观的是“最小直径”设置，第二个滑动条的“控制”设置的功能是以手写板压感来控制大小，如图 2-3-10 所示。

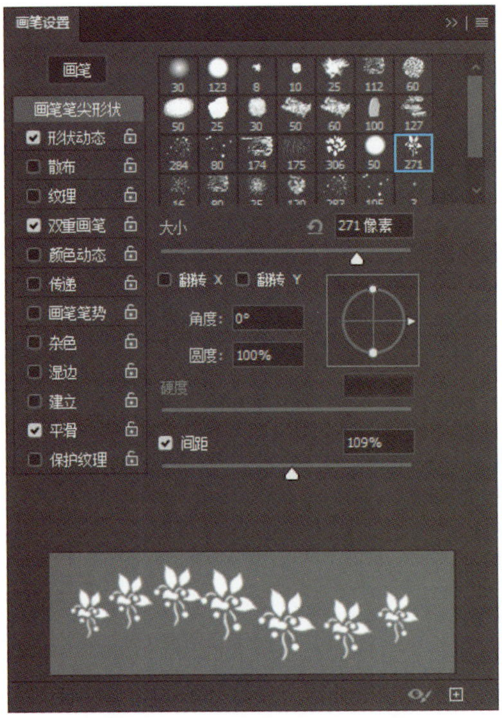

图 2-3-9 “画笔设置”面板

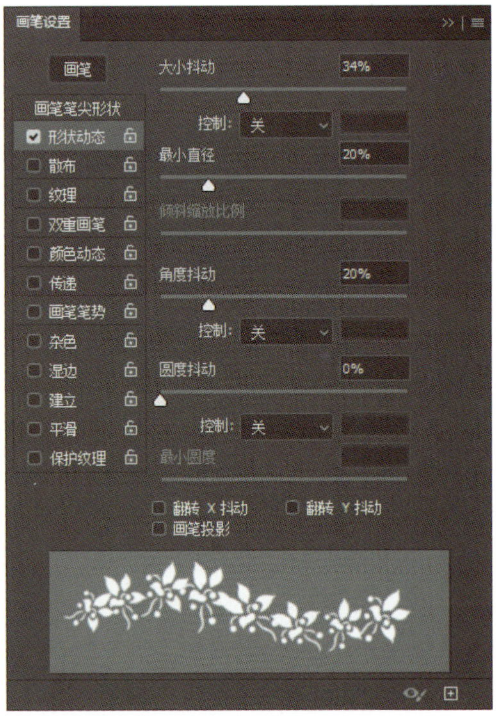

图 2-3-10 “形状动态”调整面板

四、定义画笔预设

当经常需要绘制某一个图形时，可将其设置成画笔预设保存起来，以便日后可以用画笔的形式直接使用。

选中需要定义画笔的图层，执行“编辑”“定义画笔预设”命令，打开“画笔名称”对话框，为新画笔命名后，单击“确定”按钮，如图 2-3-11 所示。

接着在“画笔”面板中即可找到新定义画笔，同时在“画笔设置”面板中显示，如图 2-3-12 所示。选择使用定义画笔方法与内置画笔笔刷相同。

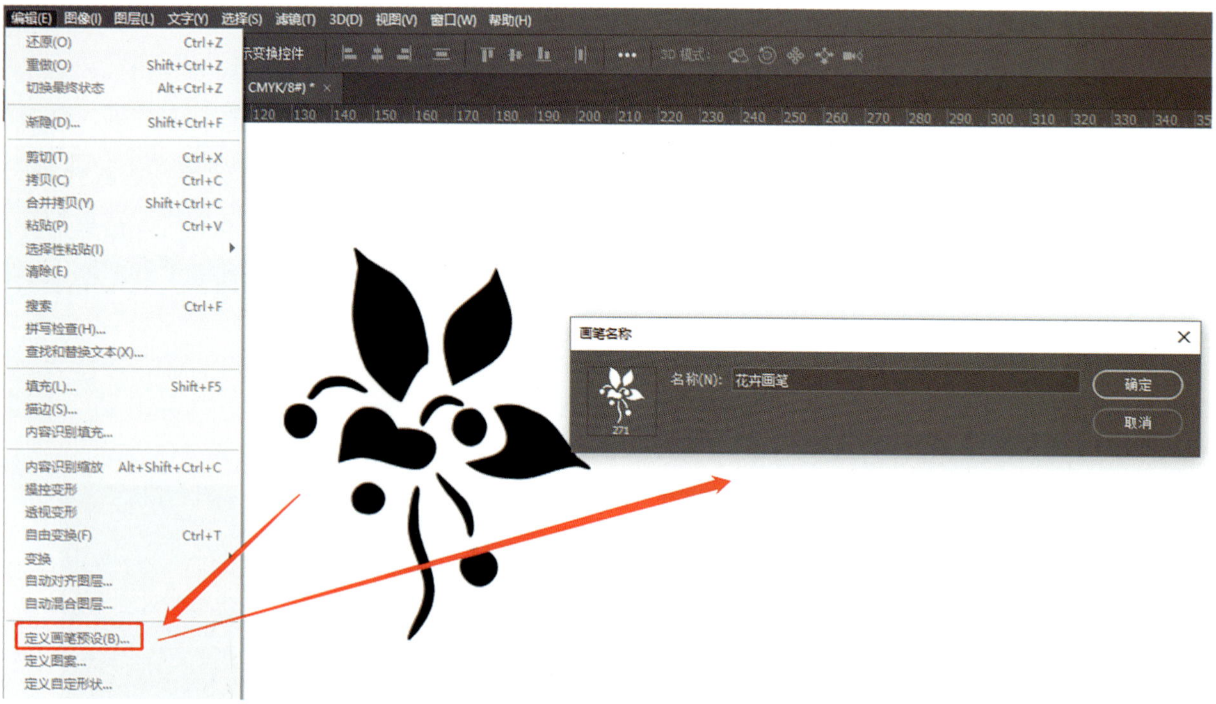

图 2-3-11　定义画笔预设效果

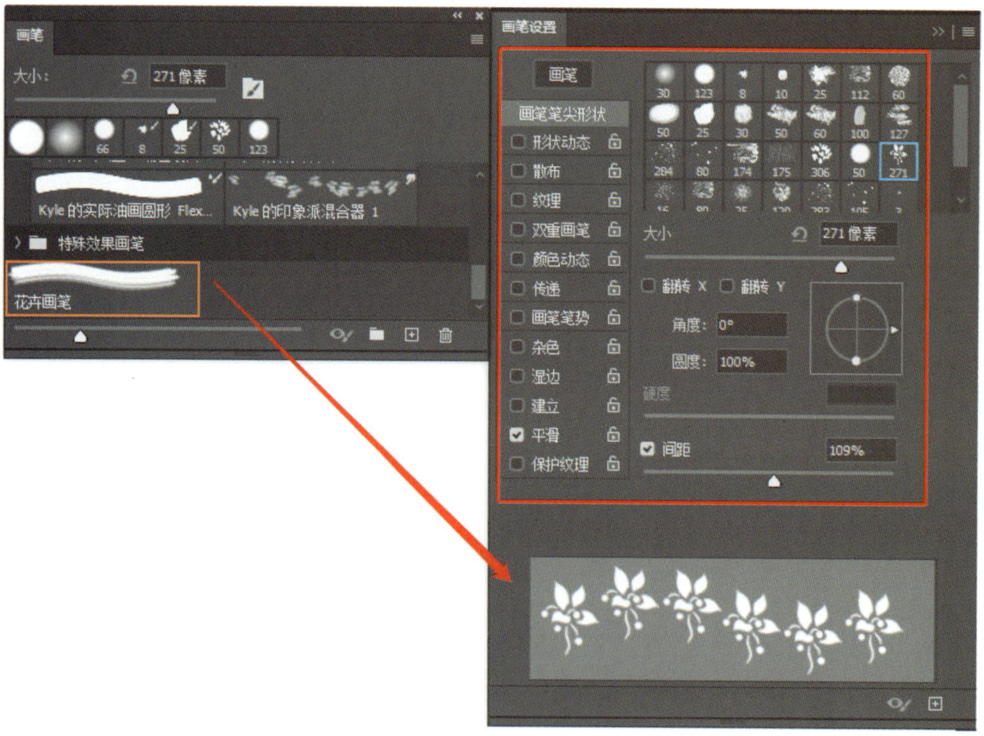

图 2-3-12　定义画笔位置

小贴士

在设计“定义画笔预设”时，只有黑色的图案或形状做成画笔才是不透明的。如果图案或形状是彩色、白色、灰色，那么定义的图案是半透明的，不能用全白色的图案来定义画笔预设。

如果一个图层中有多个对象，只是对部分图案进行“定义画笔预设”操作，那么就需要将要自定义画笔的对象用选区勾勒出来，然后再执行“编辑”“定义画笔预设”命令。

五、内容识别填充

内容识别填充的作用是要抹除图片中的某部分图像，但不是所有图片都适用，要根据图片内容的情况而定。把事先准备好的需要处理的图片在 Photoshop 中打开，然后使用选框工具或“套索工具”。例如，用“套索工具”框选不需要的部分，形成虚线选框之后，执行“编辑”“填充”命令，或按“Shift+F5”快捷键，也可单击鼠标右键，选中“填充”，弹出“填充”对话框，选择“内容”下拉菜单中的“内容识别”，然后按“确定”按钮即可，如图 2-3-13 所示。

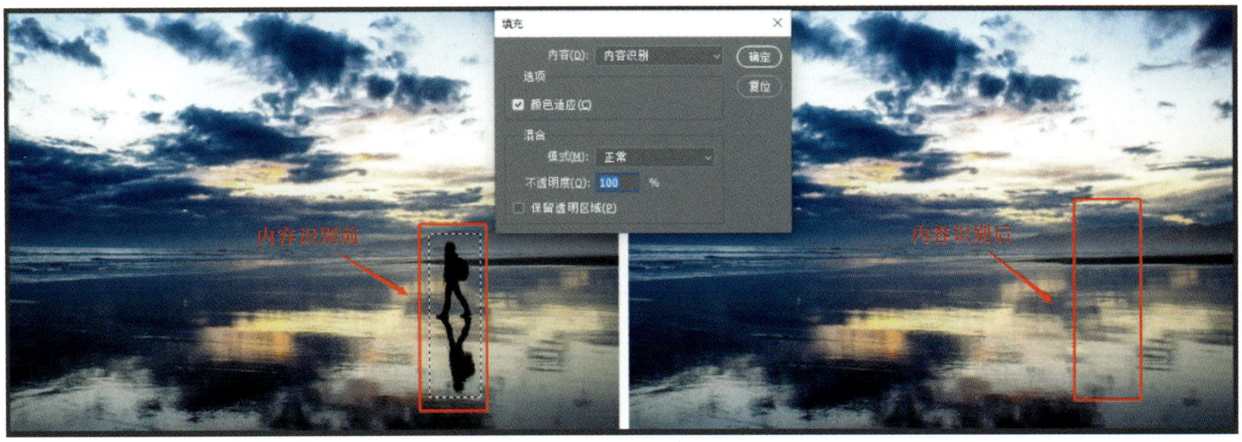

图 2-3-13　内容识别填充效果

六、图形的旋转复制

执行“编辑”“变换”“旋转”命令，可对图形进行旋转操作，按“Ctrl+T”快捷键弹出“自由变换”选框后，在工具属性栏上调整“参考点位置”和“角度”，按 Enter 键完成图形旋转操作，待图形旋转后，按“Shift+Ctrl+Alt+T”快捷键复制旋转图形。

任务实施

一、新建文档

执行“Ctrl+N”快捷键，弹出“新建文档”对话框，在对话框的右侧预设详细信息选项中输入“酒店客房挂牌及房卡”，宽度为“400”，高度为“280”，单位为“毫米”，颜色模式为“CMYK 颜色”，其他参数默认，如图 2-3-14 所示。然后单击“创建”按钮，创建一个新文档。

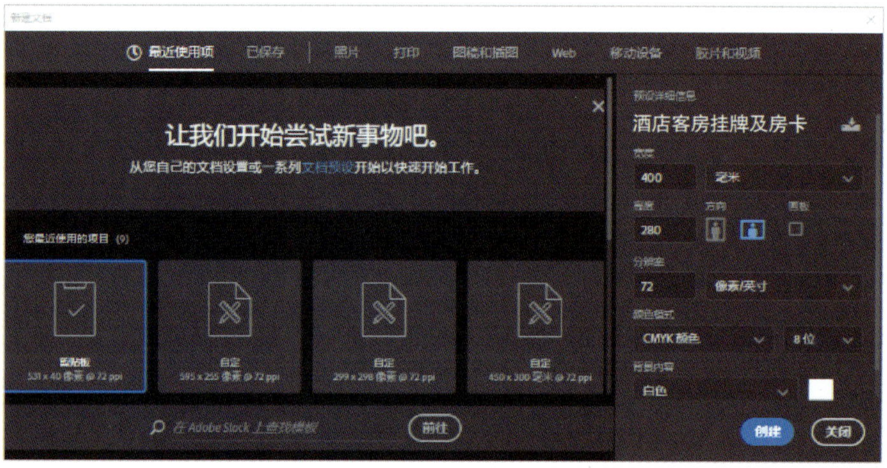

图 2-3-14 “新建文档”对话框参数设置

二、绘制背景

1. 新建图层，在“渐变”面板选择“蓝色”渐变组，单击“蓝色 _09”填充渐变色，如图 2-3-15 所示。背景渐变效果如图 2-3-16 所示。

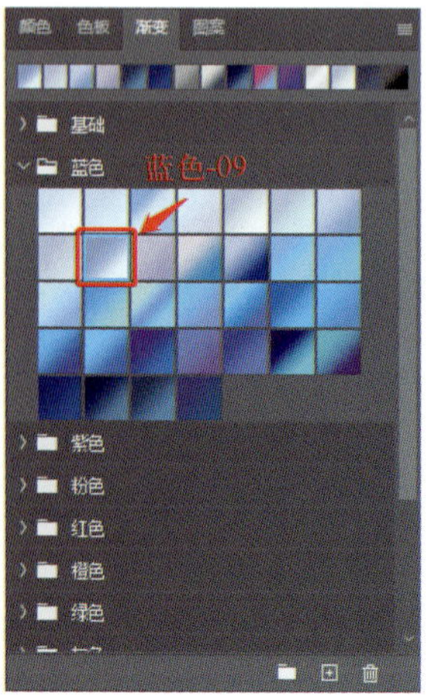

图 2-3-15 选择填充渐变色

图 2-3-16 背景渐变效果

2. 选中渐变图层，单击鼠标右键选择“栅格化图层”命令，如图 2-3-17 所示。

3. 选中渐变图层，执行“滤镜”“像素化”“晶格化”命令，在弹出的“晶格化”对话框中设置单元格大小为“130”，如图 2-3-18 所示。单击“确定”按钮，效果如图 2-3-19 所示。

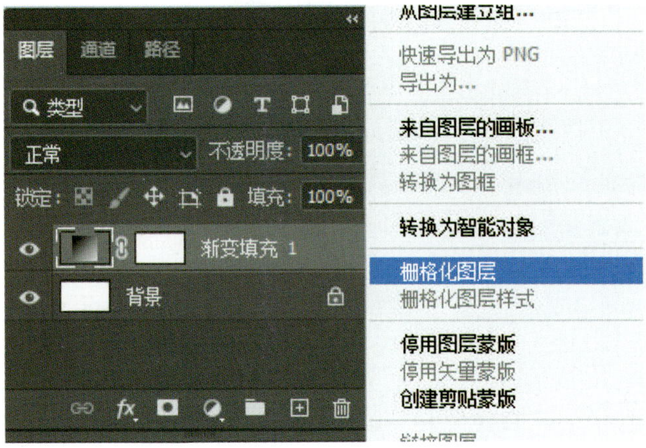

图 2-3-17 “栅格化图层”操作

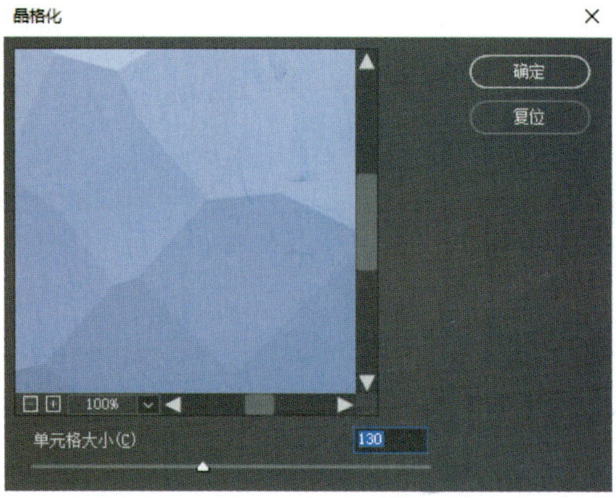

图 2-3-18 设置“晶格化”对话框参数

图 2-3-19 背景晶格化效果

三、添加参考线

按“Ctrl+R”快捷键打开标尺，在标尺上单击鼠标右键，设置标尺单位为“毫米”。依次执行“视图”“新建参考线”命令，在弹出的“新建参考线”对话框中设置取向为“水平”，位置依次设置为“20 毫米”“74 毫米”“100 毫米”“154 毫米”和“260 毫米”，然后设置取向为“垂直”，位置依次设置为“20 毫米”“110 毫米”“140 毫米”“230 毫米”“280 毫米”和“366 毫米”，如图 2-3-20 所示。

图 2-3-20　设置参考线

四、绘制酒店客房挂牌外形

1. 选择“椭圆工具”，在工具属性栏中选择“形状”，填充色为“C0、M60、Y100、K0”，无描边，然后沿着参考线绘制正圆，如图 2-3-21 所示。

2. 选择“圆角矩形工具”，在工具属性栏中选择“形状”，填充色为“C0、M60、Y100、K0”，无描边，半径为“10 像素”，绘制圆角矩形，调整大小及位置，如图 2-3-22 所示。

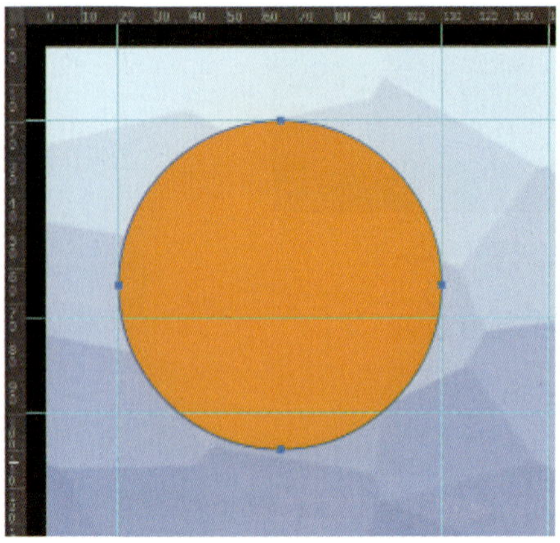

图 2-3-21　绘制正圆

图 2-3-22　绘制圆角矩形

3. 按住 Shift 键单击“圆角矩形 1”及“椭圆 1”两个图层并将其选中，然后单击鼠标右键，在弹出的菜单中选择“栅格化图层”命令，接着按“Ctrl+E”快捷键合并图层，如图 2-3-23 所示。

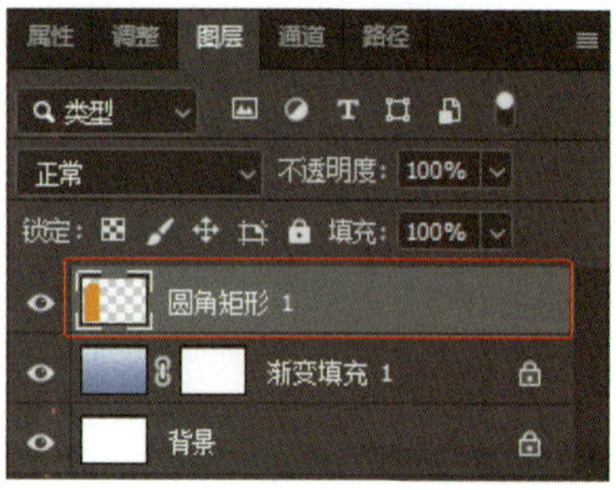

图 2-3-23　栅格化并合并图层

4. 选择“椭圆工具”，在工具属性栏中选择“路径”，然后绘制正圆。执行“视图”“显示”“智能参考线”

命令打开智能参考线，使用“路径选择工具”将正圆路径放在图形居中位置，如图 2-3-24 所示。

5. 在“路径”面板中将路径作为选区载入，如图 2-3-25 所示。

6. 选中已栅格化的“圆角矩形 1”图层，按 Delete 键删除选区，效果如图 2-3-26 所示。

7. 在镂空的正圆上方继续绘制小圆路径，并将路径作为选区载入，接着删除选区，效果如图 2-3-27 所示。

8. 双击“圆角矩形 1”图层，在弹出的“图层样式”对话框中设置不透明度为“35%”，角度为“135 度”，距离为“20 像素”，大小为“20 像素”，如图 2-3-28 所示。单击“确定”按钮完成图层样式设置。

图 2-3-24　绘制正圆路径

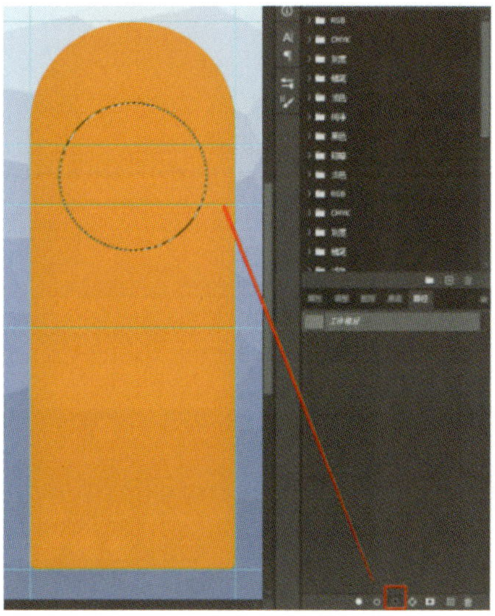

图 2-3-25　载入正圆选区

图 2-3-26　删除选区

图 2-3-27　绘制小圆路径

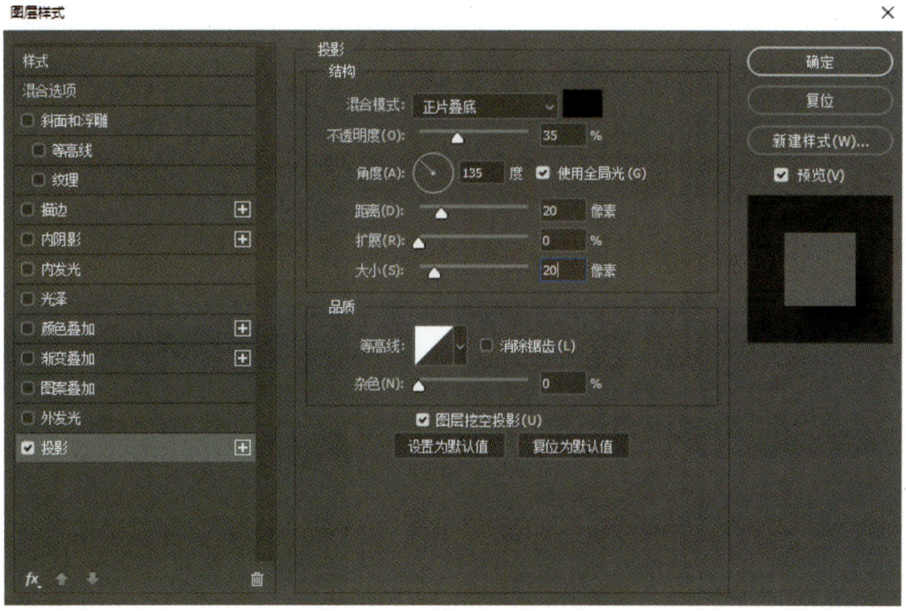

图 2-3-28　设置图层样式参数

五、添加挂牌花纹

1. 添加背景花纹

执行“文件”“打开”命令，打开“素材 / 项目二素材 / 任务三”目录下名为“01 挂牌背景 .JPG”的文件，置于“圆角矩形 1”图层上方，按住 Alt 键，将鼠标光标移到上下两个图层中间的横线上，此时出现一种箭头与方形的形状，单击一下鼠标即可向下创建剪贴蒙版，接着在“图层”面板上将不透明度调整为“20%”，如图 2-3-29 所示。

图 2-3-29　添加背景花纹

2. 定义画笔预设

选择工具箱上的“自定形状工具”，在工具属性栏上选择工具模式为“像素”、形状为“形状 43”，如图 2-3-30 所示。

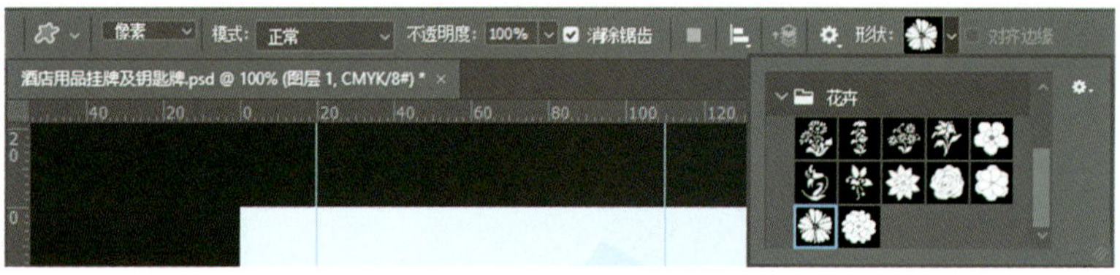

图 2-3-30　选择形状

新建图层 1，设置前景色为黑色，按住 Shift 键绘制花卉，如图 2-3-31 所示。

在“图层”面板上隐藏除花卉（图层 1）外的所有图层，如图 2-3-32 所示。

图 2-3-31　绘制花卉

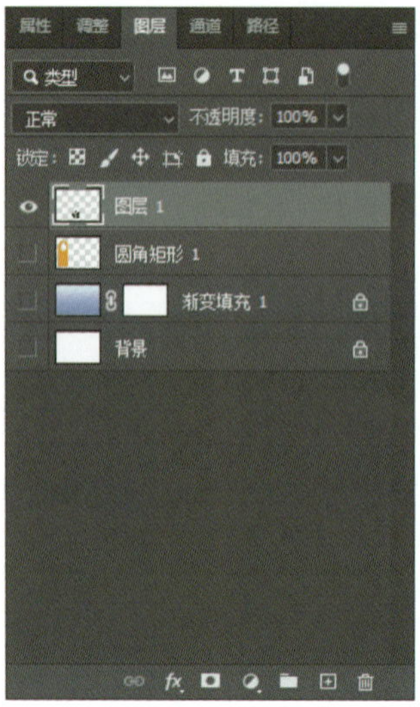

图 2-3-32　隐藏除花卉外的所有图层

执行“编辑”“定义画笔预设”命令，在弹出的“画笔名称”对话框中输入名称为“花卉底纹”，如图 2-3-33 所示。

显示所有图层，选择“矩形工具”，在工具属性栏上选择“路径”，然后绘制矩形路径，如图 2-3-34 所示。

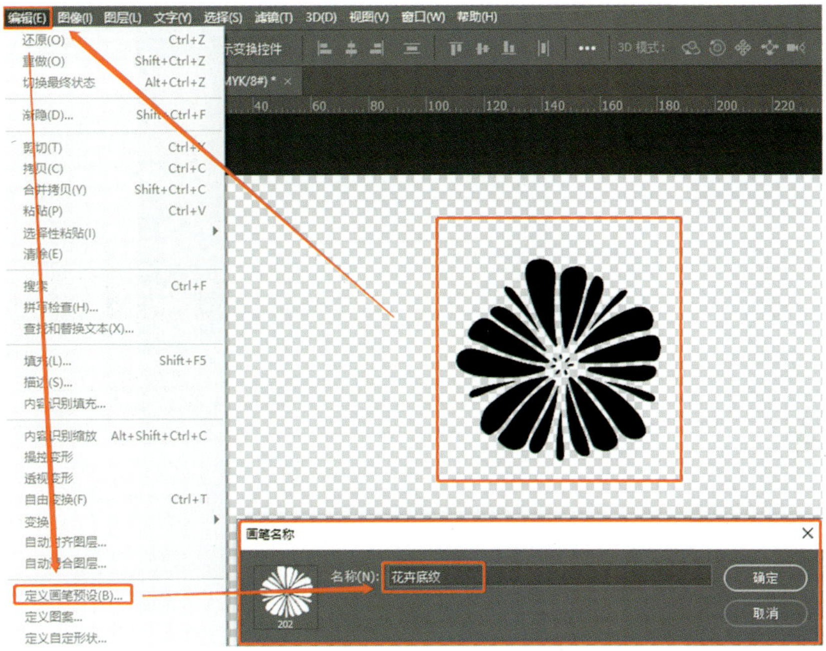

图 2-3-33 定义画笔预设

图 2-3-34 绘制矩形路径

执行“窗口”“画笔”命令，打开“画笔”面板，选择“花卉底纹”，设置前景色为白色，按 F5 键打开“画笔设置”面板，在上面设置“画笔笔尖形状”，调整大小为“35 像素”，间距为“130%”，如图 2-3-35 所示。

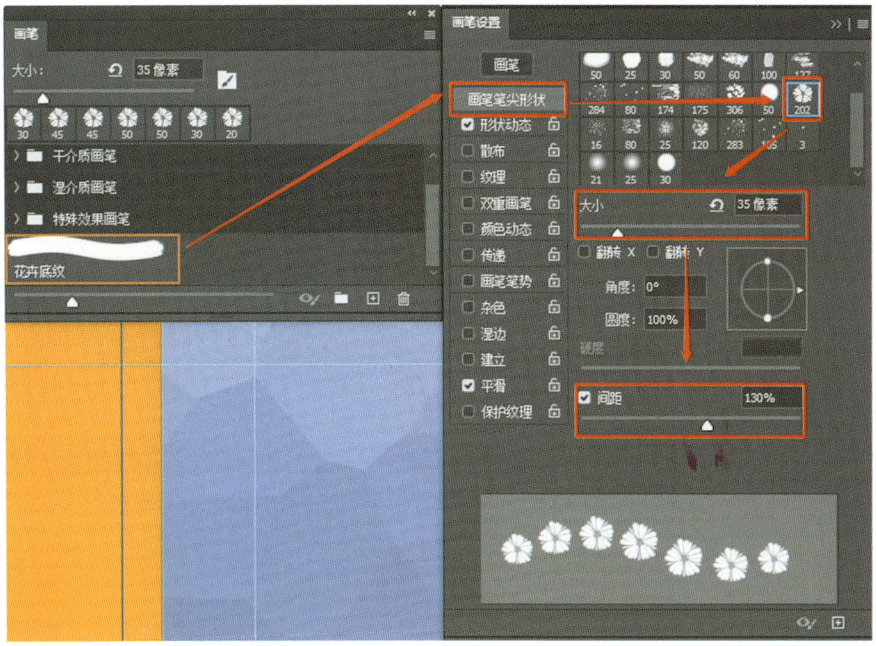

图 2-3-35 画笔设置

单击并勾选“形状动态”，将大小抖动调整为 50%，如图 2-3-36 所示。

删除“图层 1”中绘制的“花卉”图案，然后选择“画笔工具”，在“路径”面板上选择矩形工作路径，单击“用画笔描边路径”图标，如图 2-3-37 所示。

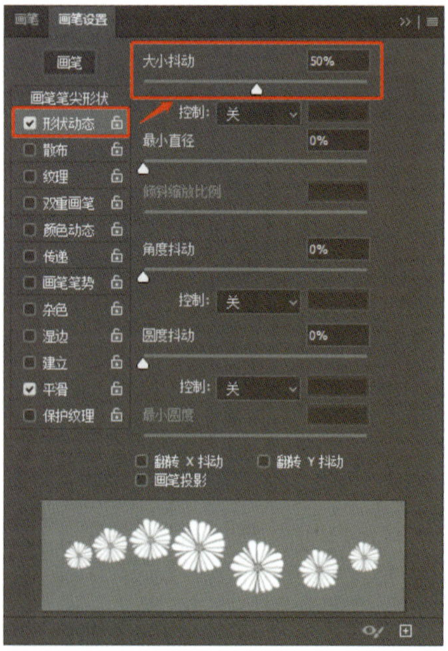

图 2-3-36　设置“形状动态”

图 2-3-37　“用画笔描边路径”操作

接着在“路径”面板的空白处单击隐藏路径，按“Ctrl+T”快捷键调整花纹画笔效果，如图 2-3-38 所示。

选择“直排文字工具”，设置字体为“黑体”，大小为“60 点”，输入文字“请勿打扰”，如图 2-3-39 所示。

选择“横排文字工具”，设置字体为“Arial”和“Bold”，大小为“20 点”，输入文字“DO NOT DISTURB”，如图 2-3-40 所示。调整文字位置，效果如图 2-3-41 所示。接着将绘制的图形及文字图层进行编组，命名为“挂牌正面”图层组。

图 2-3-38　调整花纹画笔效果

图 2-3-39　设置直排文字参数

图 2-3-40　设置横排文字参数

六、绘制挂牌反面

参照步骤四、步骤五的方法绘制挂牌反面，挂牌外形选择白色，画笔花纹前景色为“C0，M60，Y100，K20”，中文文字为“请即打扫”，英文文字为“PLEASE CLEAN THE ROOM”，颜色为“C0，M60，Y100，K20”，效果如图 2-3-42 所示。

图 2-3-41 挂牌最终效果

图 2-3-42 挂牌反面效果

七、绘制酒店房卡

1. 绘制正面

新建图层，选择“圆角矩形工具”，在工具属性栏中选择“形状”，填充颜色为黑色，无描边，半径为“10 像素”，绘制圆角矩形，如图 2-3-43 所示。

按“Ctrl+O”快捷键，打开“素材 / 项目二素材 / 任务三”目录下名为“02 房卡背景 .JPG”的文件，按“Ctrl+A”全选，按“Ctrl+C”复制，按“Ctrl+V”粘贴至“圆角矩形”图层上方，按住 Alt 键，将鼠标光标移到上下两个图层中间的横线上，此时出现一种箭头与方形的形状，单击鼠标即可向下创建剪贴蒙版，如图 2-3-44 所示。

新建图层，打开“素材 / 项目二素材 / 任务三”目录下名为“03 标志素材 .PSD”的文件，复制标志，将标志移至左上角合适的位置，如图 2-3-45 所示。

图 2-3-43 绘制圆角矩形

图 2-3-44　添加背景

图 2-3-45　添加标志

选择“横排文字工具”，设置字体为“黑体”，大小为“24 点”，行距为“24 点”，颜色为“C0，M10，Y15，K0”，输入文字“房卡”，如图 2-3-46 所示，接着设置字体为“黑体”，大小为“12 点”，行距为“12 点”，颜色为“C0，M10，Y15，K0”，输入文字“Room Card”，如图 2-3-47 所示。房卡正面效果如图 2-3-48 所示。

2. 绘制背面

新建图层，选择“圆角矩形”，在工具属性栏中选择“形状”，设置颜色为“C0，M10，Y15，K0”，无描边，半径为“10 像素”，绘制背面圆角矩形，如图 2-3-49 所示。

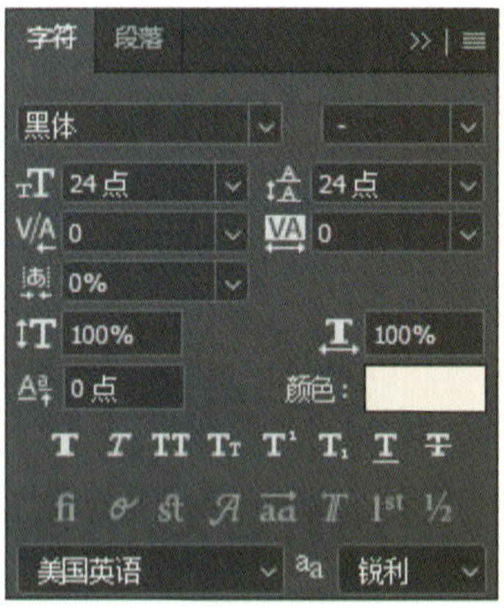

图 2-3-46　设置中文参数

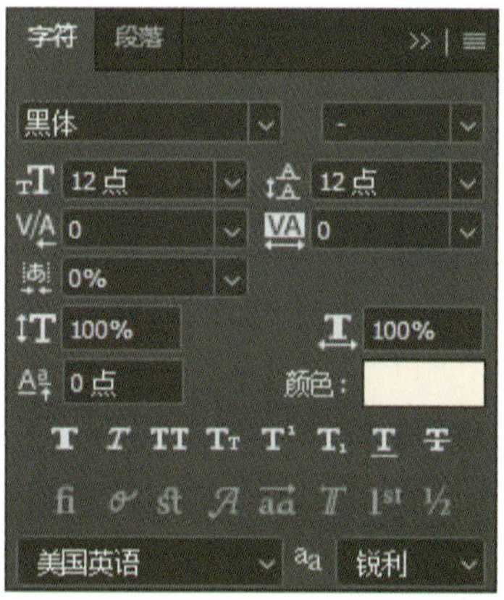

图 2-3-47　设置英文参数

图 2-3-48　房卡正面效果

图 2-3-49　绘制背面圆角矩形

使用“矩形工具”绘制矩形，填充颜色为“C0，M60，Y100，K0”，无描边，如图 2-3-50 所示。

执行“文件”“置入嵌入对象”命令，将“素材 / 项目二素材 / 任务三”目录下名为“04 房卡背面素材 .PSD”的文件置入，并调整图片的大小和位置，效果如图 2-3-51 所示。

图 2-3-50　添加矩形

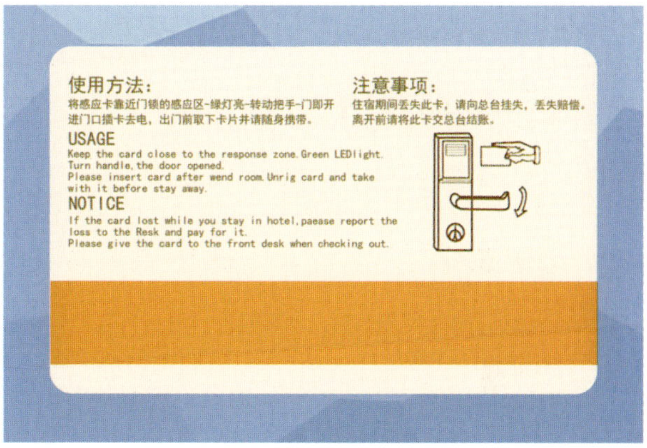

图 2-3-51　置入素材

选择“横排文字工具”，在工具属性栏上设置字体为“黑体”，大小为“10 点”，行距为“14 点”，输入文字“遗失卡赔偿 50 元人民币 There is a charge of ¥ 50 for loss.”，效果如图 2-3-52 所示。房卡正反面效果如图 2-3-53 所示。

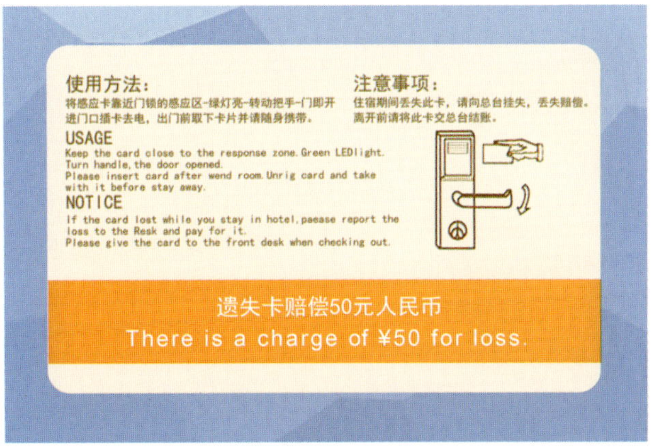

图 2-3-52　添加文字

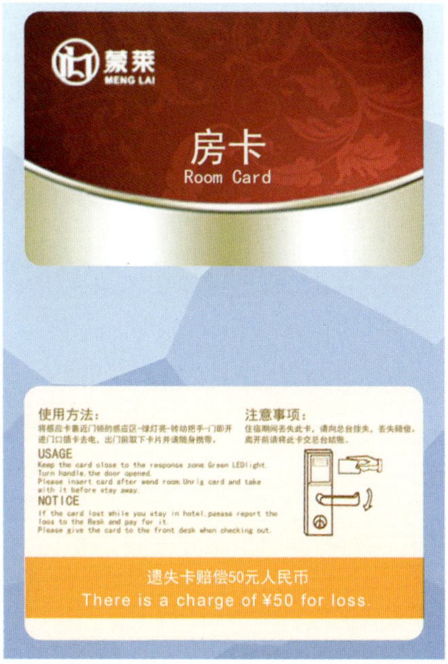

图 2-3-53　房卡正反面效果

小贴士

酒店挂牌常规尺寸为 240 mm × 90 mm，酒店房卡常规尺寸为 86 mm × 54 mm。

八、保存文档

执行“文件”“存储为”命令，在弹出的对话框中单击“保存在您的计算机上”按钮，然后在弹出的“另存为”对话框中选择文件存储位置，文件名为“酒店客房挂牌及房卡”，保存类型为“Photoshop（*.PSD，*.PDD，*.PSDT）”，单击“保存”按钮保存该文档，效果图如图 2-3-1 所示。

巩固训练

一、制作蒙莱酒店文化伞

通过制作蒙莱酒店文化伞（见图 2-4-1），进一步掌握矢量图形工具、新建辅助线、图形复制旋转的方法，学会应用“图层样式”命令给对象添加效果。

图 2-4-1　蒙莱酒店文化伞

二、制作蒙莱酒店文化气球

通过制作蒙莱酒店文化气球（见图 2-4-2），进一步掌握“椭圆选框工具”、矢量图形工具和“画笔工具”的使用方法，掌握“图层编组”命令，学会应用“图层样式”命令给对象添加效果。

图 2-4-2 蒙莱酒店文化气球

三、操作提示

参考“素材 / 项目二素材 / 任务四”目录下名为“项目二巩固练习 .pdf”的文件。

项目三

UI设计

UI 是 User Interface 的简称。UI 设计也称界面设计，是指对软件的人机交互、操作逻辑、页面美观的整体设计。优秀的 UI 设计不仅使软件变得有个性、有品位，而且使软件的操作变得舒适、简单、自由，充分体现软件的特点。

本项目通过图片社交软件界面、音乐播放器界面和电影票软件购买界面设计，再结合相关知识的学习和基本技能的训练，引导学习者领会 UI 设计的实际应用技巧，为以后设计精美的 UI 作品奠定扎实的基础。

任务一 TASK 1 设计图片社交软件界面

任务目标

1. 能说明选区的作用。
2. 能使用套索工具组。
3. 能使用“描边”命令。
4. 能使用“创建剪贴蒙版”命令。

任务描述

本任务主要利用“描边”命令、“创建剪贴蒙版”命令和选区进行设计，并结合“图层样式”和“渐变工具”制作图片社交软件界面，如图 3-1-1 所示。学习完本任务后，可以制作简单的界面。

图 3-1-1　图片社交软件界面

相关知识

一、选区

在 Photoshop 操作中，无论是在修饰图像还是图像抠图，经常会遇到需要进行局部处理的区域，这些情况都需要调出选区，在选区内进行操作。选区作为一个限定处理范围的“限定框”，只对特定区域进行编辑，不会对其他区域产生影响。选区内可单独进行填充颜色或抠图等操作，如图 3-1-2 和图 3-1-3 所示。

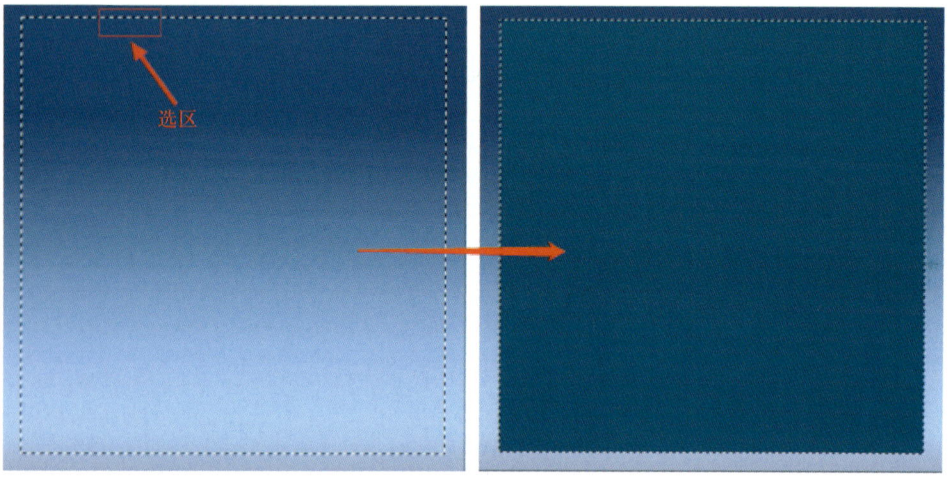

图 3-1-2　选区内填充颜色

图 3-1-3　选区内抠图

二、套索工具组

套索工具组包含“套索工具”、“多边形套索工具”和“磁性套索工具”，如图 3-1-4 所示，是制作选区的工具。

1. 套索工具

“套索工具”可根据设计需要随意画出不规则的形状选区，属性栏如图 3-1-5 所示。

图 3-1-4 套索工具组

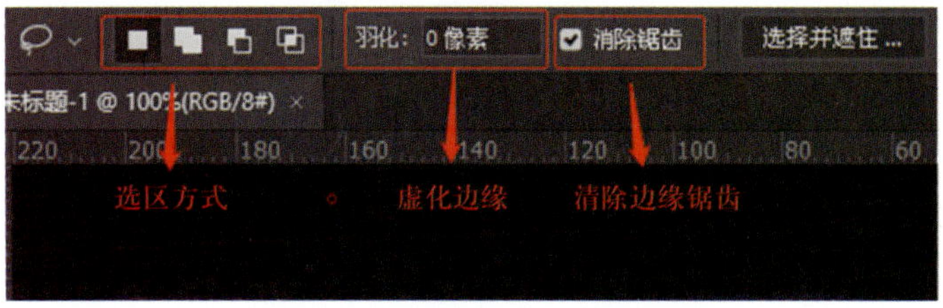

图 3-1-5 “套索工具”属性栏

选择工具箱中的“套索工具”，按住鼠标左键，在页面中拖拽鼠标进行描绘，松开鼠标后形成一个封闭选区，如图 3-1-6 所示。

2. 多边形套索工具

“多边形套索工具”能够创建有一定规则的选区，适用于抠取不复杂的图像，其属性栏与“套索工具”的属性栏完全相同。

选择工具箱中的“多边形套索工具”，单击鼠标左键确定起点，接着沿着图像边缘进行单击，连线封闭后得到绘制的选区，如图 3-1-7 所示。

图 3-1-6 使用“套索工具”绘制选区

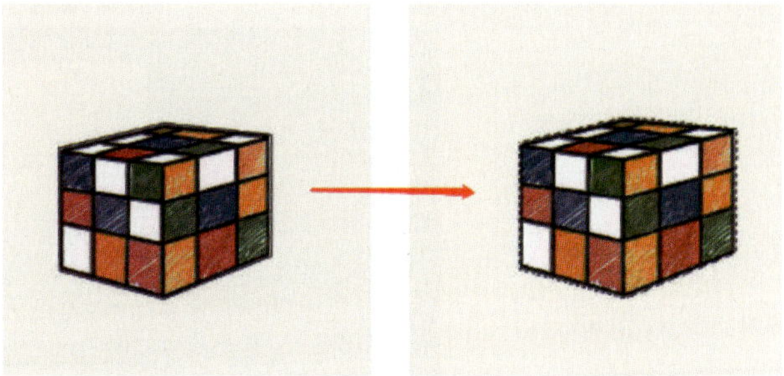
图 3-1-7 使用“多边形套索工具”绘制选区

小贴士

在使用“多边形套索工具”绘制选区时，按住 Shift 键，可以在倾斜 45° 方向或者水平方向、垂直方向上描绘直线。另外，按 Backspace 键可以删除最近绘制的直线。

3. 磁性套索工具

“磁性套索工具” 可以自动识别颜色差别，并自动描边具有颜色差异的边界得到某个选区。此工具适用于选择与背景对比强烈的图片。

选择工具箱中的“磁性套索工具”，然后将光标放置在需要抠图的图片边缘，单击鼠标左键，作为起始点，沿着对象边缘移动光标，对象边缘会自动创建出边界线，继续移动光标到起点并单击鼠标左键，得到闭合的选区，如图 3-1-8 所示。

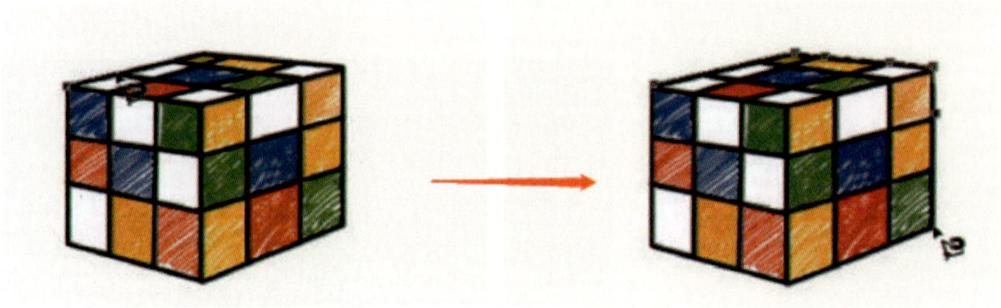

图 3-1-8 使用“磁性套索工具”绘制选区

三、“描边”命令的使用方法

“描边”命令可以将选区的边缘用前景色描绘出来，描边的形状取决于选区的形状。

1.“编辑”“描边”命令

选择“椭圆选框工具” ，绘制一个选区，执行“编辑”“描边”命令，在弹出的“描边”对话框中设置宽度、颜色、位置等参数，如图 3-1-9 所示，按“确定”按钮即可为选区描边。

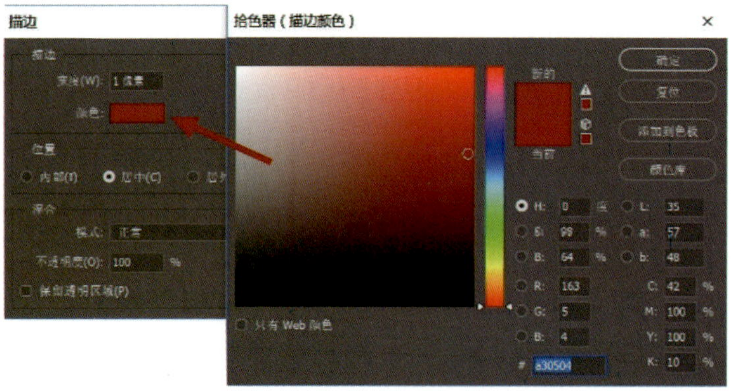

图 3-1-9 设置“编辑”菜单中的“描边”参数

2.“图层样式”“描边”命令

绘制形状或建立选区后，单击“图层”面板下方“添加图层样式”图标 fx，选择“描边”选项，在弹出的“图层样式”对话框中，可设置描边的结构、填充类型，如图 3-1-10 所示。设置好参数后按“确定”按钮即可为选区描边，如给大象对象描边的效果如图 3-1-11 所示。

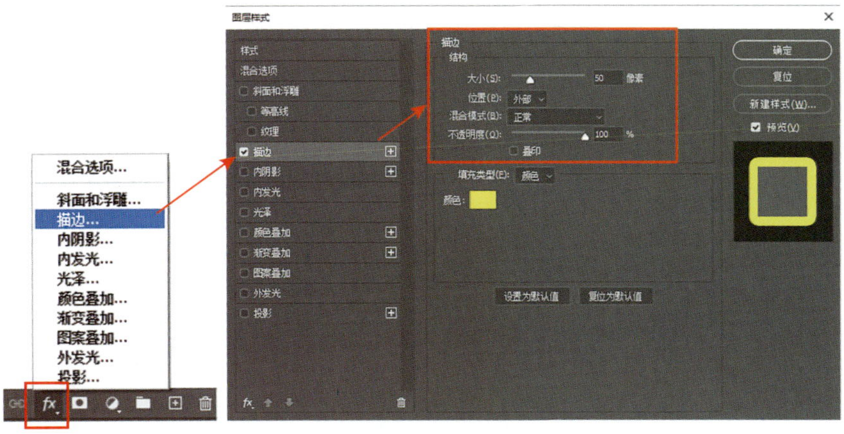

图 3-1-10 “图层样式”中的“描边”命令

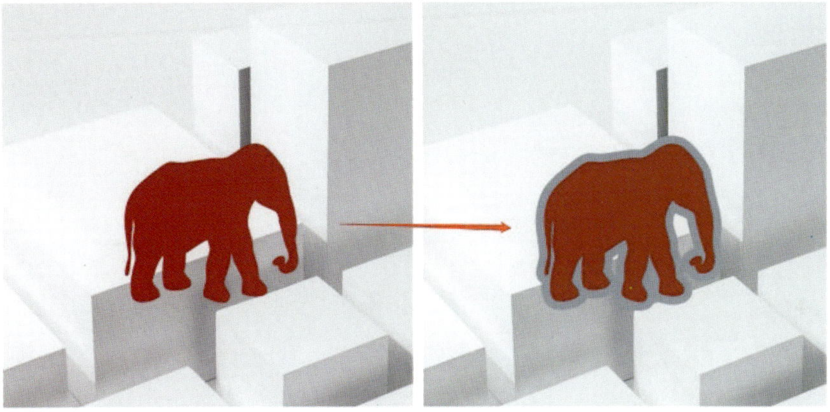

图 3-1-11 描边效果

四、剪贴蒙版的使用方法

剪贴蒙版是指用下方图层的内容盖住其上方的一个或多个图层，因此必须至少两个图层时才能使用。

选择上方图层，用鼠标右键单击该图层，在弹出的菜单中选择“创建剪贴蒙版”命令，即可创建剪贴蒙版，这时上方图层左侧出现 ↓ 符号，如图 3-1-12 所示。例如，给大象图案创建剪贴蒙版的效果如图 3-1-13 所示。

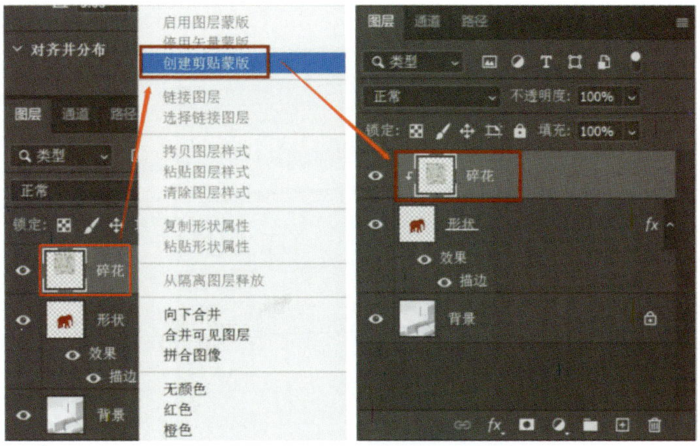

图 3-1-12 创建剪贴蒙版

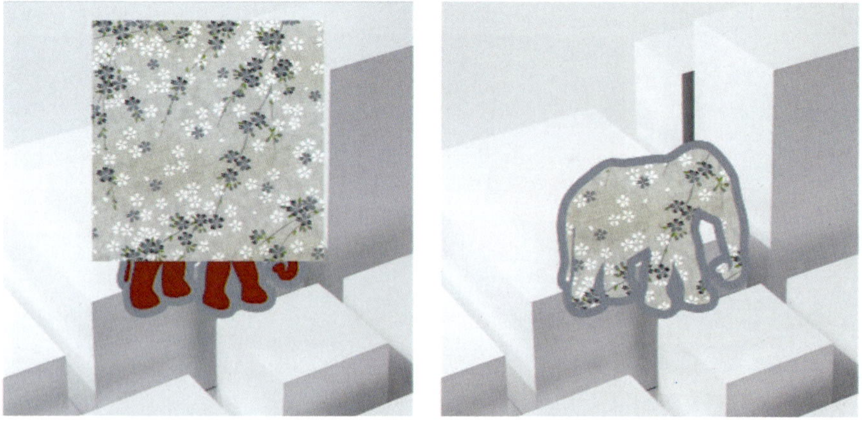

图 3-1-13　给大象图案创建剪贴蒙版

任务实施

一、制作效果图的背景

1. 按“Ctrl+N”快捷键打开“新建文档”对话框，设置宽度为“1500 像素”，高度为“1500 像素”，分辨率为“72 像素 / 英寸”，背景内容为“白色”，单击“创建”按钮创建一个新文档。

2. 选择工具箱中的“渐变工具”，单击工具属性栏中的“点按可编辑渐变”图标 ，弹出“渐变编辑器”窗口，编辑一个蓝色渐变，“色标”的位置“0%”为深蓝色（R40，G70，B105）、位置“84%”为浅蓝色（R136，G189，B244）、位置“100%”为蓝灰色（R133，G149，B188），如图 3-1-14 所示。

3. 单击“确定”按钮后，在工具属性栏中选中“线性渐变”，按住 Shift 键的同时，在页面中从上到下拖拽进行渐变填充，效果如图 3-1-15 所示。

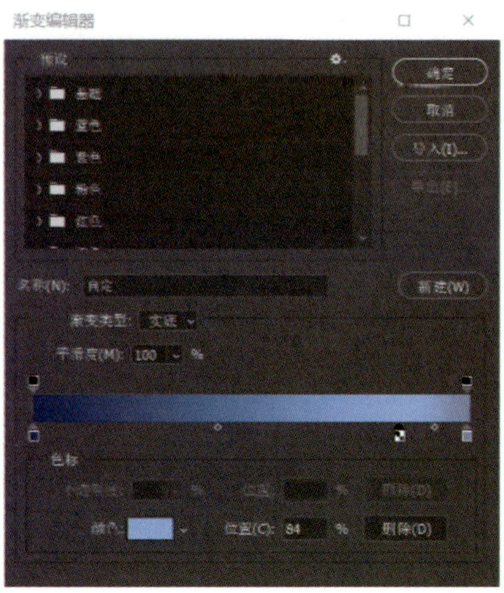

图 3-1-14　设置渐变颜色

图 3-1-15　为背景填充渐变

4. 单击“图层”面板下方的“创建新图层”图标，生成新的“图层 1”。选择“矩形选框工具”，在页面中绘制矩形选框，并将前景色设置为深青色（R1，G77，B103），按“Alt+Delete”快捷键，用前景色填充矩形，效果如图 3-1-16 所示。

5. 打开“素材 / 项目三素材 / 任务一”目录下名为“风景 .JPG”的文件，将图片文件复制到图像窗口中合适的位置，如图 3-1-17 所示。

图 3-1-16 填充选区颜色

图 3-1-17 置入图片文件

6. 新建“图层 2”，选择“矩形选框工具”，在图像下半部分绘制一个矩形选区，将前景色设置为白色，按“Alt+Delete”快捷键填充前景色，效果如图 3-1-18 所示。

7. 新建“图层 3”，选择“矩形选框工具”，在图像下方绘制矩形选区，并将前景色设置为灰色（R165，G177，B205）。按“Alt+Delete”快捷键填充 3 个矩形按钮，效果如图 3-1-19 所示。

图 3-1-18 “图层 2”填充白色

图 3-1-19 创建矩形形状

8. 在图层面板中按住 Ctrl 键，依次选中“风景”“图层 2”和“图层 3”，然后执行“图层”“创建剪贴蒙版”命令，隐藏超出底图的部分，如图 3-1-20 所示。

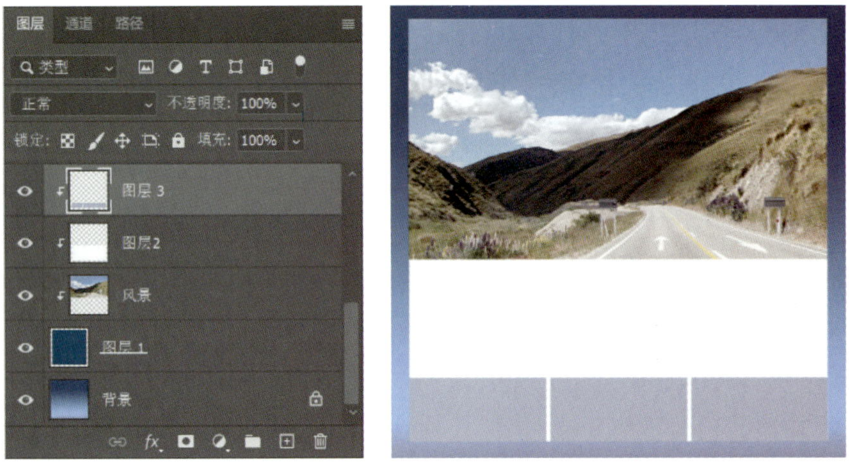

图 3-1-20　创建剪贴蒙版及效果

二、创建头像内容

1. 新建“图层 4”，选择工具箱中的“椭圆选框工具”，按住 Shift 键在页面中绘制正圆，将前景色设置为灰色，并按“Alt+Delete”键进行填充，效果如图 3-1-21 所示。

2. 打开“素材 / 项目三素材 / 任务一”目录下名为“风景 2.JPG”的文件，将图片拖拽到图像窗口中适当的位置，并按“Ctrl+T”快捷键应用“自由变换”命令，调整图片大小，接着执行“图层”“创建剪贴蒙版”命令创建剪贴蒙版，如图 3-1-22 所示。

图 3-1-21　绘制正圆

图 3-1-22　创建剪贴蒙版

3. 选择“图层 4”，单击“图层”面板下方的“添加图层样式”图标 fx，在弹出的对话框中选择“描边”选项，设置大小为“6 像素”，颜色为灰色（R133，G147，B164），单击“确定”按钮完成设置，效果如图 3-1-23 所示。

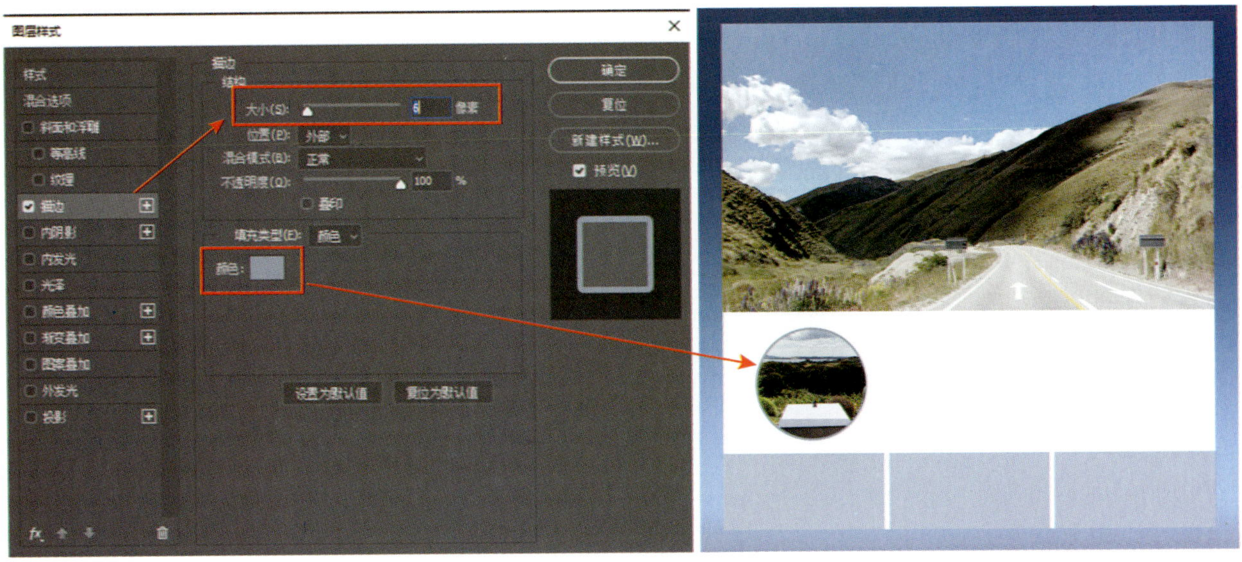

图 3-1-23 设置“描边”参数及效果

三、添加文字和图标

1. 选择工具箱中“横排文字工具”，设置字体为“Arial Bold”，字号“95 点”，文本颜色为灰蓝色(R66，G87，B110)，在页面中输入文字“Comfortable relax”。然后将字号调整为“48 点”，再次输入文字“Wearing in accordance with nature! A new modernity casual wear”，接着调整文字的位置，效果如图 3-1-24 所示。

2. 打开“素材 / 项目三素材 / 任务一”目录下名为“图标 .PNG”的文件，将图标复制到图层中，放置在适当的位置，效果如图 3-1-25 所示。

图 3-1-24 添加文字

图 3-1-25 添加图标

四、保存文档

按“Ctrl+S”快捷键，在弹出的对话框中单击“保存在您的计算机上”按钮，打开“另存为”对话框，选择文件存储位置，文件命名为“图片社交软件界面”，保存类型为“Photoshop（*.PSD，*.PDD，*.PSDT）”，单击“保存”按钮保存该文档，效果图如图 3-1-1 所示。

任务二

TASK 2

设计音乐播放器界面

任务目标

1. 能使用“图层样式”命令。
2. 能使用通道进行抠图。
3. 能使用快速蒙版选取图像。
4. 能使用“扭曲”命令编辑图形。

任务描述

本任务主要利用“图层样式”命令、“扭曲”命令和快速蒙版选取图像进行设计，并结合“横排文字工具” 、“创建剪贴蒙版”命令、图像调整命令、“椭圆工具” 、“矩形选框工具” 制作音乐播放器的界面，如图 3-2-1 所示。

图 3-2-1　音乐播放器界面

相关知识

一、图层样式

“图层样式”命令可产生附加在图层上的特殊效果，Photoshop 中共有 10 种图层样式，分别是斜面和浮雕、描边、内阴影、内发光、光泽、颜色叠加、渐变叠加、图案叠加、外发光和投影。执行“图层”“图层样式”“混合选项”命令，打开“图层样式”对话框，如图 3-2-2 所示。

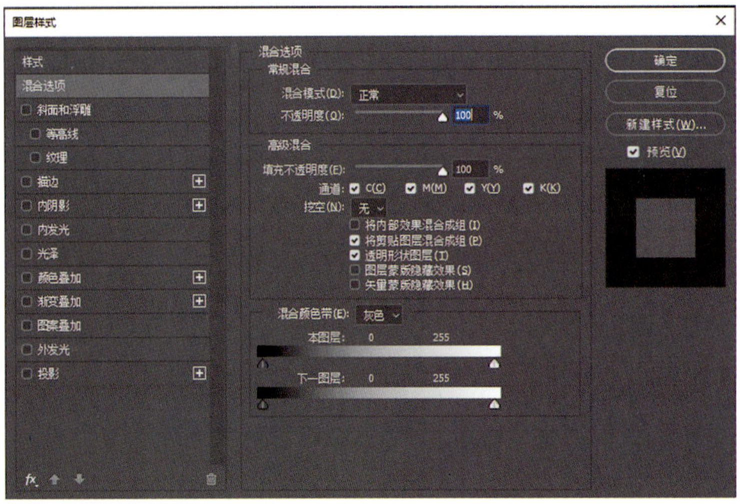

图 3-2-2 “图层样式”对话框

1. 斜面和浮雕：“样式”下拉菜单将为图层添加高亮显示和阴影的各种组合效果。

（1）外斜面：沿对象、文本或形状的外边缘创建三维斜面。

（2）内斜面：沿对象、文本或形状的内边缘创建三维斜面。

（3）浮雕效果：创建外斜面和内斜面的组合效果。

（4）枕状浮雕：创建内斜面的反相效果，其中对象、文本或形状看起来下沉。

（5）描边浮雕：只适用于描边对象，即在应用描边浮雕效果时才打开。

2. 描边：使用颜色、渐变颜色或图案描绘当前图层上的对象、文本或形状的轮廓。

3. 内阴影：在对象、文本或形状的内边缘添加阴影，使图层产生一种凹陷效果。

4. 内发光：从图层对象、文本或形状的边缘向内添加发光效果。

5. 光泽：对图层对象内部应用阴影，与对象的形状互相作用，通常创建规则波浪形状，产生光滑的磨光及金属效果。

6. 颜色叠加：在图层对象上叠加一种颜色。

7. 渐变叠加：在图层对象上叠加一种渐变颜色。

8. 图案叠加：在图层对象上叠加图案，即用一致的重复图案填充对象。

9. 外发光：从图层对象、文本或形状的边缘向外添加发光效果。

10. 投影：为图层上的对象、文本或形状后面添加阴影效果。投影参数由“混合模式”“不透明度”“角度”“距离”“扩展”和“大小”等各种选项组成，设置这些选项可以得到需要的效果。

二、通道抠图

1. 通道

在 Photoshop 中比较常用的通道主要是颜色通道及 Alpha 通道，其中红、绿、蓝是颜色通道，Alpha 通道是用于存储选区的通道。选中选区，执行“选择”“存储选区”命令，弹出“存储选区”对话框，按“确定”按钮后，会生成 Alpha 通道，如图 3-2-3 所示。

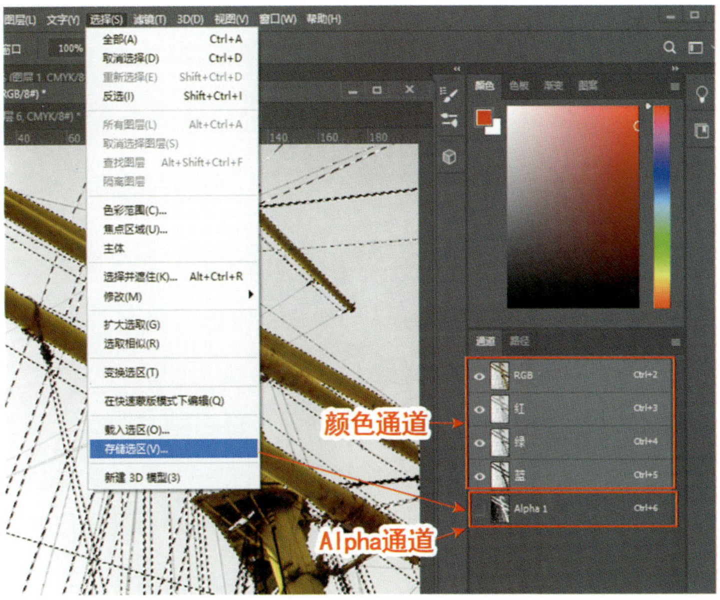

图 3-2-3　通道

2. 通道抠图

打开一个 RGB 颜色模式的图像，在“通道”面板中的 RGB、红、绿、蓝通道里选择主体物与背景对比最强烈的通道。单击鼠标右键，在弹出的快捷菜单中选择“复制通道”命令，创建出“拷贝”通道，如果对比不强烈，还可以通过色阶调整拷贝图层中的物体与背景的黑白对比，完成后单击“通道”面板下方的“将通道作为选区载入”图标 ，得到背景处的选区。单击“RGB”复合通道，再回到“图层”面板中，按 Delete 键删除背景，完成抠图，如图 3-2-4 所示。

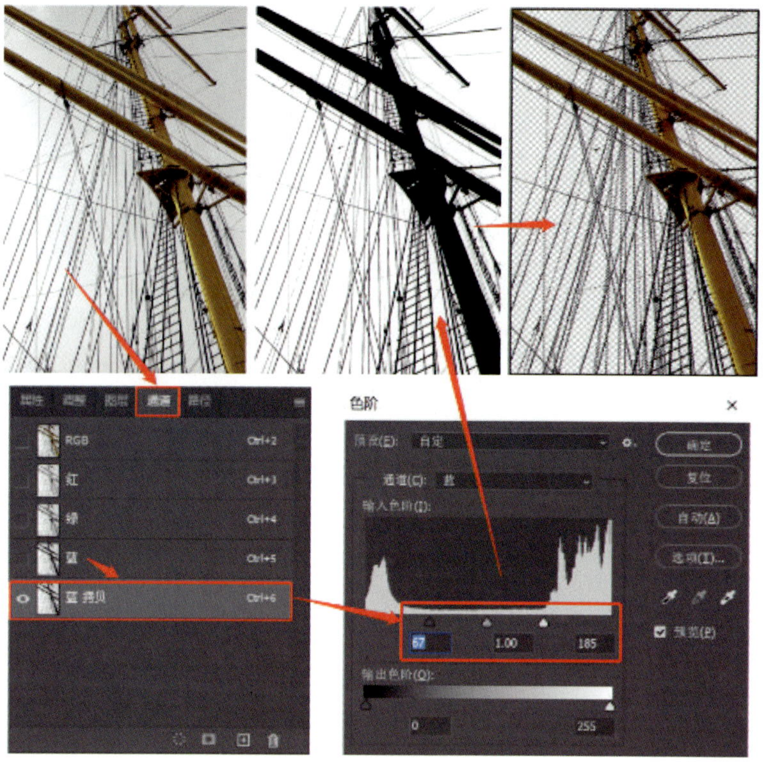

图 3-2-4　通道抠图

三、快速蒙版命令

快速蒙版是一种临时蒙版，它可以在临时蒙版和选区之间快速转换，使用快速蒙版将选区转为临时蒙版后，可以使用任何绘画工具或滤镜编辑进行修改，但是快速蒙版不具备存储功能。

单击工具箱底部的“以快速蒙版模式编辑”图标 或者按 Q 键，即进入快速蒙版编辑模式。在这种模式下，可以使用“画笔工具”和“橡皮擦工具”在画面中进行绘制。但是在快速蒙版模式下，只能使用黑色、白色和灰色画笔进行涂抹，绘制完成后再次单击“以快速蒙版模式编辑”图标 或者按 Q 键，退出快速蒙版模式。此时得到涂抹了红色区域以外的选区，如图 3-2-5 所示。

图 3-2-5　快速蒙版建立选区

四、“扭曲”命令

在快速蒙版模式下，执行“滤镜”“扭曲”命令，在弹出的菜单中选择一种合适的进行操作，如图 3-2-6 所示。

1. 波浪：可以使图像产生波浪扭曲效果。

2. 波纹：可以使图像产生类似水波纹的效果。

3. 极坐标：可将图像的坐标从平面坐标转换为极坐标或从极坐标转换为平面坐标。

4. 挤压：可以使图像的中心产生凸起或凹下的效果。

5. 切变：可以控制指定的点来弯曲图像。

6. 球面化：可以使选区中心的图像产生凸出或凹陷的球体效果，类似挤压的效果。

7. 水波：可以使图像产生同心圆状的波纹效果。

8. 旋转扭曲：可以使图像产生旋转扭曲的效果。

9. 置换：可以使图像产生弯曲、碎裂的效果。

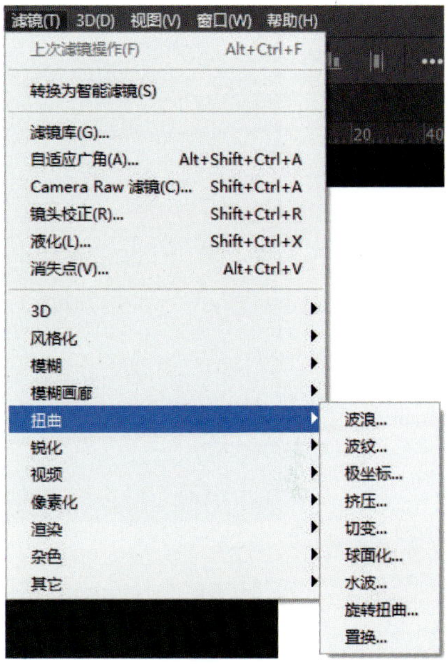

图 3-2-6 “滤镜”“扭曲”命令组

任务实施

一、新建文档

按“Ctrl+N”快捷键打开“新建文档”对话框，设置宽度为“750 像素”，高度为“1 624 像素”，分辨率为“72 像素 / 英寸”，背景内容为“白色”，单击“创建”按钮创建一个新文档。

二、创建参考线

单击“视图”下的“新建参考线”命令，创建新建参考线，设置播放器界面顶部的状态栏参考线为“水平”40 像素，导航栏的参考线为“水平”128 像素，界面左右两边的安全距离为“垂直”30 像素和 720 像素，如图 3-2-7 所示。

图 3-2-7　设置界面的参考线

三、背景制作

1. 执行“文件”“置入嵌入对象”命令，将“素材 / 项目三素材 / 任务二”目录下名为“背景 .JPG”的文件置入图像窗口中，调整大小及位置后，合并图层并将图层命名为“背景”，效果如图 3-2-8 所示。

2. 执行“文件”“置入嵌入对象”命令，分别将“素材 / 项目三素材 / 任务二”目录下名为“状态栏 .PNG”“返回和分享 .PNG”和“功能区 .PNG”的文件置入图像窗口中，并调整大小及位置，效果如图 3-2-9 所示。

图 3-2-8　置入背景素材

图 3-2-9　添加素材

四、制作光盘

1. 新建一个名为“光盘素材”的文件，设置宽度为“800 像素”，高度为“800 像素”，分辨率为“72 像素 / 英寸”，背景内容为“白色”，如图 3-2-10 所示。

2. 选择“椭圆工具”，设置工具模式为“形状”，填充为黑色，按住 Shift 键拖拽鼠标绘制正圆形，如图 3-2-11 所示。

3. 创建“图层 1”，前景色设置为黑色，按“Alt+Delete”快捷键填充图层，执行“滤镜”“杂色”“添加杂色”命令，在弹出的对话框中设置数量为“40”，如图 3-2-12 所示。单击“确定”按钮后，执行“图像”“调整”“去色”命令，对彩色部分进行去色操作。

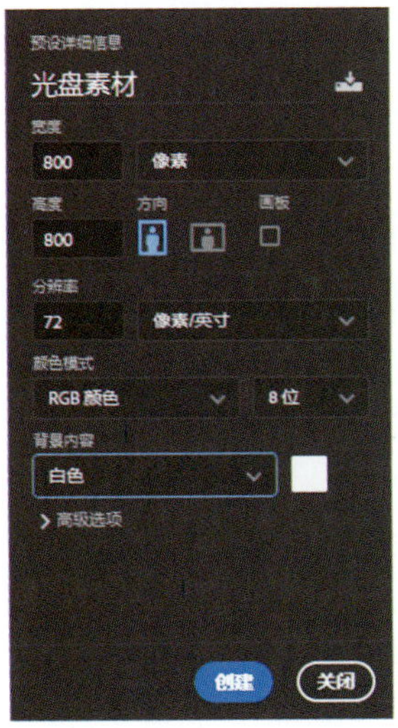

图 3-2-10　创建并设置图层参数面板

图 3-2-11　绘制正圆

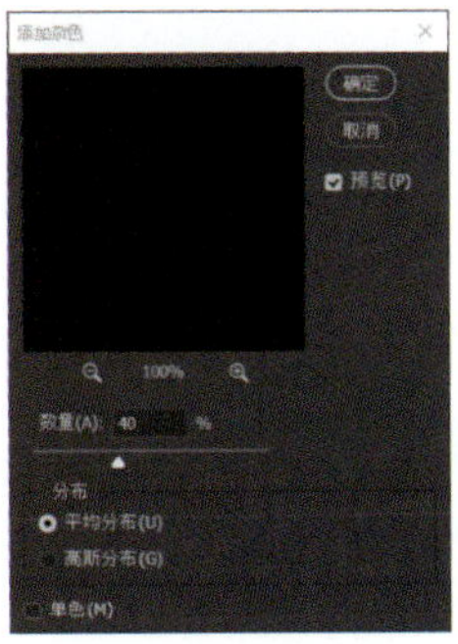

图 3-2-12　设置“添加杂色”对话框参数

4. 选择“滤镜”“模糊”“径向模糊”命令，在弹出的对话框中设置数量为“100”，单击“确定”按钮，然后按“Alt+Ctrl+F”快捷键，重复一次“径向模糊”命令，如图 3-2-13 所示。

5. 在“图层”面板中，用鼠标右键单击“图层 1”图层，在弹出的菜单中选择“创建剪贴蒙版”命令；然后单击“图层”面板下方的“添加图层样式”图标 fx，在弹出的菜单中选择“渐变叠加”命令，弹出“图层样式”对话框；接着单击“渐变”选项右侧的“点按可编辑渐变”图标，弹出“渐变编辑器”对话框，在渐变色块下方分别单击三次，添加三个色标滑块，这时共有五个色标滑块，然后分别设置这五个色标滑块“位置”和“颜色”为“0%（黑色）、25%（白色）、50%（黑色）、75%（白色）、100%（黑色）”，单击“确定”按钮。再设置混合模式为“柔光”，不透明度为“90%”，样式为“角度”，角度为“90 度”，缩放为“100%”，效果如图 3-2-14 所示。

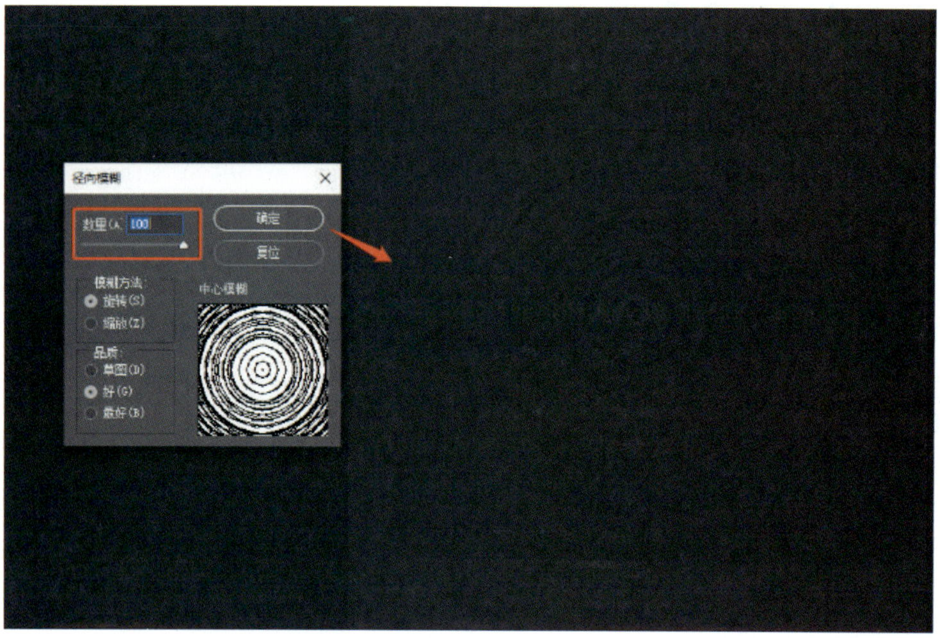

图 3-2-13 “径向模糊”命令

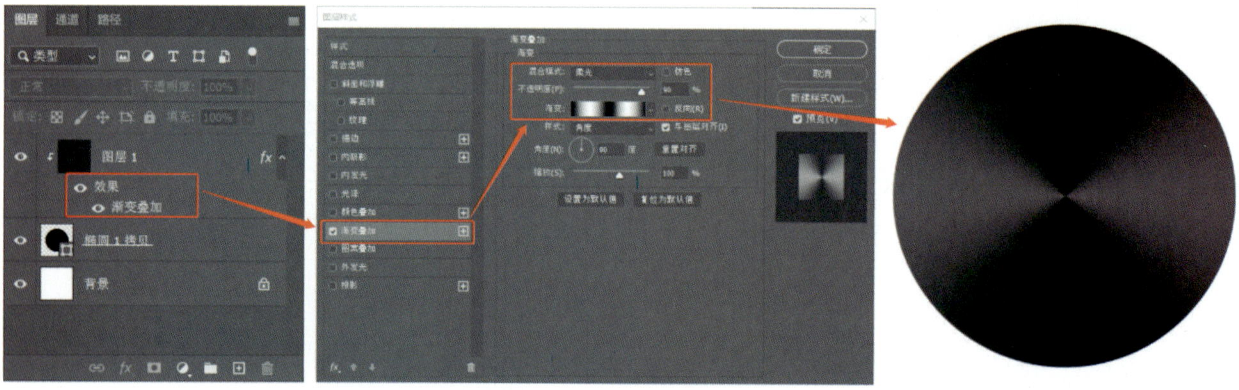

图 3-2-14 制作光盘的反光效果

6. 新建“图层 2”。选择“矩形选框工具”，设置样式为“固定比例”，宽度为“200”，高度为“2”，在页面上方绘制矩形选框，并且填充黑色，按“Ctrl+Alt+T”快捷键，图形周围出现变换框，按住 Shift 键再连续按两次向下键“▼”复制并向下方移动图形，按 Enter 键确定，然后按“Ctrl+Shift+Alt+T”快捷键多次，复制多个矩形条，效果如图 3-2-15 所示。

7. 选择所有矩形条图层，按“Ctrl+E”快捷键合并图层并命名为“矩形条”。选中“矩形条”图层，执行“滤镜”“扭曲”“极坐标”命令，在弹出的对话框中点选“平面坐标到极坐标”，单击“确定”按钮。接着将“矩形条”图层的不透明度选项设为“25%”，并执行“创建剪贴蒙版”命令，效果如图 3-2-16 所示。

8. 选中“矩形条”图层。选择“滤镜”“模糊”“高斯模糊”命令，在弹出的对话框中设置半径为“1.5 像素”，单击“确定”按钮，效果如图 3-2-17 所示。

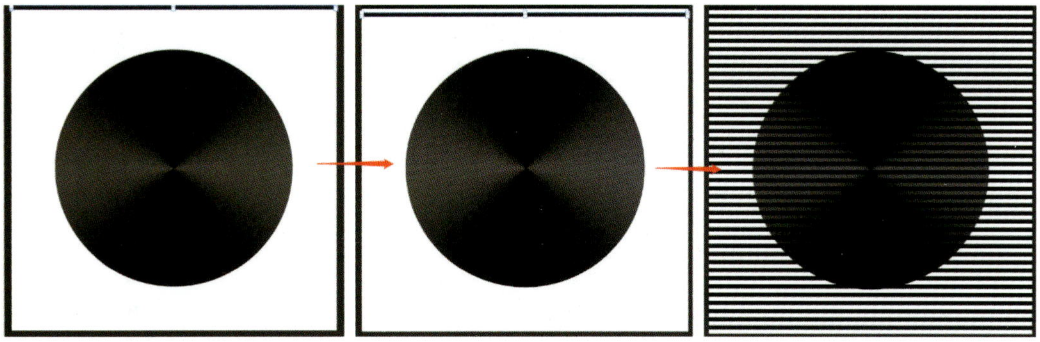

图 3-2-15　制作条纹

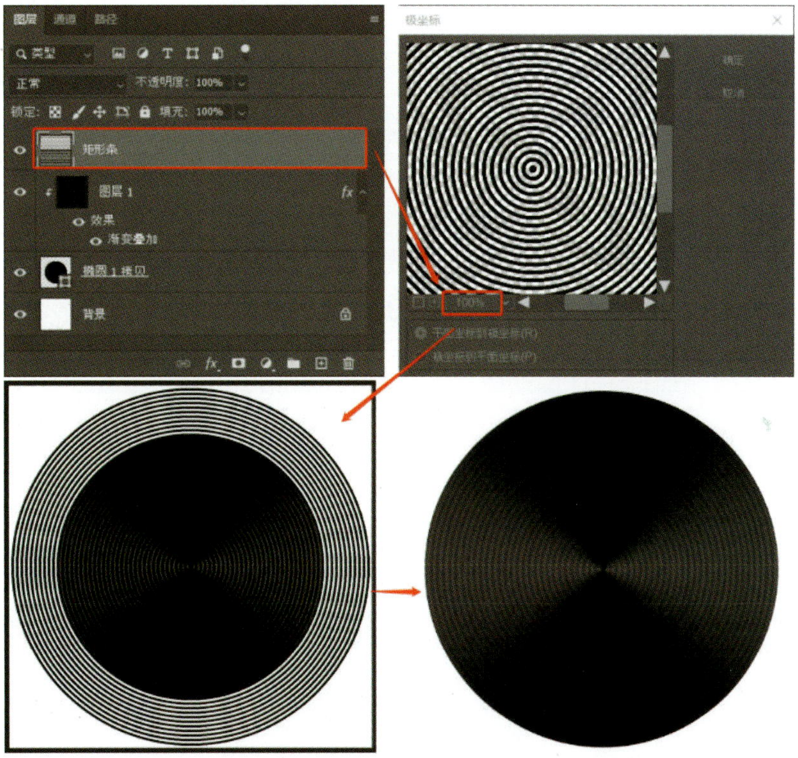

图 3-2-16　制作光盘的纹理

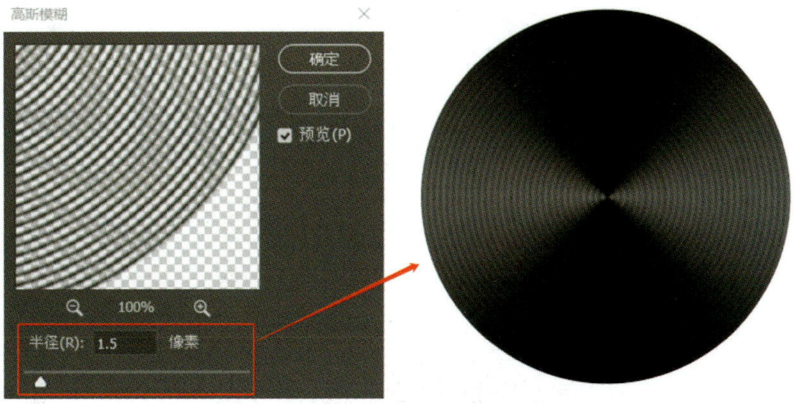

图 3-2-17　完成“高斯模糊”操作

9. 执行“文件”“置入嵌入对象”命令，将“素材 / 项目三素材 / 任务二 音乐播放器界面”目录下名为“风景.JPG”的文件置入文档中，图层面板自动生成“风景”图层。单击工具箱底部的“以快速蒙版模式编辑”图标 或者按 Q 键，使用“画笔工具”在图像前景物体上进行涂抹。绘制完成后再次单击工具箱底部的“以快速蒙版模式编辑”按钮或者按 Q 键，退出快速蒙版模式，选择“滤镜”“扭曲”“波纹”命令，在弹出的对话框中设置数量为“208”，单击“确定”按钮，按“Ctrl+D”键取消选区，如图 3-2-18 所示。

图 3-2-18　为封面添加波纹

10. 选择“椭圆工具”，按住 Shift 键拖拽鼠标绘制出正圆形，然后将图层移动到“风景”图层下方。鼠标右键单击“风景”图层，在弹出的菜单中选择“创建剪贴蒙版”命令，完成光盘封面，效果如图 3-2-19 所示。

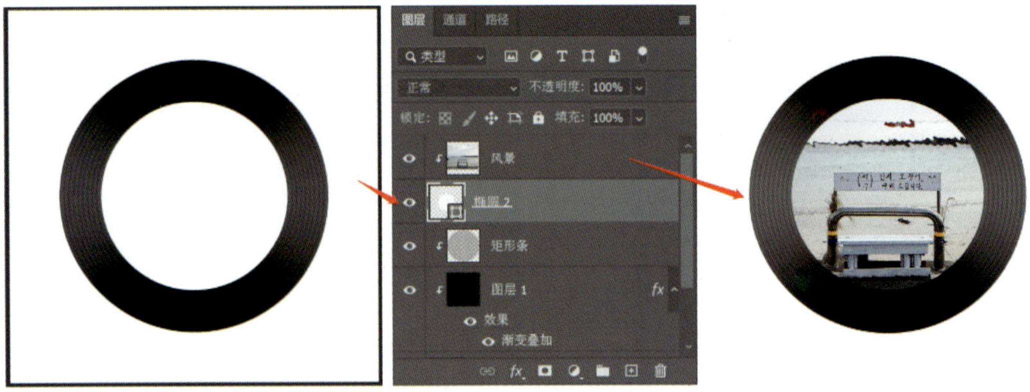

图 3-2-19　完成光盘封面

五、添加光盘的图层样式

1. 选择“椭圆 1”图层，单击“图层”面板下方的“添加图层样式”图标 fx，在弹出的菜单中选择“描边”命令，设置描边大小为“3 像素”，颜色为黑色，再执行“外发光”命令，设置外发光不透明度为“35%”、大小为“12”，如图 3-2-20 所示。

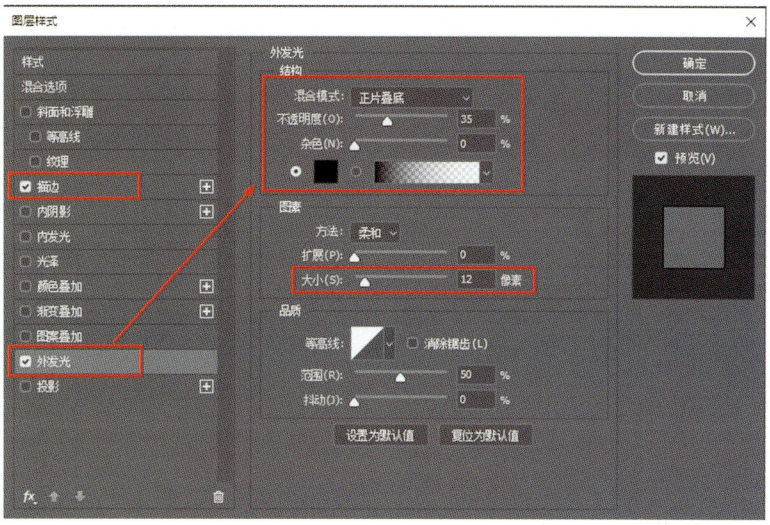

图 3-2-20　外发光参数设置

2. 选择“椭圆 2”图层，单击控制面板下方的“添加图层样式”图标 fx，在弹出的菜单中选择“描边”命令，颜色为黑色，并设置对话框大小为“8 像素”，效果如图 3-2-21 所示。

3. 把“光盘素材”文件中的所有图层创建为图层组，并命名为“光盘”图层组，选中“光盘”图层组并拖拽到“播放器界面”文档中，调整好大小并放置在合适的位置，效果如图 3-2-22 所示。

图 3-2-21　完成图层样式

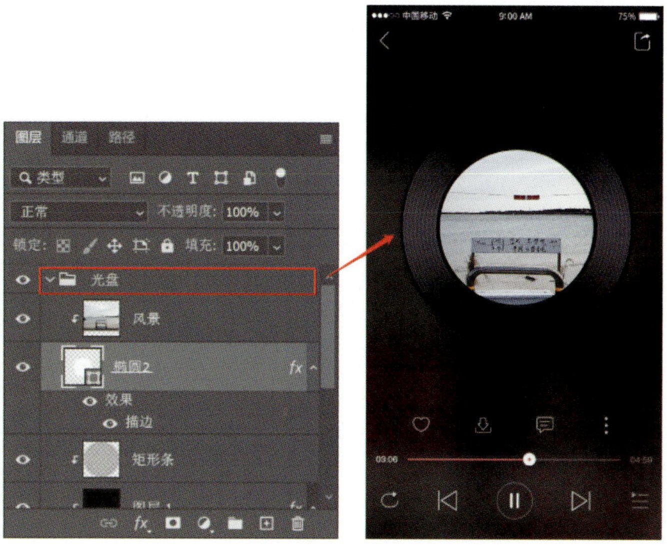

图 3-2-22　将光盘移至音乐播放器中

六、输入文字

选择工具箱中“横排文字工具”，在工具属性栏中设置字体为“Arial”、字号为“24 点”，文本颜色为白色，在画面中单击输入文字“Outskirts”。然后将字号改为“20 点”，再输入文字“Shy”，如图 3-2-23 所示。

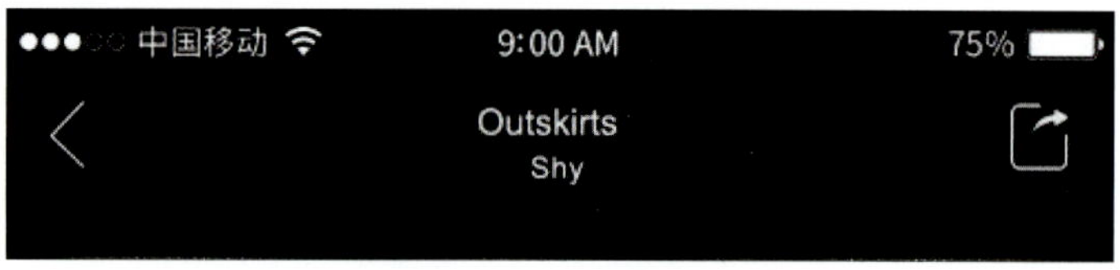

图 3-2-23　输入文字

七、保存文档

按“Ctrl+S”快捷键，在弹出的对话框中单击“保存在您的计算机上”按钮，打开“另存为”对话框，选择文件存储位置，文件名为“播放器界面”，保存类型为“Photoshop（*.PSD，*.PDD，*.PSDT）”，单击“保存”按钮保存该文档，效果图如图 3-2-1 所示。

任务三 TASK 3 设计电影票软件购买界面

任务目标

1. 能使用对象选择工具组创建选区。

2. 能使用“定义图案”命令和“填充”命令编辑图形。

3. 能使用形状工具绘制和编辑图形。

任务描述

本任务主要利用“矩形工具”、对象选择工具组、“填充”命令进行设计，并结合“图层样式”命令和“创建剪贴蒙版”命令制作电影票软件购买界面，效果如图 3-3-1 所示。

图 3-3-1 电影票软件购买界面

相关知识

一、对象选择工具组

对象选择工具组包含“对象选择工具”、“快速选择工具”、“魔棒工具”，它们都是制作选区的工具，如图 3-3-2 所示。

图 3-3-2 对象选择工具组

1. 对象选择工具

“对象选择工具”是非常实用的后期抠图工具，选择“对象选择工具”，按住鼠标左键框选对象，即可自动选择对象边缘创建选区。

2. 快速选择工具

“快速选择工具”的原理是能自动查找颜色接近的区域，并创建这部分区域的选区。单击“快速选择工具”后，在属性栏上设置合适的画笔大小，在需要创建选区的位置上按住鼠标左键涂抹对象，松开鼠标后即可自动生成选区。

小贴士

注意：在复杂的背景下使用“快速选择工具”，可能会无法准确拾取选区。

3. 魔棒工具

“魔棒工具”用于获取与取样点颜色相似部分的选区。使用此工具在画面中进行单击，光标所在的位置为“取样点”，而颜色是否“相似”则是由“容差”数值决定的。容差值越大，则选取的颜色范围越大；反之则选取的颜色越单一。

二、“定义图案”和“填充”命令

1. 定义图案

在画面中绘制出需要定义的图案，隐藏除图案所在图层外的所有图层，执行“编辑”“定义图案”命令，在弹出的对话框中单击“确定”按钮，完成定义图案操作。

2. 填充图案

填充图案是对选区的区域进行图案填充。执行“编辑”“填充”命令，在弹出的对话框中选择内容为“图案”、自定图案为自定义的图案或软件内置的图案，然后单击“确定”按钮，完成图案填充。

任务实施

一、制作软件界面的背景

1. 填充背景

按“Ctrl+N”快捷键，新建一个文档，宽度为“750 像素”，高度为“1 624 像素”，分辨率为“72 像素 / 英寸”，颜色模式为“RGB 颜色”，背景内容为“白色”。接着将前景色设置为灰色（R235，G235，B250），然后执行“编辑”“填充”命令，弹出“填充”对话框，选择内容为“前景色”后单击“确定”按钮，用前景色填充“背景”图层，效果如图 3-3-3 所示。

图 3-3-3　填充软件界面背景

2. 设置比例参考线

设置电影票软件购买界面的状态栏参考线为“水平”88 像素，导航栏的参考线为“水平”176 像素，底部的固定栏参考线为“水平”1 556 像素，购买界面左右两边安全距离为“垂直”30 像素和 720 像素，如图 3-3-4 所示。

3. 置入素材

执行“文件”“置入嵌入对象”命令，将“素材 / 项目三素材 / 任务三”目录下名为“状态栏和横条 .PNG”的文件置入图像窗口中，图层面板自动生成“状态栏和横条”图层。

继续执行“文件”“置入嵌入对象”命令，将“素材 / 项目三素材 / 任务三”目录下名为“返回和搜索 .PNG”的文件置入图像窗口中，图层面板自动生成“返回和搜索”图层。

上述操作效果如图 3-3-5 所示。

图 3-3-4　设置比例参考线

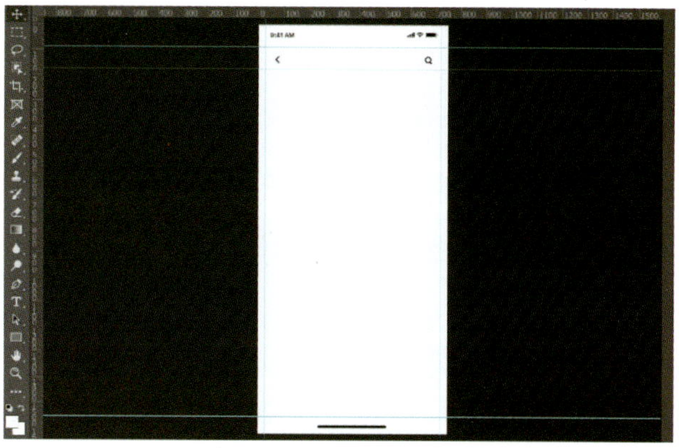

图 3-3-5　完成软件界面的背景制作

二、制作电影列表

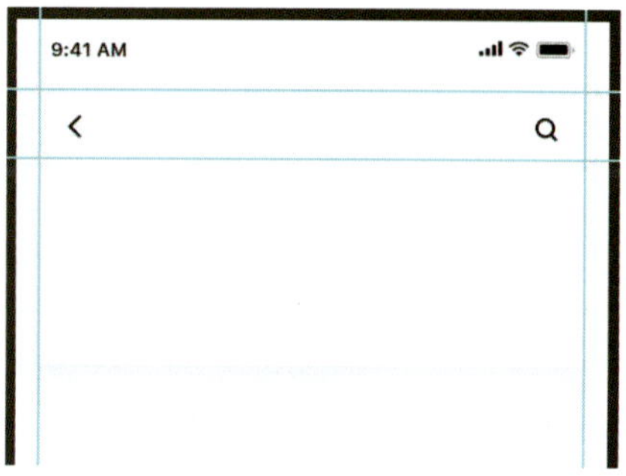

图 3-3-6　绘制列表 1 背景

1. 绘制列表 1 背景

新建图层并将其命名为“列表 1”。将前景色设为白色，选择“矩形工具”，设置工具模式为“像素”，按住鼠标左键拖拽，绘制一个矩形。选择“列表 1”图层，单击“图层”面板下方的“添加图层样式”图标 ，在弹出的“图层样式”对话框中选择“投影”命令，将投影颜色设为黑色，混合模式为“正片叠底”，不透明度为“3%”，角度为“90 度”，距离为“18 像素”，大小为“20 像素”，然后单击“确定”按钮，效果如图 3-3-6 所示。

2. 制作列表 1 中的电影海报

新建图层并将其命名为“电影海报底部”。将前景色设为黑色，选择“矩形工具”，设置工具模式为“像素”，按住鼠标左键拖拽，绘制一个黑色的矩形，效果如图 3-3-7 所示。

执行“文件”“置入嵌入对象”命令，将“素材 / 项目三素材 / 任务三”目录下名为“电影海报 1.JPG”的文件置入图像窗口中，调整图片大小并置于适当的位置，此时“图层”面板自动生成“电影海报 1”图层。按住 Alt 键，同时将鼠标光标放在“电影海报底部”图层和“电影海报 1”图层的中间，单击鼠标左键创建剪贴蒙版，效果如图 3-3-8 所示。

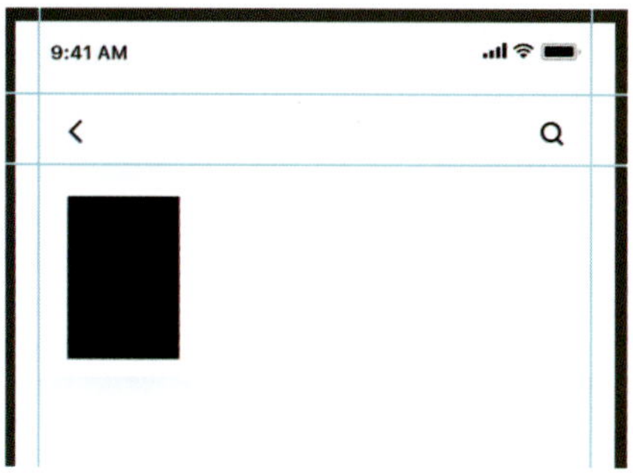

图 3-3-7　绘制黑色矩形

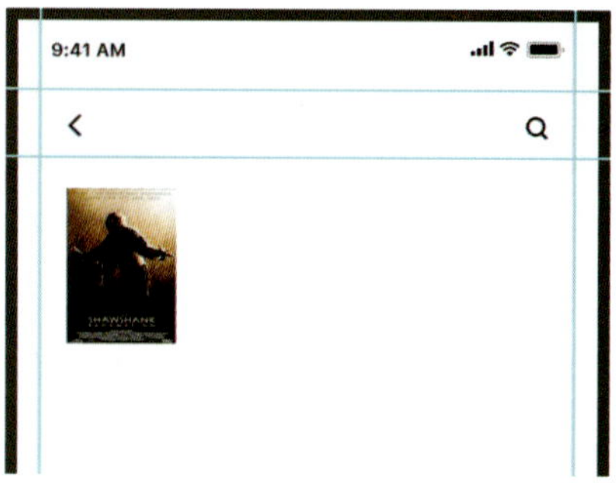

图 3-3-8　为电影海报素材创建剪贴蒙版

小贴士

注意：如果要对图片素材进行缩放，可先将图层转换为智能对象图层，因为对智能对象图层进行自由缩放不会改变对象的分辨率。

3. 绘制购票按钮

新建图层，选择“矩形工具”，设置工具模式为“形状”，填充为黑色，按住鼠标左键拖拽，绘制一个矩形。接着在“属性”面板设置相应的参数：W 为“100 像素”，X 为“620 像素”，H 为“64 像素”，Y 为“284 像素”，左边上下两个圆角为“32 像素”，右边上下两个圆角为“0 像素”，参数设置如图 3-3-9 所示。然后将该图层命名为“按钮”。

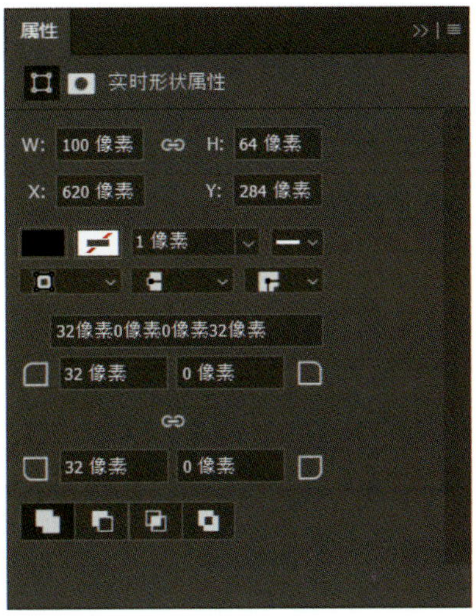

图 3-3-9　“属性”面板的参数设置

单击“图层”面板下方的“添加图层样式”图标 fx，在弹出的菜单中选择“渐变叠加”命令，接着在弹出的“图层样式”对话框中单击“渐变”选项右侧的“点按可编辑渐变”图标，弹出“渐变编辑器”窗口，将渐变叠加颜色设为浅橘色（R25，G156，B0）渐变到橘色（R255，G89，B0），然后单击“确定”按钮。

接着选择“投影”命令，将投影颜色设为橘色（R255，G89，B0），不透明度为“44%”，角度为“90 度”，距离为“6 像素”，扩展为“0%”，大小为“18 像素”，单击“确定”按钮完成设置，效果如图 3-3-10 所示。

选择“横排文字工具”，在工具属性栏上选择字体为“黑体”，大小为“26 点”，颜色为白色，然后输入文字“购买”，效果如图 3-3-11 所示。

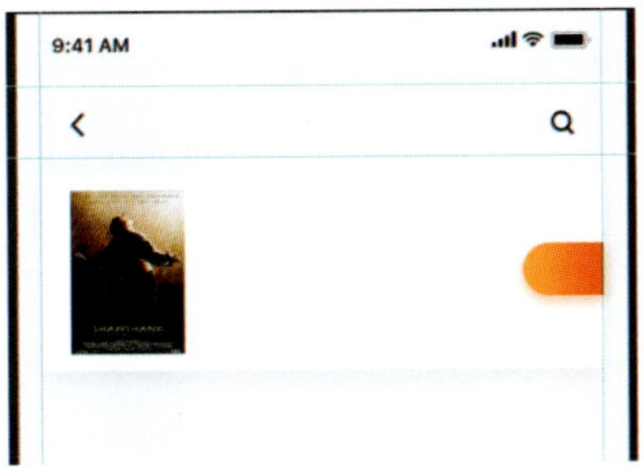

图 3-3-10　绘制购票按钮

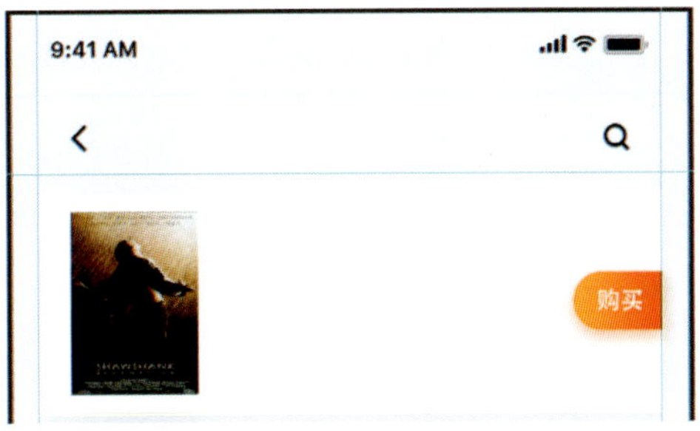

图 3-3-11　完成购票按钮制作

4. 复制多个电影列表

按住“Ctrl”键分别选中“列表 1”“电影海报底部”“电影海报 1”“按钮”和“购买”五个图层，按“Ctrl+G”组合键进行编组，并将图层组命名为“列表”。

复制四个“列表”图层组，并且将组里的“电影海报 1.JPG”的图层分别更换为“素材 / 项目三素材 / 任务三”目录下名为“电影海报 2.JPG”“电影海报 3.JPG”“电影海报 4.JPG”和“电影海报 5.JPG”的文件，调整图片大小并置于适当的位置，效果如图 3-3-12 所示。

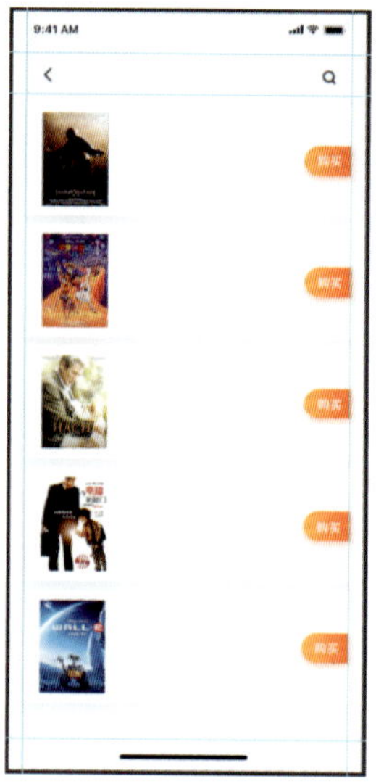

图 3-3-12　完成电影列表制作

三、添加文字

1. 添加“电影列表”文字

选择“横排文字工具”，在工具属性栏上设置字体为“黑体”，大小为“36 点”，颜色为黑色，然后输入文字“电影列表”，效果如图 3-3-13 所示。

图 3-3-13　添加“电影列表”文字

2. 添加电影名称

选择“横排文字工具”，设置字体为“黑体”，大小为“32 点”，颜色为黑灰色（R51，G51，B51），分别输入文字“肖申克的救赎”“寻梦环游记”“忠犬八公的故事”“当幸福来敲门”和“机器人总动员”，效果如图 3-3-14 所示。

3. 添加电影简介

设置字体为“黑体”，大小为“26 点”，颜色为灰色（R102，G102，B102），分别输入文字“强者救赎自己，圣人普度他人”“死亡不是生命的终点，遗忘才是”“永远都不能忘记你所爱的人”“平民的励志故事”和“小瓦力，大人生”，效果如图 3-3-15 所示。

4. 添加电影主演

设置字体为“黑体”，大小为“20 点”，颜色为灰色（R153，G153，B153），分别输入文字“主演：蒂姆・罗宾斯等”“主演：安东尼・冈萨雷斯等”“主演：理查・基尔等”“主演：威尔・史密斯等”和“主演：本・贝尔特等”，效果如图 3-3-16 所示。

5. 添加电影评分

设置字体为“黑体”，大小为“26 点”，颜色为灰色（R153，G153，B153），输入文字“评分：”，并复制 4 个“评分：”，将其置于每个电影列表下方。然后在工具属性栏上设置字体为“Arial”，大小为“32

点”，颜色为橘色（R255，G89，B0），分别输入文字“9.7”“9.1”“9.4”“9.1”和“9.3”，效果如图 3-3-17 所示。

图 3-3-14　添加电影名称

图 3-3-15　添加电影简介

图 3-3-16　添加电影主演

图 3-3-17　添加电影评分

四、保存文档

按“Ctrl+S”快捷键，在弹出的对话框中单击“保存在您的计算机上”按钮，打开“另存为”对话框，选择文件存储位置，文件名为“电影购票界面”，保存类型为“Photoshop（*.PSD，*.PDD，*.PSDT）”，单击“保存”按钮保存该文档，效果图如图 3-3-1 所示。

巩固训练

一、制作美食软件的收藏界面

通过制作美食软件的收藏界面（见图 3-4-1），进一步掌握 UI 设计技巧。与此同时，巩固“图层样式”命令、形状工具、“创建剪贴蒙版”命令和“横排文字工具”的使用方法。

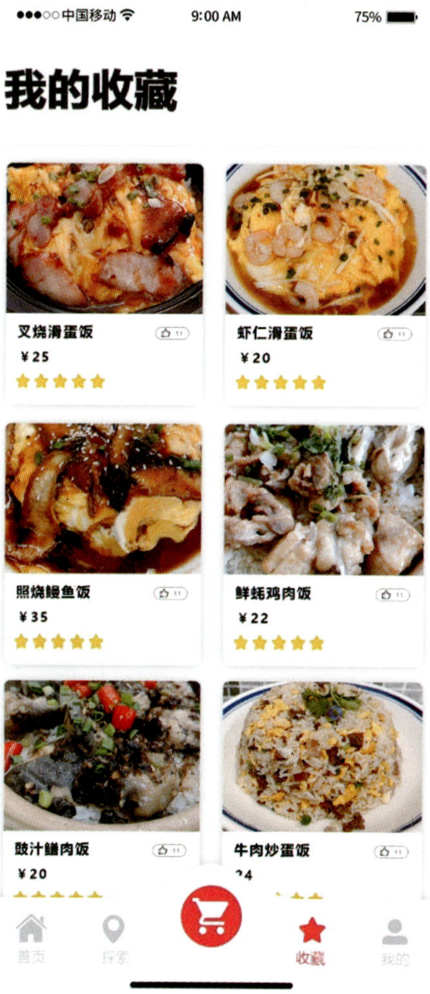

图 3-4-1　美食软件的收藏界面

二、操作提示

参考“素材 / 项目三素材 / 任务四”目录下名为“项目三巩固练习 .pdf”的文件。

项目四

海报设计

海报也称招贴或宣传画，一般张贴在公共场所，用于传递信息。海报作为广告宣传的有效媒体，具有相当的艺术号召力和感染力，多用于品牌形象和企业形象宣传，从而达到促销产品的目的。设计海报主要是对图像、文字、色彩、版面等元素进行创意设计。

本项目介绍了色彩的调整、蒙版的使用方法、滤镜的运用、图像的变换、历史记录画笔工具和历史记录面板的使用方法、橡皮擦工具组的特点和用法，重点介绍了修饰图像的相关工具的使用方法，以及污点修复画笔工具组、仿制图章工具组的使用方法。

任务一 TASK 1 设计房地产海报

图 4-1-1 房地产海报

任务目标

1. 能叙述海报的设计过程。
2. 能调整图像色彩。
3. 能使用“图层蒙版”命令编辑图层。
4. 能使用“滤镜”命令编辑图像。

任务描述

本任务主要利用图像色彩的调整、“图层蒙版”命令和“滤镜”命令，并结合文字工具、“图层样式”命令、“创建剪贴蒙版”命令制作图 4-1-1 所示房地产海报。

相关知识

一、自动调整颜色命令

在“图像”菜单下有三个用于自动调整图像颜色的命令，分别是“自动色调”“自动对比度”和“自动颜色”。执行命令后，无须进行参数设置，Photoshop 会自动计算图像颜色和明暗方面存在的问题并进行校正。自动调整颜色命令常常用来处理数码照片中的色彩偏色问题。

二、图像色彩的调整

常用的图像色彩调整命令有色阶、曲线、色相 / 饱和度。

1. 色阶

色阶用于调节图像中的阴影、中间调和高光的强度级别，因此可以调整图像的明暗对比。此命令的优势是可以单独对画面中的阴影、中间调、高光以及亮部、暗部区域进行调整，最终实现色彩调整的目的。

使用此命令时，可执行“图像”“调整”和“色阶”命令，弹出“色阶”对话框，如图 4-1-2 所示，通过调整对话框中的三个滑块，可以调整阴影处的明暗对比、中间调的明暗对比和高光处的明暗对比。

2. 曲线

曲线命令既可以调节画面中的暗部和对比度，又常用于校正画面偏色问题。执行“图像”“调整”和“曲线”命令，弹出“曲线”对话框，如图 4-1-3 所示。对话框左侧为调整区域，分别控制不同的区域。上半部分是控制画面亮部的区域，中间位置是控制画面中间调的区域，下半部分是控制画面暗部的区域。

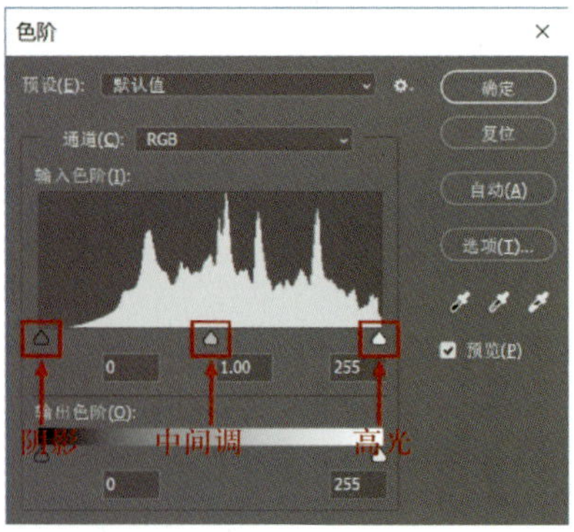

图 4-1-2　“色阶”对话框

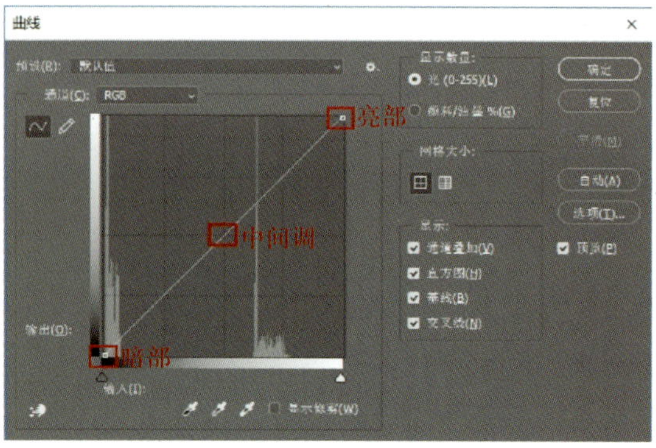

图 4-1-3　“曲线”对话框

3. 色相 / 饱和度

色相 / 饱和度命令可以对图像整体或者局部的色相、饱和度和明度进行调整，还可以对图像中的各个颜色进行调整。此命令常用于更改画面局部的颜色，或者用于增强画面的饱和度。

执行“图像”“调整”和“色相 / 饱和度”命令，弹出“色相 / 饱和度”对话框，如图 4-1-4 所示。

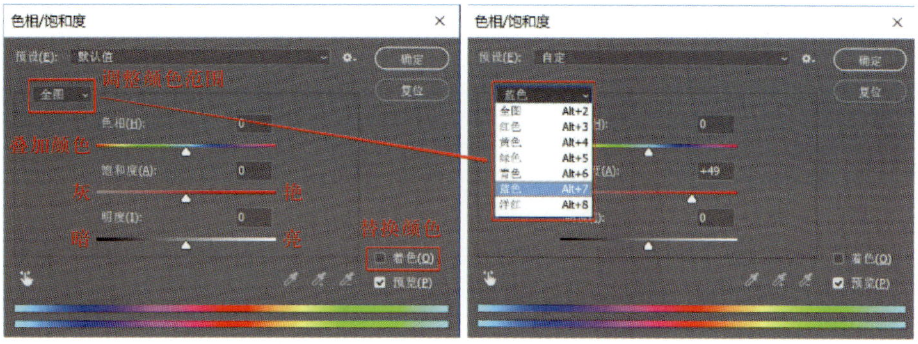

图 4-1-4 “色相 / 饱和度”对话框

其中，“色相”的作用是调整颜色并与图片原有的颜色进行叠加，更改为另外一种混合颜色；“饱和度”的作用是调整图片的鲜艳程度，数值越大，图像色彩越饱和越艳丽；“明度”则可以使画面整体或者某种颜色的明暗程度增加，数值越大越接近白色，数值越小越接近黑色。勾选“着色”，可调节色相单一的颜色。

三、图层蒙版

“图层蒙版”常用于隐藏图层的局部内容，目的是对图像的局部进行修饰或者制作合成图像。“图层蒙版”是一种非常方便的非破坏性编辑方式，蒙版可以随时删除，图片也可以随时复原。

单击“图层”面板下方的“添加矢量蒙版”图标 ，即可使用“图层蒙版”命令，常常搭配“画笔工具”进行。蒙版中只有黑色、灰色和白色。黑色代表完全透明，用黑色画笔进行涂抹是将当前图层的涂抹部分变成透明状态；白色代表显示，被隐藏的图层可以通过白色画笔涂抹显示出来；灰色则是半透明状态。“图层蒙版”命令如图 4-1-5 所示。

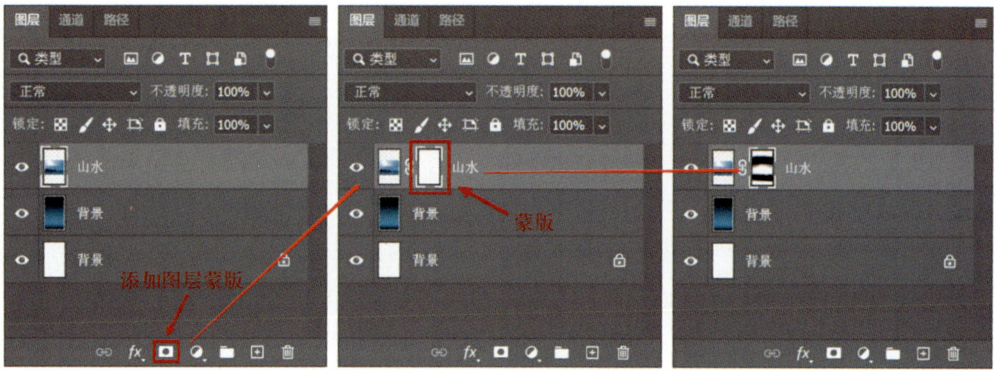

图 4-1-5 “图层蒙版”命令

小贴士

在使用“图层蒙版”命令过程中，需要暂时停用时，按住 Shift 键单击图层的蒙版，可以快速暂停蒙版使用；如果想重新启用，继续按 Shift 键单击图层的蒙版，则可以快速启用蒙版。

四、滤镜

在 Photoshop 中，滤镜可以给图片添加一些“特殊效果”。在菜单栏中单击“滤镜”菜单，列表中可以看到多种滤镜，如图 4-1-6 所示。

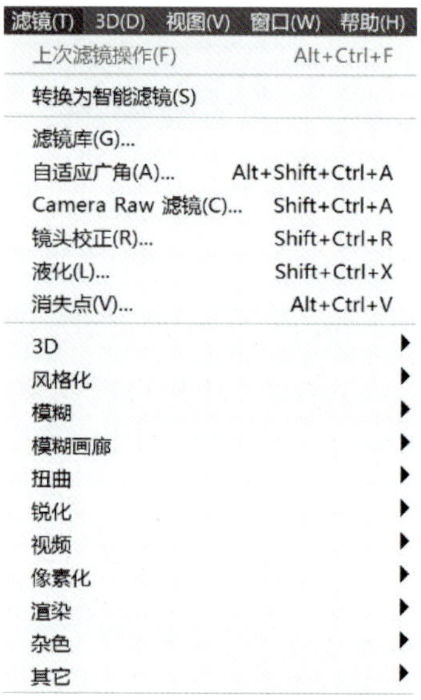

图 4-1-6 “滤镜”菜单

1. 转换为智能滤镜：将普通图层转为智能对象，以启用可重新编辑的智能滤镜。应用于智能对象的任何滤镜都是智能滤镜。智能滤镜将出现在“图层”面板中应用该智能滤镜的智能对象图层的下方。智能滤镜可以调整、移去或隐藏，是非破坏性的。

2. 滤镜库：滤镜库共有 6 种类型，包括风格化、画笔描边、扭曲、素描、纹理和艺术效果。

3. 自适应广角：该滤镜用于校正广角镜头畸变，也可以找回由于拍摄时相机倾斜或仰俯丢失的平面。

4. Camera Raw 滤镜：该滤镜能快速修图，如调整色温、色调、对比度、饱和度等。

5. 镜头校正：该滤镜能自动修正照片中的变形、暗角、紫边等缺陷。

6. 液化：该滤镜可以对图像作收缩、推拉、扭曲、旋转等变形处理。

7. 消失点：该滤镜用于在包含透视平面的图像中进行透视校正编辑，实现图像的各种特殊效果。

8. 3D：该滤镜用于制作出 3D 的效果。

9. 风格化：风格化滤镜通过置换像素和查找并增加图像的对比度，在选区中生成特殊的效果。风格化滤镜主要包括查找边缘、等高线、风、浮雕效果、扩散、拼贴、曝光过度、凸出、油画等效果。

10. 模糊：模糊滤镜可以使图像中过于清晰或对比度过于强烈的区域产生模糊效果。它通过平衡图像中已定义的线条和遮蔽区域的清晰边缘旁边的像素，使变化显得柔和。

11. 扭曲：扭曲滤镜用几何学原理把一幅影像变形，让图形扭曲起来，在视觉上更具有变化。

12. 锐化：该滤镜可以快速聚焦模糊边缘，提高图像中某一部位的清晰度，使图像特定区域的色彩更加鲜明。

13. 视频：该滤镜属于 Photoshop 的外部接口程序。

14. 像素化：该滤镜可以改善图像效果，掩盖缺陷。

15. 渲染：渲染滤镜可以在图像中创建云彩图案、折射图案和模拟的光反射图案。

16. 杂色：该滤镜能够给图片添加一些随机的杂色的点，主要用于校正图像处理过程（如扫描）中的瑕疵。

任务实施

一、新建文档

按“Ctrl+N”快捷键创建一个新文档，设置宽度为“1 058”，高度为“1 087”，单位为“毫米”，分辨率为“72”，单位为“像素 / 英寸”，颜色模式为“RGB 颜色”，背景内容为“黑色”。

二、制作房地产海报的背景

1. 执行“文件”“置入嵌入对象”命令，将“素材 / 项目四素材 / 任务一”目录下名为“花朵 .JPG”的文件置入图像窗口中，在“图层”面板中自动生成“花朵”图层，调整图片大小及位置，如图 4-1-7 所示。

2. 执行“文件”“置入嵌入对象”命令，将“素材 / 项目四素材 / 任务一”目录下名为“光晕 .PNG”的文件置入图像窗口中，在“图层”面板中自动生成“光晕”图层。将其移动到左上角适当的位置，并设置图层的混合模式为“滤色”。按“Ctrl+J”快捷键复制“光晕”图层为“光晕 拷贝”图层，设置该图层的混合模式为“柔光”，效果如图 4-1-8 所示。

图 4-1-7 置入花朵图片

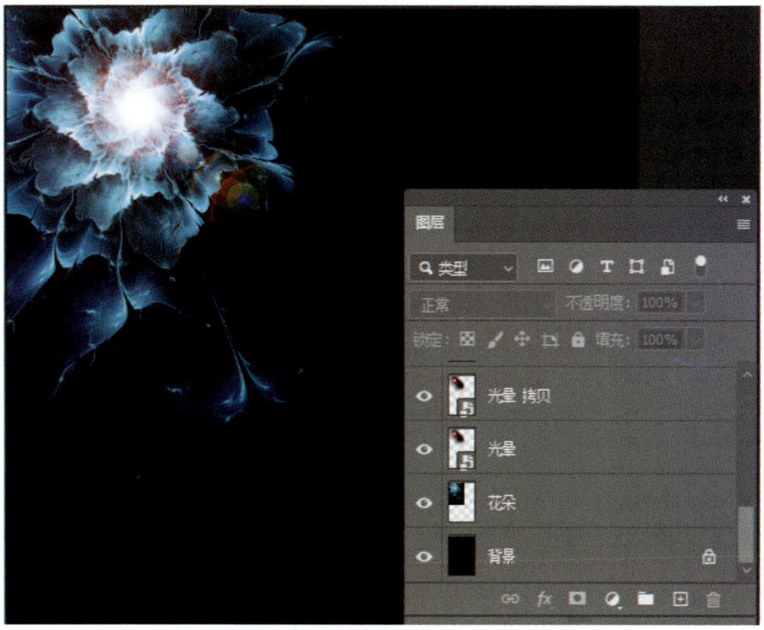

图 4-1-8 置入光晕效果

3. 执行“文件”“置入嵌入对象”命令，将“素材 / 项目四素材 / 任务一”目录下名为“星光 .JPG”的文件置入图像窗口中，并调整图片大小及位置，在“图层”面板中自动生成“星光”图层，如图 4-1-9 所示。

4. 单击“图层”面板下方的“添加图层蒙版”图标，将前景色设为黑色，选择“画笔工具”，在“画笔预设”对话框中设置大小为“600 像素”，不透明度为“50%”，在页面左上角进行涂抹，把“花朵”及“光晕”显露出来，效果如图 4-1-10 所示。

图 4-1-9　置入星光图片

图 4-1-10　使用“图层蒙版”后的效果

小贴士

应用“图层蒙版”时，在使用画笔涂抹过程中，可根据设计需要随时对画笔“大小”及“不透明度”进行调整，以达到最佳设计效果。

5. 执行“文件”“置入嵌入对象”命令，将“素材 / 项目四素材 / 任务一”目录下名为“湖 1.PNG”的文件置入图像窗口下方，在“图层”面板中自动生成“湖 1”图层，单击“图层”面板下方的“添加图层蒙版”图标，将前景色设为黑色，选择“画笔工具”，在“湖 1”图像边缘处进行涂抹遮盖，效果如图 4-1-11 所示。

6. 执行“文件”“置入嵌入对象”命令，将“素材 / 项目四素材 / 任务一”目录下名为“湖 2.PNG”的文件置入图像窗口下方适当的位置，在“图层”面板中自动生成“湖 2”图层，单击“图层”面板下方的“添加图层蒙版”图标，将前景色设为黑色，选择“画笔工具”，在“湖 2”图像边缘处进行涂抹遮盖，效果如图 4-1-12 所示。

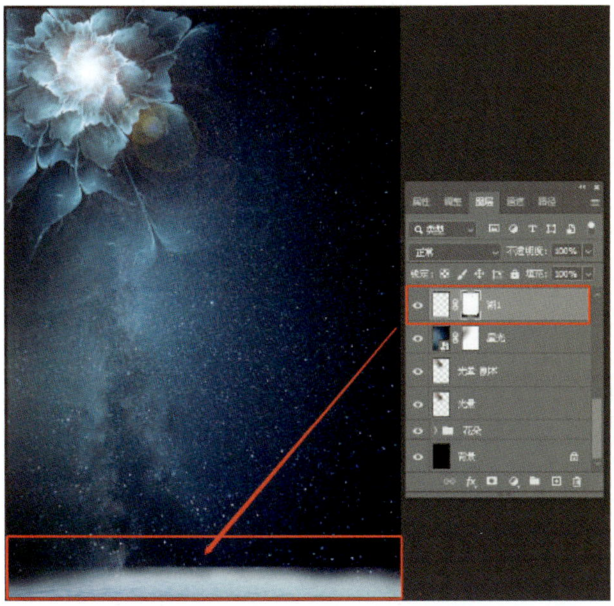

图 4-1-11　置入“湖 1”图片

图 4-1-12　置入“湖 2”图片

7. 执行“文件”“置入嵌入对象”命令，将“素材/项目四素材/任务一”目录下名为“城市.PNG”的文件置入图像窗口下方适当的位置，在“图层”面板中自动生成“城市”图层，单击“图层”面板下方的“添加图层蒙版”图标，将前景色设为黑色，选择“画笔工具”，在“城市”图像下方处进行涂抹遮盖，效果如图 4-1-13 所示。

8. 选择“城市”图层，单击“图层”面板下方的“创建新的填充或调整图层”图标，在弹出的菜单中选择“曲线”命令，在“属性”中设置输入为“70”，输出为“170”，如图 4-1-14 所示。

图 4-1-13　置入“城市”图片

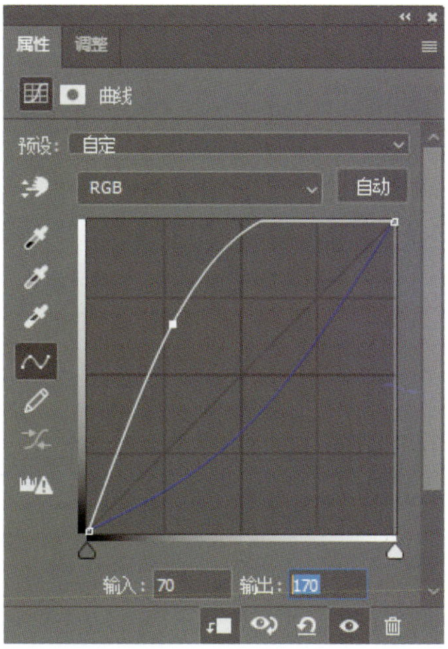

图 4-1-14　调整“曲线”参数

接着单击该“图层蒙版缩览图”，按“Ctrl+I”快捷键对图层蒙版进行反相，如图 4-1-15 所示。

将前景色设为白色，选择“画笔工具”，在“城市”图像的左边进行涂抹，对该区域进行提亮处理。按住 Alt 键的同时，把鼠标光标放在“曲线”图层和“城市”图层的中间，单击鼠标左键后，完成剪贴蒙版的创建，效果如图 4-1-16 所示。

9. 单击“图层”面板下方的“创建新的填充或调整图层”图标 ，在弹出的菜单中选择“色彩平衡”命令，在“属性”面板中设置“色彩平衡”参数，青色红色为“–84”、洋红绿色为“–33”、黄色蓝色为“15”，在图层面板中生成“色彩平衡”图层，如图 4-1-17 所示。

图 4-1-15　对图层蒙版进行反相

图 4-1-16　“城市”图层完成曲线效果

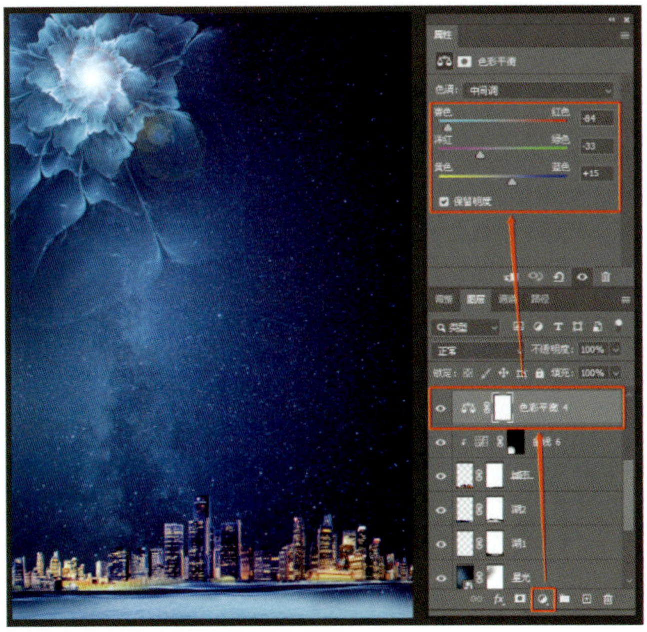

图 4-1-17　调整“色彩平衡”参数

三、输入文字

1. 选择“直排文字工具”，在工具属性栏中设置字体为“黑体”，字号为“400 点”，文本颜色为白色，在页面中分别输入文字“盛大开盘”和“华丽绽放”；继续选择“横排文字工具”，将字号设置为“130 点”，输入文字“畅享 365 天的私有公园生活”，调整文字到合适的位置，效果如图 4-1-18 所示。

2. 执行“文件”“置入嵌入对象”命令，将“素材 / 项目四素材 / 任务一”目录下名为“英文 .PNG”的文件置入图像窗口适当的位置，在“图层”面板中自动生成“英文”图层，效果如图 4-1-19 所示。

图 4-1-18 输入文字

图 4-1-19 置入英文

四、添加形状

选择“直线工具”，绘制 5 条直线作为房地产海报的点缀，效果如图 4-1-20 所示。

五、保存文档

按“Ctrl+S”快捷键，在弹出的对话框中单击“保存在您的计算机上”按钮，打开“另存为”对话框，选择文件存储位置，文件名改为“房地产海报”，保存类型为“Photoshop（*.PSD，*.PDD，*.PSDT）”，单击“保存”按钮保存该文档，效果图如图 4-1-1 所示。

图 4-1-20 在海报上添加直线

任务二

TASK 2

设计化妆品海报

任务目标

1. 能使用污点修复画笔工具组编辑图形。
2. 能使用仿制图章工具组编辑图形。
3. 能使用“历史记录画笔工具”恢复画笔历史状态。
4. 能使用“历史记录”面板回退操作步骤。

任务描述

本任务主要利用“污点修复画笔工具”“仿制图章工具”和“历史记录画笔工具”，并结合“图层样式”“魔棒工具”和“图层蒙版”制作图 4-2-1 所示化妆品海报。

图 4-2-1　化妆品海报

相关知识

一、污点修复画笔工具组

污点修复画笔工具组包含“污点修复画笔工具”、“修复画笔工具”、“修补工具”、“内容感知移动工具”和“红眼工具”，如图 4-2-2 所示。利用污点修复画笔工具组可以对图像进行修饰，把有缺陷的图像修复完整。

图 4-2-2　污点修复画笔工具组

1. 污点修复画笔工具

该工具会自动进行像素取样，可以修复图片小面积的瑕疵，如去除人物面部的雀斑、痣、细纹或者图片中细小的杂物等。“污点修复画笔工具”只适用于修复小瑕疵，处理大瑕疵需要配合其他的修复工具。

“污点修复画笔工具”使用方法简单，单击鼠标左键涂抹瑕疵处，它可以自动从所修复区域的周围进行取样，释放鼠标后瑕疵被抹去。

2. 修复画笔工具

该工具可以用图像中的像素作为样本进行绘制，修复画面中的瑕疵。选择该工具，在工具属性栏设置参数后即可进行操作。

模式：可以选择复制像素或者填充图案与底图的混合模式，如果选择替换模式，则源点处图像和复制处的图像复制后基本一致。

源：选择“取样”选项，在需要修改的图片中，按住 Alt 键，鼠标光标变为十字形状，左键单击选择需要修复的区域为取样点，在图片中需要修复的区域进行涂抹，完成后松开鼠标；选择“图案”选项，则在列表中选取图案或者自定义的图案进行填充。

对齐：若勾选此选项，下次的复制位置会和上次的完全重合，图像不会因重新选择而错位。若取消勾选此选项，每次拖动后松开鼠标左键再进行拖动，都以按 Alt 键时选择的同一个样本区域为修复目标。

选择“修复画笔工具”，在工具属性栏中完成设置后，选择图片中没有瑕疵的部分，按住 Alt 键单击取样，然后在瑕疵处进行涂抹，松开鼠标，画面中瑕疵的得以修复。该工具可连续多次使用，直到获得满意的效果。

3. 修补工具

该工具可以使用图案其他部分修复图像，也可以使用图案填充图像。

选择“修补工具”，在需要修补的地方按住鼠标左键进行拖拽绘制，完成后再松开鼠标左键，出现一个选区，将鼠标的光标移动到选区内，按住鼠标左键不松手，拖拽到其他位置，松开鼠标左键后，原来的图像会被修补。

4. 内容感知移动工具

该工具可以移动选区中的图像，被移动的图像会自动与周围的环境融合在一起，而原来的位置会进行智能填充。此工具一般用于改变图像中某一个对象的位置。

选择“内容感知移动工具”，在需要被移动的对象上按住鼠标左键进行绘制，绘制完成后松开鼠标左键，图像会出现选区，接着把鼠标光标移动到选区内，按住鼠标左键移动到指定位置，松开鼠标左键后即可移动对象。此时会有一个自由变换的框，可以自行更改图片的大小和旋转的角度。

5. 红眼工具

该工具可以去除用闪光灯拍照时人物照片中可能会出现的红眼缺陷。

“红眼工具”的使用方法简单，将光标移动到图像中红色的眼睛处，单击鼠标左键，即可去除红眼缺陷。

二、仿制图章工具组

图 4-2-3 仿制图章工具组

仿制图章工具组包含“仿制图章工具”和“图案图章工具”，如图 4-2-3 所示。仿制图章工具组主要用于复制图像、去除水印、修复人物脸部瑕疵、填补图片空缺等。

1. 仿制图章工具

这是一种复制图像的工具，能够将取样点处的图像复制到目标位置，覆盖住瑕疵的区域，其属性栏如图 4-2-4 所示。

图 4-2-4 “仿制图章工具”的属性栏

“仿制图章工具”的属性栏中：模式选项用于选择混合的模式，不透明度选项用于控制画笔的不透明度值；流量选项用于设置画笔的扩散速度；对齐选项用于连续对像素进行取样，松开鼠标后也不会丢失当前的取样点；样本选项用于从指定的图层中进行数据取样。

选择“仿制图章工具”，将鼠标光标放在需要复制的图像处，按住 Alt 键，鼠标光标变为十字光标时，单击鼠标左键，选取取样点，再松开鼠标左键，接着在需要复制图像的地方进行涂抹，连续进行多次仿制，直至完成图像的修改。

2. 图案图章工具

利用该工具，可以选择自定义的图案或者系统自带的图案进行复制。

选择“图案图章工具”，在工具属性栏中设置画笔大小、不透明度参数、图案，然后在图像中按住鼠标左键进行涂抹，松开鼠标左键即完成图案绘制。

三、历史记录画笔工具和历史记录调板

“历史记录画笔工具”需要与历史记录调板搭配使用，主要用于将历史图像恢复到之前的某一状态。

任务实施

一、打开化妆品海报的背景素材

按“Ctrl+O”快捷键，打开“素材 / 项目四素材 / 任务二”目录下名为“背景 .JPG”的文件，如图 4-2-5 所示。

二、复制背景中的白云

选择“仿制图章工具”，在工具属性栏设置画笔预设大小为“100 像素”，将鼠标光标放在画面左上角的“白云”处，按住 Alt 键，鼠标光标变为十字光标时，单击鼠标左键选取取样点，松开鼠标左键，然后在画面上方居中偏右的地方进行涂抹，复制“白云”，效果图如图 4-2-6 所示。

图 4-2-5 打开背景素材

图 4-2-6 复制白云的效果

三、修复人物图像

1. 执行“文件”“置入嵌入对象”命令，将“素材 / 项目四素材 / 任务二”目录下名为“人物 .PNG”的文件置入图像窗口中，在“图层”面板中自动生成“人物”图层，调整图片大小及位置，如图 4-2-7 所示。

2. 鼠标右键单击“人物”图层，在弹出的菜单中选择“栅格化图层”命令，将智能对象图层转为普通图层。

3. 选择“污点修复画笔工具”，在工具属性栏上设置画笔大小为“30 像素”，其他参数默认，然后在人物脸上的斑点处进行涂抹，去除人物图像中有斑点的部分，效果如图 4-2-8 所示。

图 4-2-7　置入人物素材

图 4-2-8　人物修复后的效果

小贴士

使用污点修复画笔工具组和仿制图章工具组都可以去除人物图像中的斑点。

四、置入化妆品素材及制作投影

1. 按“Ctrl+O”快捷键，打开“素材 / 项目四素材 / 任务二”目录下名为“化妆品 .PNG”的文件，选择“移动工具”，将化妆品所有图片拖拽到图像窗口适当的位置，然后按“Ctrl+G”快捷键进行编组，并将图层命名为“化妆品”图层组，效果如图 4-2-9 所示。

图 4-2-9　置入化妆品素材

2. 新建图层并命名为“投影”，选择“椭圆选框工具”，在化妆品产品底部绘制一个黑色椭圆，然后执行“滤镜”“模糊”“高斯模糊”命令，在弹出的“高斯模糊”对话框中设置半径为“8 像素”，单击“确定”完成设置，接着将“投影”图层置于“化妆品”图层组的下方，效果如图 4-2-10 所示。

图 4-2-10　绘制产品投影

3. 单击图层控制面板下方“添加图层样式”图标 fx，在弹出的菜单中选择“投影”命令，弹出“图层样式”对话框，设置投影的混合模式为“正片叠底”、角度为“115 度”、不透明度为“25%”、距离为“15 像素”、扩展为“0%”、大小为“10 像素”，单击“确定”按钮，效果如图 4-2-11 所示。

图 4-2-11 添加图层样式“投影”的效果

五、置入泡沫素材

执行“文件”“置入嵌入对象”命令，将“素材 / 项目四素材 / 任务二”目录下名为“泡沫 .PNG”的文件置入图像窗口中，在“图层”面板中自动生成“泡沫”图层，将“泡沫”图层的不透明度设置为“30%”。调整图片大小及位置，效果如图 4-2-12 所示。

图 4-2-12 置入泡沫素材

六、添加文字

1. 选择“横排文字工具”，设置字体为“微软雅黑”，字号为“40 点”，颜色为蓝色（R2，G57，B190），在页面居中的位置输入标题文字“保湿焕亮 开启年轻肌密”，并在标题中间用“直线工具”添加一条垂直线，接着调整字号为“35 点”，在画面右上角输入文字“维蜜丝 WIS”，效果如图 4-2-13 所示。

2. 执行“文件”“置入嵌入对象”命令，将“素材 / 项目四素材 / 任务二”目录下名为“水滴 .PNG”的文件置入图像窗口适当的位置上，如图 4-2-14 所示。

图 4-2-13 输入文字

图 4-2-14 置入水滴素材

3. 选择“横排文字工具”，设置字体为“黑体”，字号为“22 点”，颜色为蓝色（R2，G57，B190），分别在四个“水滴”的右边输入文字“深层清洁”“水嫩肌肤”“天然补水”和“提亮肤色”。将字号改为“38 点”，在标题下方输入文字“24 小时持续保湿”。再将字号改为 18 点，输入文字“- 为肌肤提供后续营养 -”，并将其置于“维蜜丝 WIS”下方，效果如图 4-2-15 所示。

图 4-2-15　输入文字的效果

七、保存文档

按“Shift+Ctrl+S”快捷键，在弹出的对话框中单击“保存在您的计算机上”按钮，打开“另存为”对话框，选择文件存储位置，文件名改为“化妆品海报”，保存类型为“Photoshop（*.PSD，*.PDD，*.PSDT）”，单击“保存”按钮保存该文档，效果图如图 4-2-1 所示。

任务三 TASK 3 设计电影海报

任务目标

1. 能使用“自由变换”和“变换”命令调整图像。
2. 能使用修饰图像的相关工具编辑图像。
3. 能使用橡皮擦工具组修饰图像。

任务描述

本任务主要利用图像的变换方法、橡皮擦工具组、修饰图像相关工具对人物进行调整和修饰，并结合“图层样式”“图层蒙版”等命令制作电影海报，效果如图 4-3-1 所示。

图 4-3-1 电影海报

相关知识

一、图像的变换

在广告制作过程中，经常需要调整图片的大小、角度或者形状等，这些都可以通过图像的变换实现，图像的变换包括自由变换和变换等操作。自由变换可以执行“编辑”“自由变换”命令，或按“Ctrl+T”快捷键进行操作；变换可以执行“编辑”“变换”命令，在弹出的菜单中选择需要变换的选项进行操作，如图 4-3-2 所示。

图 4-3-2　图像的变换操作

1. 选择“缩放”命令时，图片四周会出现定界框，通过控制点可以对图像进行等比放大或者缩小操作，按住 Shift 键可对图像进行不等比例放大或缩小操作，完成后在定界框内双击鼠标左键或按 Enter 键确认，如果需要取消正在进行的缩放操作，可以按 Esc 键。缩放操作如图 4-3-3 所示。

2. 选择“旋转”命令时，将鼠标光标移动到定界框的四个交点处，当光标出现旋转形状时，按住鼠标左键拖动任意一个控制点即可进行旋转操作，如图 4-3-4 所示。

图 4-3-3　缩放操作

图 4-3-4　旋转操作

3. 选择“斜切”命令时，按住鼠标左键拖动任意一个控制点，即可完成斜切操作，按 Enter 键确认完成斜切操作，如图 4-3-5 所示。

4. 选择“扭曲”命令时，按住鼠标左键拖动四个任意角点，则随拖动方向角点扭曲；按住鼠标左键拖动上下角点，则图片沿水平方向进行扭曲；按住鼠标左键拖动左右角点，则图片沿垂直方向进行扭曲，如图 4-3-6 所示。

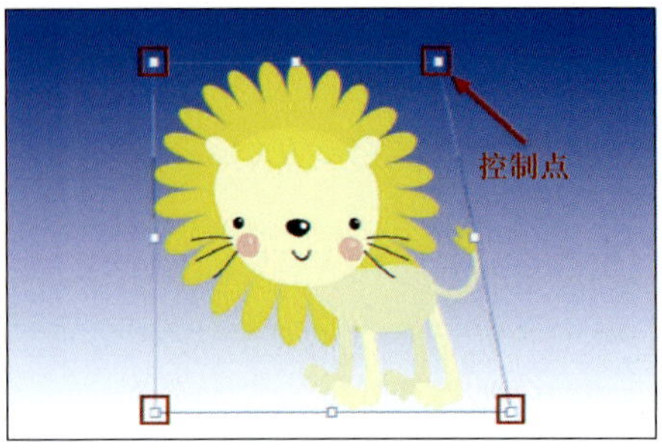

图 4-3-5　斜切操作

图 4-3-6　扭曲操作

5. 选择“透视”命令时，按住鼠标左键拖动四个角中任意一个角点，则可以形成透视效果，如图 4-3-7 所示。

6. 选择“变形”命令时，按住鼠标左键拖动四个任意角点可以进行变形，并且可以通过调节杆控制变形的弧度，按 Enter 键确认完成变形操作，如图 4-3-8 所示。

图 4-3-7　透视操作

图 4-3-8　变形操作

7. 选择“旋转 180 度”“顺时针旋转 90 度”“逆时针旋转 90 度”“水平翻转”“垂直翻转”命令，可以对图片进行相应的旋转。

二、修饰图像的相关工具

修饰图像的常用工具有“模糊工具”、“锐化工具”、“减淡工具”、“加深工具”。

1. “模糊工具”可以对图像进行模糊处理，选择该工具后，按住鼠标左键对需要模糊处理的区域进行涂抹即可。

2. “锐化工具”可以让图像色彩变得更加强烈，一般用来提高图像的清晰度。用法和“模糊工具”相同，涂抹的次数越多，锐化效果则越强烈，但是注意不要过度锐化，否则图片会产生噪点和晕影。

3. “减淡工具”可以对图像的“亮部”“中间调”和“阴影处”进行减淡处理，也可以调整减淡的程度，某个位置处理的次数越频繁，该区域则会变得越亮。

4. “加深工具”与“减淡工具”相反，可以对图像进行加深处理，使得图像的相应区域变暗。

三、橡皮擦工具组

橡皮擦工具组包含“橡皮擦工具”、“背景橡皮擦工具”、“魔术橡皮擦工具”，如图 4-3-9 所示。

图 4-3-9　橡皮擦工具组

1.“橡皮擦工具”用于擦拭图像多余的部分。选择“橡皮擦工具”后，用鼠标左键单击普通图层，对图片进行擦拭，鼠标光标经过的位置都被擦除掉。若此时选择的是背景图层，鼠标光标经过的位置则变成了背景色。

2.“背景橡皮擦工具”可以快速擦除指定的颜色。在橡皮擦的工具属性栏中设置相应的容差值以及是否“连续”，在需要擦除的背景图像中单击鼠标左键，鼠标光标变为圆形里面是“十”字的形状（注意光标的中心点不能碰到图像须保留的部分），被擦除的区域则变为透明状，继续在图片中进行连续单击或按住鼠标拖拽，即可把不需要的部分擦除。

3.“魔术橡皮擦工具”同时拥有“魔棒工具”和“橡皮擦工具”的功能，既可以快速选择相同的颜色，也具有擦除功能，可以快速擦除相同颜色的背景，以及与单击点颜色相似的区域。

小贴士

使用橡皮擦工具组中的工具时，根据设计制作需要，可随时设置或调整工具属性栏上的参数，以便更快、更准确地完成操作。

任务实施

一、制作电影海报的背景

1. 按“Ctrl+O”快捷键，打开“素材 / 项目四素材 / 任务三”目录下名为“背景.JPG”的文件，“图层”面板中会自动生成“背景”图层，如图 4-3-10 所示。

图 4-3-10　打开素材背景图像

2. 选择“图层”面板下方的“创建新的填充或调整图层”图标，在弹出的菜单中选择“色相 / 饱和度”命令，在图层控制面板中生成“色相 / 饱和度 1”图层，同时弹出“色相 / 饱和度”属性面板，设置饱和度为“33”，如图 4-3-11 所示。

3. 选择“图层”面板下方的“创建新的填充或调整图层”图标 ，在弹出的菜单中选择“亮度 / 对比度”命令，在图层控制面板中生成“亮度 / 对比度 1”图层。在弹出的“亮度 / 对比度”属性面板上设置为亮度“–25”、对比度为“6”，如图 4-3-12 所示。调整后的效果如图 4-3-13 所示。

4. 按住 Alt 键的同时，将鼠标光标放在“背景”图层和“色相 / 饱和度 1”图层的中间，出现剪贴蒙版的光标时单击鼠标，为“色相 / 饱和度 1”图层创建剪贴蒙版，用同样的方法为“亮度 / 对比度 1”图层创建剪贴蒙版。“图层”面板显示如图 4-3-14 所示。

图 4-3-11 “色相 / 饱和度”属性面板的参数设置

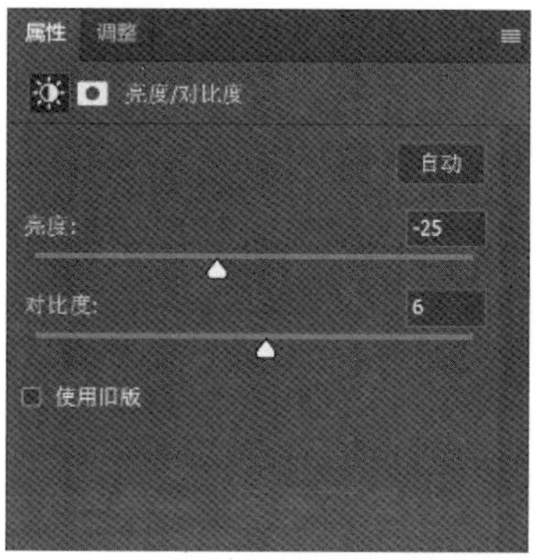

图 4-3-12 “亮度 / 对比度”属性面板的参数设置

图 4-3-13 调整后的效果

图 4-3-14 创建剪贴蒙版

5. 执行“文件”“置入嵌入对象”命令，将“素材 / 项目四素材 / 任务三”目录下名为“城市 .JPG”的文件置入，“图层”面板中会自动生成“城市”图层，鼠标右键单击该图层，在弹出的菜单中选择“转换为图层”命令，把智能对象图层转为普通图层。接着执行“图像”“调整”“去色”命令，对图像进行去色处理，效果如图 4-3-15 所示。

小贴士

对图层中的图像进行去色、匹配颜色、替换颜色及色调均化操作时，需要把智能对象图层转为普通图层。

6. 单击“图层”面板下方的“添加图层蒙版”按钮，将前景色设为黑色，选择“画笔工具”，在“城市”图像的上方进行涂抹，操作时可调整画笔大小及不透明度，效果如图 4-3-16 所示。

图 4-3-15 置入素材并进行去色处理

图 4-3-16 完成图层蒙版

7. 执行“文件”“置入嵌入的对象”命令，将“素材 / 项目四素材 / 任务三”目录下名为“直升机 .JPG”的文件置入，“图层”面板中自动生成“直升机”图层，调整该图片的大小和位置，接着单击“图层”面板下方的“添加图层蒙版”按钮，将前景色设为黑色，选择“画笔工具”，在“直升机”周边进行涂抹，对多余的背景进行擦除，效果如图 4-3-17 所示。

8. 执行“文件”“置入嵌入对象”命令，将“素材 / 项目四素材 / 任务三”目录下名为“星球 .JPG”的文件置入，“图层”面板中自动生成“星球”图层，调整该图片的大小和位置，接着单击“图层”面板下方的“添加图层蒙版”按钮，将前景色设置为黑色，选择“画笔工具”，在“星球”周边进行涂抹，效果如图 4-3-18 所示。

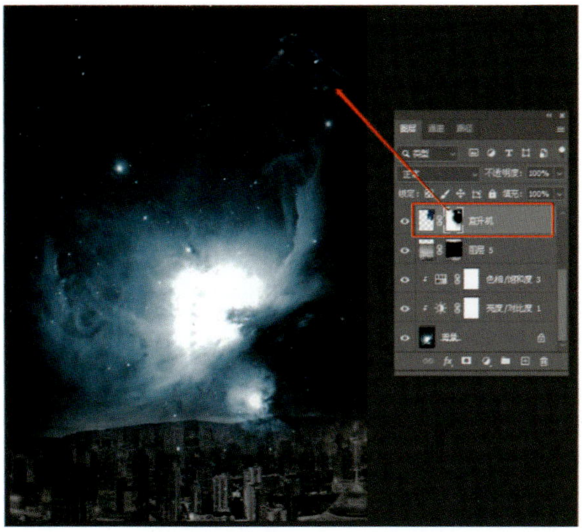

图 4-3-17　置入直升机素材并对背景进行蒙版

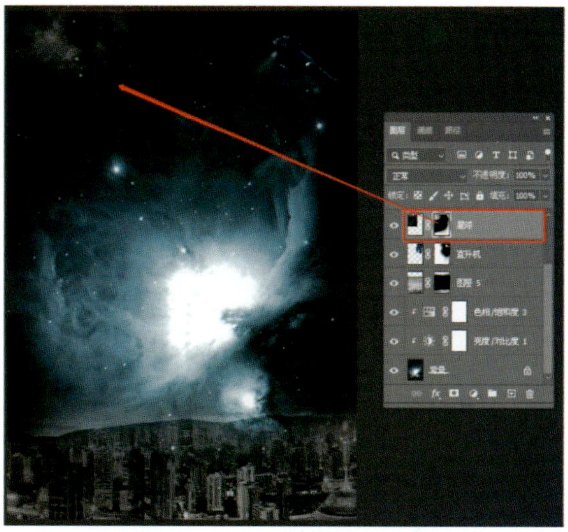

图 4-3-18　置入星球素材并修整

二、制作人物部分

1. 执行“文件”“打开”命令，打开“素材 / 项目四素材 / 任务三”目录下名为“人物 .JPG”的文件，选择“背景橡皮擦工具”，单击人物背景进行擦除，效果如图 4-3-19 所示。如有不小心擦掉人物结构部分，可选择“历史记录画笔工具”，把擦除掉的人物部分恢复原状，效果如图 4-3-20 所示。

图 4-3-19　使用“背景橡皮擦工具”后的效果

图 4-3-20　完成去除背景操作后的效果

2. 选择修复工具中的“模糊工具”对人物衣服进行涂抹，让衣服上的花纹变得模糊；选择“锐化工具”对人物的眼睛进行锐化；选择“加深工具”对嘴唇部分进行加深处理；选择“减淡工具”对头发的亮部进行高光处理，使人物这些部分的色彩更加明显。然后选择“移动工具”，将人物图片拖拽到电影海报的图像窗口中，按“Ctrl+T”快捷键调整图片的大小，并移动到合适的位置，效果如图 4-3-21 所示。

3. 单击“图层”面板下方的“添加图层蒙版”按钮，为人物图层添加蒙版。将前景色设为黑色，选择“画笔工具”，在人物的边缘地方进行涂抹，并设置不透明度为“77%”，效果如图 4-3-22 所示。

图 4-3-21　置入人物素材

图 4-3-22　应用图层蒙版处理人物的效果

三、添加文字和图标

1. 执行“文件”“打开”命令，打开“素材 / 项目四素材 / 任务三”目录下名为“文字 .PNG”的文件，选择“移动工具”，将文字素材拖拽到图像窗口合适的位置，效果如图 4-3-23 所示。

2. 选择“矩形选框工具”，框选“太空穿越”文字，然后执行“编辑”“自由变换”命令，按住 Shift 键的同时，选中上方中间的控制点并向上拖动鼠标，使文字向上拉伸，效果如图 4-3-24 所示。

3. 执行“编辑”“变换”“透视”命令，选中控制框左上角第一个角点向左边拖动鼠标，完成文字的透视变化，效果如图 4-3-25 所示，按 Enter 键确定。

4. 执行“文件”“置入嵌入对象”命令，将“素材 / 项目四素材 / 任务三”目录下名为“图标 .PNG”的文件置入图像窗口的下方，“图层”面板中会自动生成“图标”图层，将“图标”图层的混合模式选项设为“滤色”，如图 4-3-26 所示。

图 4-3-23　添加文字素材

图 4-3-24　对文字执行“自由变换”命令

图 4-3-25　对文字执行“透视”命令

图 4-3-26　把“图标”图层的混合模式选项设置为“滤色”

四、保存文档

按“Shift+Ctrl+S”快捷键，在弹出的对话框中单击“保存在您的计算机上”按钮，打开“另存为”对话框，选择文件存储位置，文件名改为“电影海报”，保存类型为“Photoshop（*.PSD，*.PDD，*.PSDT）”，单击“保存”按钮保存该文档，效果图如图 4-3-1 所示。

巩固训练

一、制作运动会海报

制作运动会海报（见图 4-4-1），进一步掌握海报的制作步骤，掌握滤镜、色彩调整以及配合图层样式的使用方法。

图 4-4-1 运动会海报

二、操作提示

参考“素材 / 项目四素材 / 任务四”目录下名为“项目四巩固练习 .pdf”的文件。

项目五

画册设计

画册是展示产品、企业风貌、艺术作品的一种媒介，是利用图片、文字、色彩以及合理的版面编排设计制作出的具有创意性、观赏性和阅读性的宣传品。不同功能的画册能展示出各具特色的企业或者个人的形象与风格，是现代广告宣传的一种有效手段。

任务一 TASK 1 设计画册封面封底

任务目标

1. 能使用“横排文字工具”和“直排文字工具”编辑文字。

2. 能使用文字工具属性栏设置文字属性。

3. 能使用“字符”面板设置文字。

任务描述

本任务主要利用“横排文字工具”和文字属性设置，并结合“图层样式”命令绘制画册封面和封底，效果如图5-1-1所示。要完成

图5-1-1 画册封面和封底

本任务，除了需要掌握“横排文字工具”以及文字属性的设置之外，还要掌握“图层样式”的使用方法。

相关知识

一、文字工具

文字工具用于输入需要的文字。鼠标右键单击工具箱中的“横排文字工具”图标，可从弹出的文字工具组选项卡中选择需要的文字工具，如图 5-1-2 所示。

选择“横排文字工具”或“直排文字工具”后，在工具属性栏设置字体样式、大小等属性，设置完成后在页面中单击鼠标左键即可输入文本，然后按“Ctrl+Enter”快捷键完成操作，如图 5-1-3、图 5-1-4 所示。

图 5-1-2　文字工具组

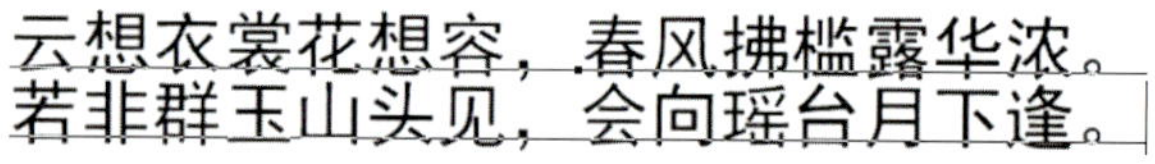

图 5-1-3　横排文字效果

图 5-1-4　直排文字效果

二、设置文字选项

选取文字工具后，在工具属性栏上可以设置文字的选项，如图 5-1-5 所示。下面对选项作简要介绍：

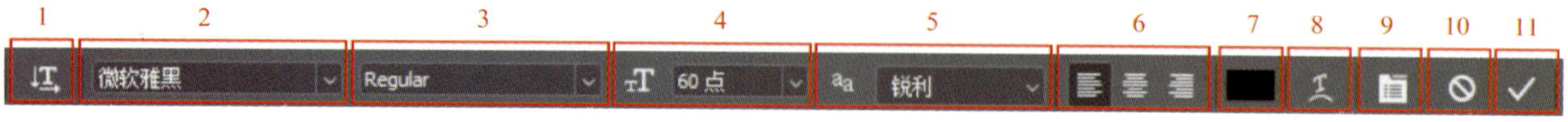

图 5-1-5　文字工具属性栏

1. 切换文本取向：单击“切换文本取向”图标，横向排列的文字将变为直排，直排文字将变为横排。

2. 设置字体：在选项栏中单击“设置字体”下拉箭头图标，在弹出的下拉列表中单击需要的字体即可。

3. 设置字体样式：字体样式只针对部分字体有效。输入文字后，可以在该下拉列表中选择需要的字体样式。

4. 设置字体大小：可以在下拉列表中选择预设的字体大小，也可以直接输入数值。

5. 设置消除“锯齿”的方法：输入文字后，可以在该下拉列表中为文字选择一种消除“锯齿”的方法。

6. 设置文本对齐方式：根据输入字符时光标的位置设置文本对齐方式。

7. 设置文本颜色：单击该颜色块，在弹出的“拾色器”对话框中可以设置文字颜色。如果要修改已有文字的颜色，可以先在文档中选择文本，然后在选项栏中单击颜色块，在弹出的对话框中设置需要的颜色即可。

8. 创建文字变形：选中文本，单击 图标，在弹出的“变形文字”对话框中设置文本的变形效果。

9. 切换字符和段落面板：单击 图标，可以在“字符”面板或“段落”面板之间进行切换。

10. 取消所有当前编辑：在文本输入或编辑状态下显示 图标，单击即可取消当前的编辑操作。

11. 提交所有当前编辑：在文本输入或编辑状态下显示 图标，单击即可确定并完成当前的文字输入或编辑操作。文本输入或编辑完成后，单击该图标或者按“Ctrl+Enter”快捷键完成操作。

三、“字符”面板

“字符”面板可用于调整文本符号设置，执行“窗口”“字符”命令，即可弹出“字符”面板，如图 5-1-6 所示。

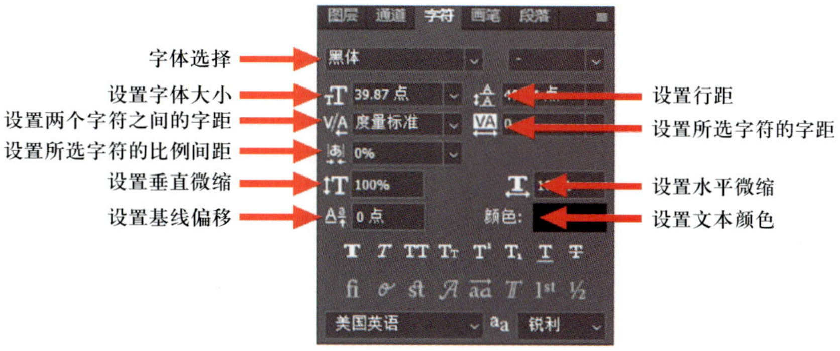

图 5-1-6 “字符”面板

任务实施

一、新建文档

执行“文件”“新建”命令，弹出“新建文档”对话框，在对话框的右侧预设详细信息选项中输入“画册封面封底设计”，宽度为“420”，高度为“297”，单位为“毫米”，方向为横向，分辨率为“120”，单位为“像素/英寸”，颜色模式为“CMYK 颜色”，其他参数默认，然后单击“创建”按钮，创建一个新文档。

二、背景设置

执行“文件”“置入嵌入对象”命令，将“素材/项目五素材/任务一”目录下名为“画集背景.JPG”的文件置入文档中，这时在“图层”面板中会自动生成名为“图层 1”的图层，接着调整图片大小，使其适合整个文档，然后将“图层 1”图层与“背景”图层合并为“背景”图层，效果如图 5-1-7 所示。

图 5-1-7　合并“背景”图层效果

三、导入素材

1. 执行“文件”“打开”命令，打开“素材/项目五素材/任务一”目录下名为“圆珠笔画.PSD”的文件，选择“移动工具”，将“圆珠笔画 01”和“圆珠笔画 02”图层拖拽到“画册封面封底设计”图像窗口中，然后分别调整“圆珠笔画 01”图层和“圆珠笔画 02”图层中的图片位置，效果如图 5-1-8 所示。

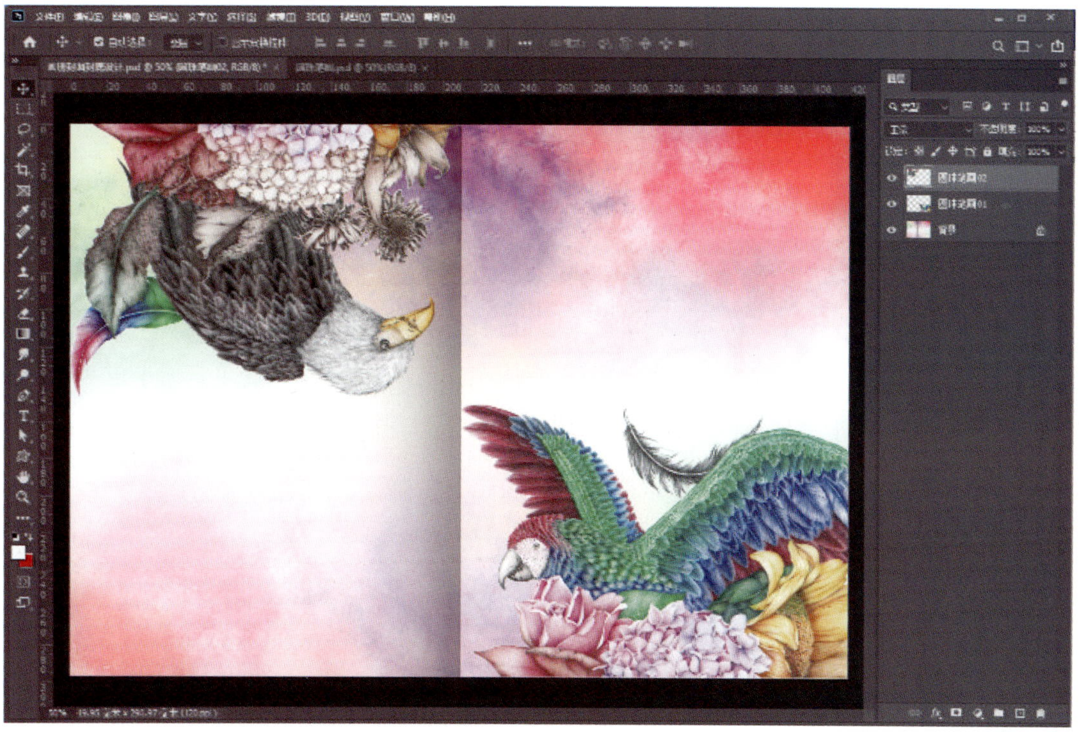

图 5-1-8 导入素材的效果（1）

2. 按“Ctrl+O”快捷键，打开“素材 / 项目五素材 / 任务一”目录下名为“箭头、二维码 .PSD”的文件，选择“移动工具” ，将“箭头”图层、“二维码”图层拖拽到“画册封面封底设计”图像窗口中，调整素材大小及位置，如图 5-1-9 所示。

图 5-1-9 导入素材的效果（2）

四、输入文字

1. 选择“横排文字工具”，然后在工具属性栏设置字体为“黑体”，字体大小为“100 点”，消除“锯齿”的方法为“锐利”，文本颜色为白色，如图 5-1-10 所示。

图 5-1-10　文字属性栏设置

2. 在页面上单击输入文字“桀鱼手绘”，选择“移动工具”，调整文字位置，如图 5-1-11 所示。

图 5-1-11　文字输入的效果

3. 执行“图层”“图层样式”“投影”命令，在弹出的“图层样式”对话框中设置混合模式为“正片叠底”，颜色为黑色（C100，M100，Y100，K100），不透明度为“100%”，角度为“120 度”，距离为“6 像素”，大小为“8 像素”，如图 5-1-12 所示。单击“确定”按钮，其效果如图 5-1-13 所示。

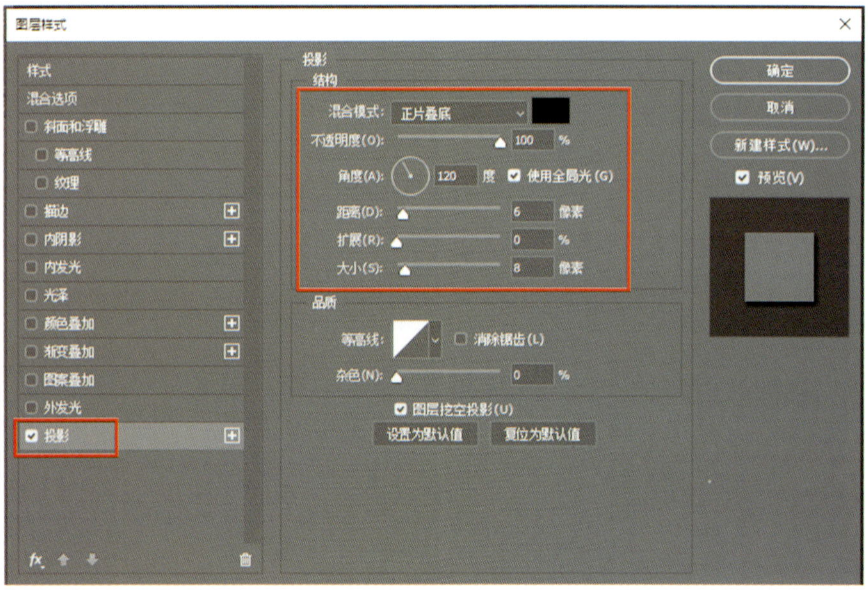

图 5-1-12　设置“投影”参数

4. 选择“横排文字工具”，在工具属性栏设置字体为“黑体”，字体大小为“30 点”，消除“锯齿”的方法为“锐利”，文本颜色为白色，如图 5-1-14 所示。

图 5-1-13　添加“图层样式”后的效果

5. 在页面上单击鼠标左键输入文字“彩铅、圆珠笔等作品画集”，然后选择“移动工具”，调整文字位置，效果如图 5-1-15 所示。

图 5-1-14　文字属性栏设置

图 5-1-15 文字输入的效果

6. 执行“图层”“图层样式”“投影”命令，弹出“图层样式”对话框，设置混合模式为“正片叠底”，颜色为黑色（C100，M100，Y100，K100），不透明度为“70%”，角度为“120 度”，距离为“5 像素”，大小为“5 像素”，如图 5-1-16 所示。单击“确定”按钮，其效果如图 5-1-17 所示。

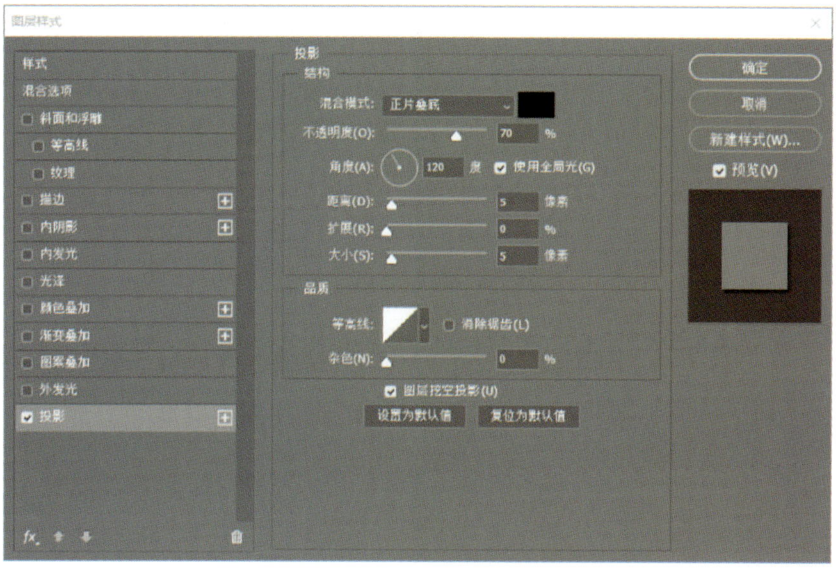

图 5-1-16 设置“投影”参数

图 5-1-17 添加“图层样式”后的效果

7. 选择“横排文字工具” T，在工具属性栏设置字体为“黑体”，字体大小为“28 点”，消除“锯齿”的方法为“锐利”，文本颜色为暗红色（C50，M100，Y100，K0），如图 5-1-18 所示。

图 5-1-18 文字属性栏设置

小贴士

设置字号时，除了在下拉列表中选择内置的字号外，还可以直接在数值框内输入数值。此外，将鼠标指针放在图标 的位置，当光标变为一只手和两个箭头的形状后，按住鼠标左键向右拖拽可增大字号，向左拖拽可以缩小字号。

8. 在页面左下角单击鼠标左键输入文字“枼鱼创意工作室”，选择“移动工具” ，调整文字位置与二维码顶部对齐，如图 5-1-19 所示。

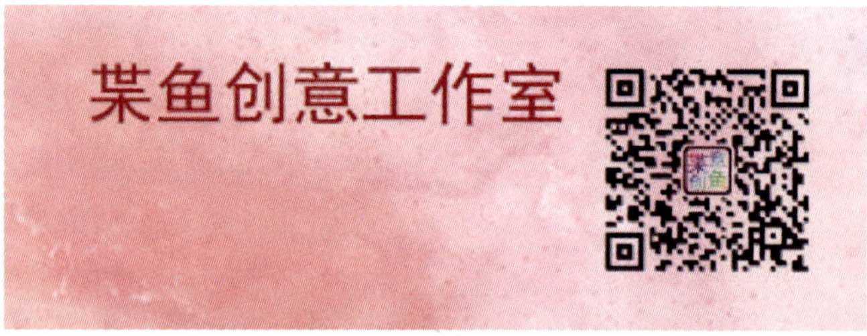

图 5-1-19 文字输入的效果（1）

9. 选择“横排文字工具” ，在工具属性栏设置字体为“黑体”，字体大小为“14 点”，颜色为黑色，然后在“枼鱼创意工作室”下方输入文字“地址 - 广东省广州市天河区 123 号”“电话 -020 12345678”“邮箱 -23456789@qq.com”，如图 5-1-20 所示。

图 5-1-20 文字输入的效果（2）

小贴士

在设计制作之初，如果不能确定文字使用哪种字体、字号、颜色，可以先输入文字，然后将文字选中，再在工具属性栏中设置适合的字体、字号和颜色。

五、调整文本

1. 选中上一步输入的文字，如图 5-1-21 所示。执行“窗口”“字符”命令，在弹出的“字符”面板上设置行距为“18 点”，如图 5-1-22 所示。

图 5-1-21 选中文字

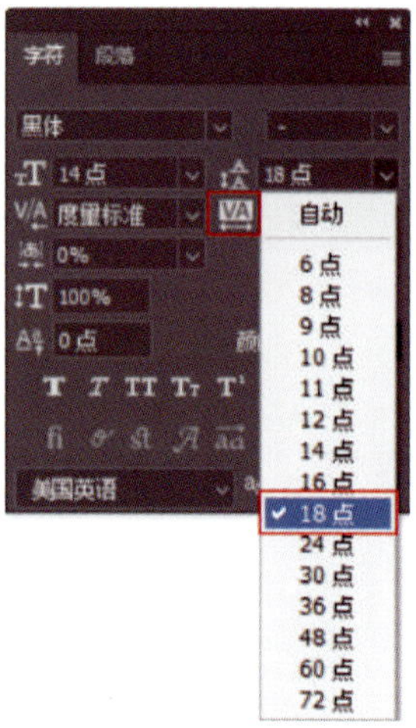

图 5-1-22 设置文字行距

2. 选择“移动工具”，调整文字位置与二维码底部对齐，效果如图 5-1-23 所示。最终效果如图 5-1-1 所示。

图 5-1-23　调整文字位置

六、保存文档

执行“文件”“存储为”命令，在弹出的对话框中单击“保存在您的计算机上”按钮，然后在弹出的“另存为”对话框中选择文件存储位置，文件名默认，保存类型为“Photoshop（*.PSD，*.PDD，*.PSDT）”，单击“保存”按钮保存该文档。

任务二 TASK 2 设计画册隔页

任务目标

1. 能使用文字蒙版工具创建文字选区。
2. 能输入与编辑段落文本。
3. 能使用“文字变形”命令创建文字变形效果。

任务描述

本任务主要利用文字蒙版工具、段落文本工具、“文字变形”命令和“渐变工具”，并结合“图层样式”命令设计画册隔页，效果如图 5-2-1 所示。

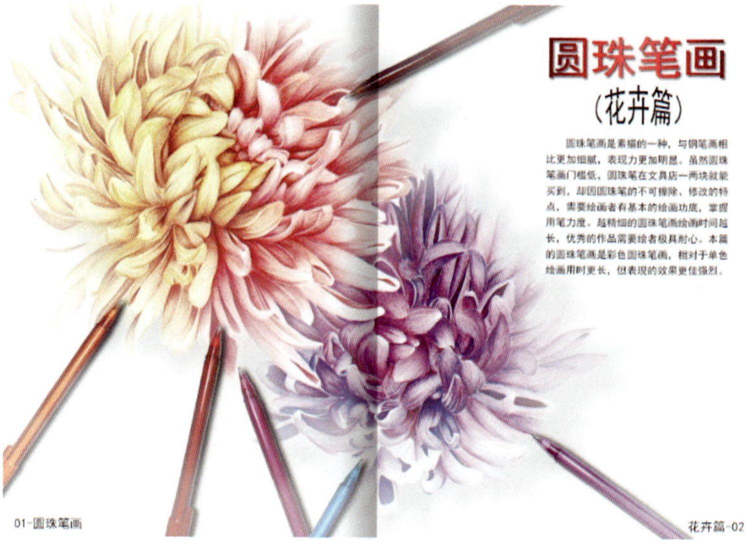

图 5-2-1　画册隔页

相关知识

一、文字蒙版工具

文字蒙版工具创建的不是实体文字，而是文字选区，在设计制作过程中会常常用到，例如以文字选区对画面的局部进行编辑，或者从图像中复制带有图像内容的文字等。用鼠标右键单击工具箱中的“横排文字工具”图标 ，可从弹出的选项卡中选择“直排文字蒙版工具”或者“横排文字蒙版工具”，如图 5-2-2 所示。

选择“横排文字蒙版工具”，在页面上单击鼠标左键，此时页面会呈现出红色背景，表示进入了文字蒙版模式，即可输入文字，如图 5-2-3 所示。

图 5-2-2　选择文字蒙版工具

图 5-2-3　输入文字效果

文字输入完毕后，可以单击工具属性栏上的“提交所有当前编辑”图标 ，如图 5-2-4 所示，或者按“Ctrl+Enter”快捷键即可退出文字蒙版模式，文字转换成选区。横排文字蒙版的选区效果如图 5-2-5 所示。

图 5-2-4　确认当前的文字输入

图 5-2-5　横排文字蒙版的选区效果

二、段落文本

段落文本可以使文字限定在一个矩形范围内，而这个矩形区域中的文字会自动换行，并且文字区域的大小还可以方便地进行调整。

选择“横排文字工具” ，在页面上单击鼠标左键并按住拖拽出一个要输入文字的矩形，松开鼠标左键即可弹出段落文本选框，共有八个控制点，如图 5-2-6 所示。

在文本框中输入合适的文字，按住鼠标左键拖拽段落文本选框的控制点（见图 5-2-7），即可调整段落文本选框的外观形状，效果如图 5-2-8 所示。

图 5-2-6　段落文本选框

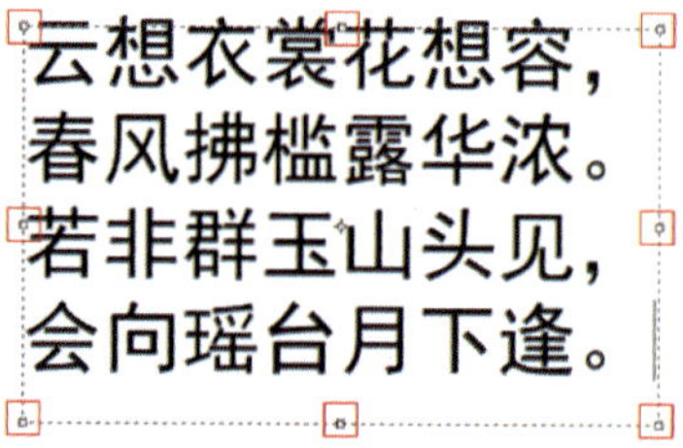

图 5-2-7　拖拽段落文本选框的控制点

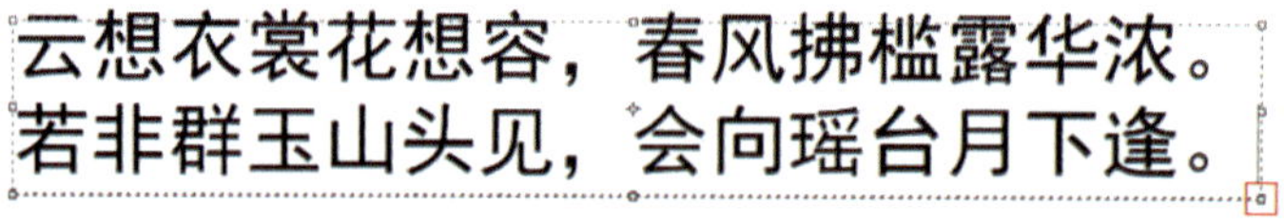

图 5-2-8　调整段落文本选框的外观形状

将光标移至文本框外，当指针变为弯曲的双向箭头时，拖动鼠标可以旋转文字，如图 5-2-9 所示。在旋转过程中按住 Shift 键，能够以 15° 角为增量进行旋转，如图 5-2-10 所示。

对段落文本进行变形设计时，可在编辑的过程中先按住 Ctrl 键，然后将光标移动到文字选框的控制点上单击并拖动即可，但是，此时文字选框与文字本身都会发生变化，如图 5-2-11 所示。

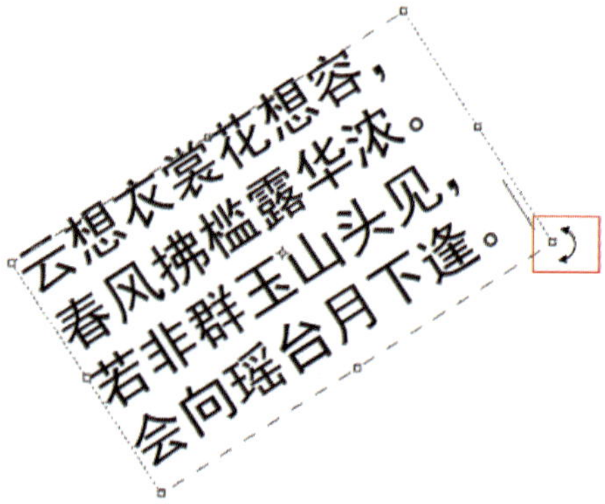

图 5-2-9　旋转段落文本选框

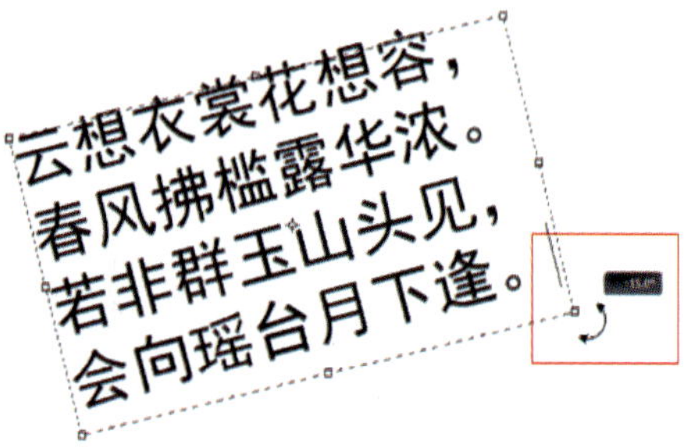

图 5-2-10　以 15° 角为增量旋转段落文本选框

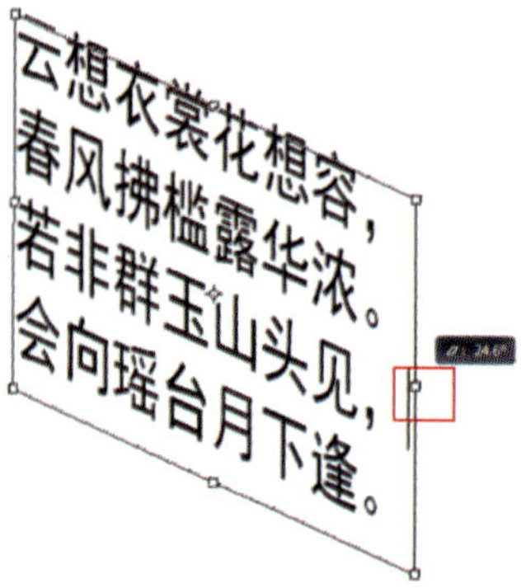

图 5-2-11　段落文本选框变形

如果想要完成对文本的编辑操作，可以单击工具属性栏中的“提交所有当前编辑”图标 或者按“Ctrl+ Enter”快捷键。如果要放弃对文字的修改，可以单击工具属性栏中的“取消所有当前编辑”图标 或者按 Esc 键。

三、“段落”面板

“段落”面板提供了用于设置段落编排格式的所有选项。通过“段落”面板，可以设置段落文本的对齐方式和缩进量等参数，如图 5-2-12 所示。

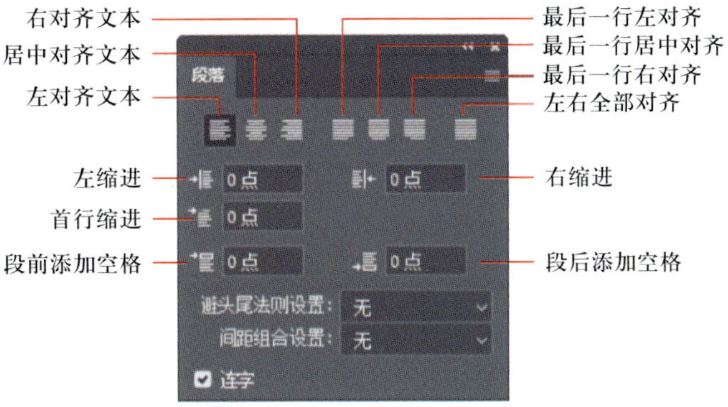

图 5-2-12 “段落”面板

四、变形文字

制作字体效果时，常常需要对输入文字进行变形操作。输入文本后，单击文字工具属性栏的“创建文字变形”图标 ，或执行菜单栏“文字”“文字变形”命令，弹出“变形文字”对话框，如图 5-2-13 所示。

单击“变形文字”对话框中“样式”右边的图标 ，可从弹出的下拉菜单中选取需要的变形样式，如图 5-2-14 所示。变形文字效果如 5-2-15 所示。

创建变形文字后，可以通过调整其他参数选项来调整变形效果。每种样式都包含相同的参数选项。下面介绍“变形文字”对话框中各参数选项的功能。

水平：选中“水平”单选按钮时，文本变形的方向为水平方向。

垂直：选中“垂直”单选按钮时，文本变形的方向为垂直方向。

弯曲：设置文本的弯曲程度。

水平扭曲：设置水平方向透视扭曲变形的程度。

垂直扭曲：设置垂直方向透视扭曲变形的程度。

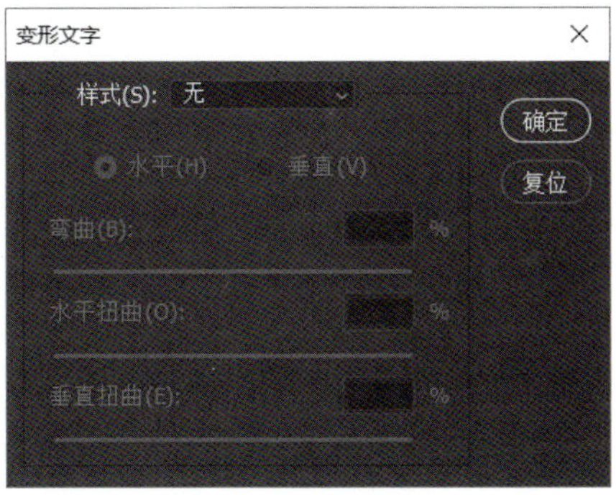

图 5-2-13 “变形文字”对话框

以“旗帜”样式为例，设置变形的方向为“水平”，弯曲为“+80%”，水平扭曲为“+60%”，如图 5-2-16 所示，效果如图 5-2-17 所示。

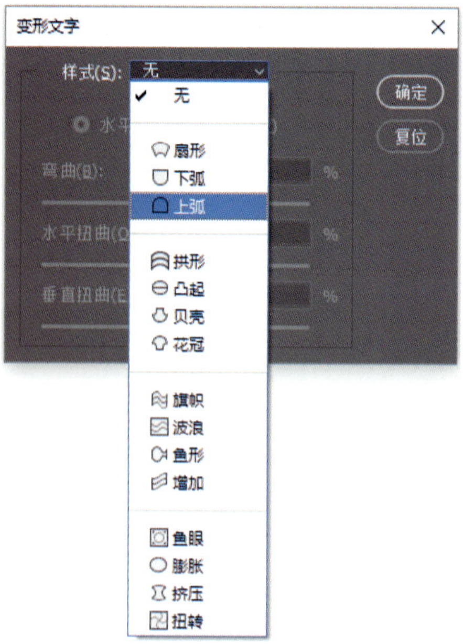

图 5-2-14 “样式”下拉菜单

图 5-2-15 变形文字效果

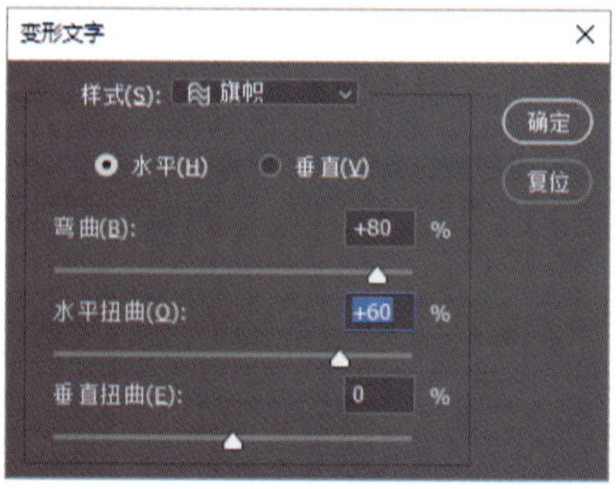

图 5-2-16 设置变形参数

图 5-2-17 变形效果

任务实施

一、新建文档

按“Ctrl+N”快捷键，打开“新建文档”对话框，在预设详细信息选项中输入“画册隔页设计”，宽度为“420”，高度为“297”，单位为“毫米”，方向为竖向，分辨率为“120”，单位为“像素 / 英寸”，颜色模式为“RGB 颜色”，其他参数默认，如图 5-2-18 所示。然后单击“创建”按钮，创建一个新文档。

图 5-2-18　设置“新建文档”参数

二、背景设置

1. 执行“文件”“打开”命令，将“素材 / 项目五素材 / 任务二”目录下名为“背景图 .PSD”的文件打开，然后选择“移动工具”，将“背景图”图层拖拽到“画册隔页设计”文档上，并调整该图片的位置，在“图层”面板中将自动生成“背景图”图层，如图 5-2-19 所示。

2. 执行“文件”“打开”命令，将“素材 / 项目五素材 / 任务二”目录下名为“黑白渐变 .PSD”的文件打开，然后选择“移动工具”，将“黑白渐变”图层拖拽到“画册隔页设计”文档上，并调整该图片的位置，使画面分为左右两页，如图 5-2-20 所示。

图 5-2-19　素材导入

图 5-2-20　效果预览

三、输入文字

1. 单击“图层”面板下方的“创建新图层”图标 ，创建一个新图层，将其命名为“渐变文字”图层，如图 5-2-21 所示。

2. 选取“横排文字蒙版工具” ，在文字工具属性上设置字体为“黑体”，字体大小“72 点”，如图 5-2-22 所示。

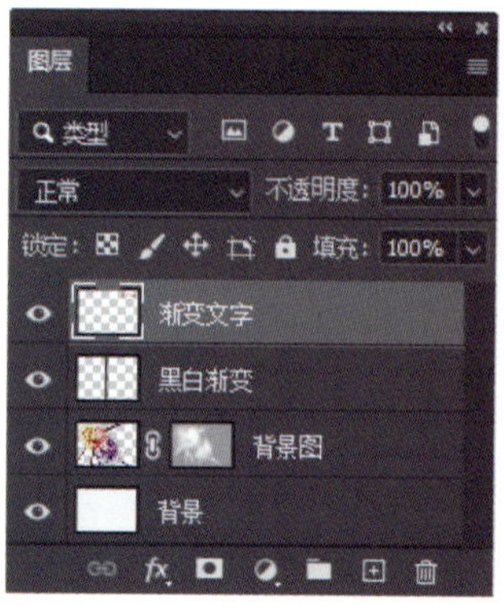

图 5-2-21　创建“渐变文字”图层

图 5-2-22　文字属性栏设置

3. 在页面右上角处单击鼠标左键输入文字“圆珠笔画”，如图 5-2-23 所示，然后单击工具属性栏上的“提交所有当前编辑”图标 或者按“Ctrl+Enter”快捷键确定操作，如图 5-2-24 所示。

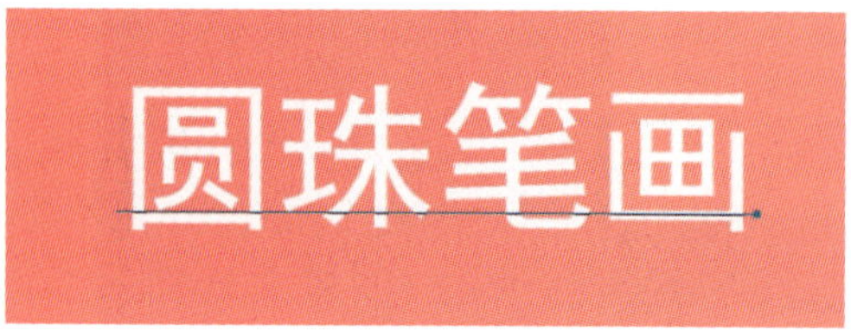

图 5-2-23　输入文字的效果

图 5-2-24　文字选区的效果

四、创建渐变文字

1. 选择工具箱中的“渐变工具”，单击工具属性栏上的“点按可编辑渐变”图标，弹出“渐变编辑器”窗口，如图 5-2-25 所示。接着在渐变色条的下方分别单击三次，添加三个“色标”滑块，此时渐变色条的下方共有 5 个“色标”滑块，并依次设置“色标”的位置为“0%”“25%”“50%”“75%”“100%”，如图 5-2-26 所示。

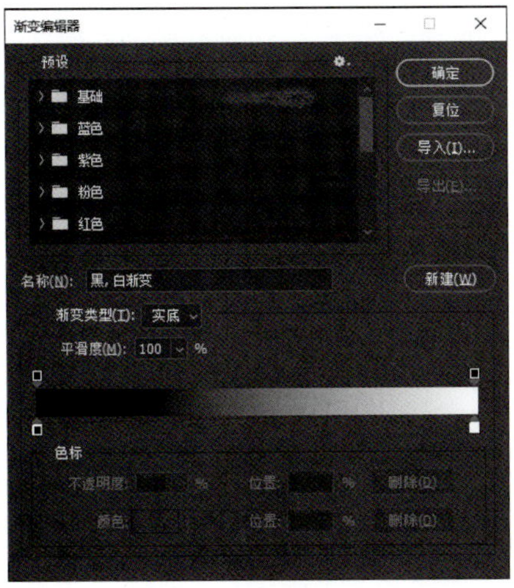

图 5-2-25 “渐变编辑器”窗口

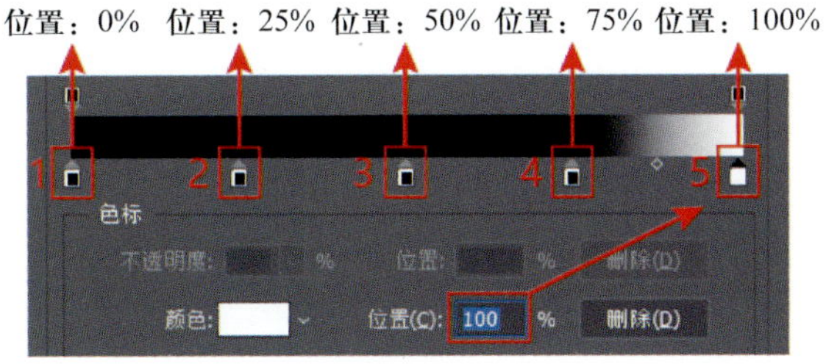

图 5-2-26 设置“色标”滑块的位置

2. 接着用鼠标左键双击渐变色条左侧下方第 1 个“色标”滑块，在弹出的“拾色器”对话框中设置颜色为暗红色（R105，G5，B5），然后单击“确定”按钮完成第 1 个“色标”颜色设置，如图 5-2-27 所示。接着将第 2、第 3、第 4、第 5 个“色标”依次设置颜色为“R255，G15，B35”“R255，G70，B90”“R255，G15，B35”“R105，G5，B5”，如图 5-2-28 所示。按“确定”按钮完成渐变色设置。

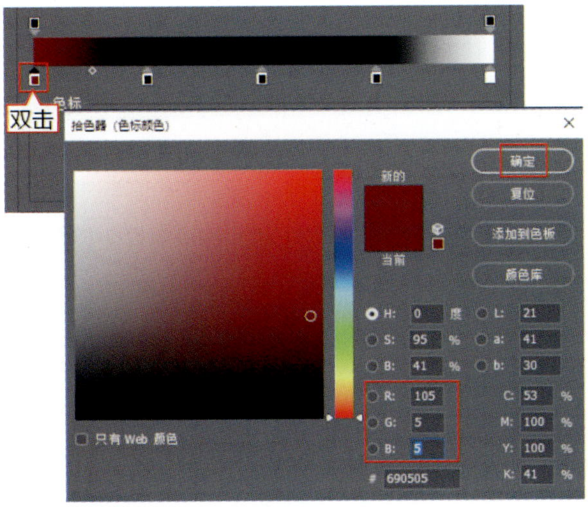

图 5-2-27 设置第 1 个“色标”颜色

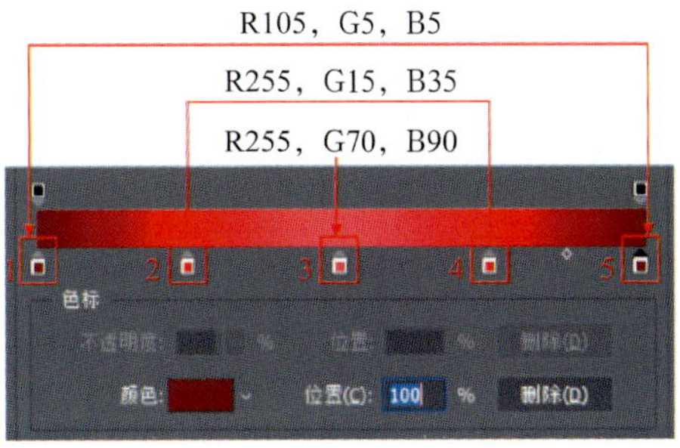

图 5-2-28 设置其他色标颜色

3. 在“圆珠笔画”选区上按住鼠标左键从左往右拉出渐变线，如图 5-2-29 所示，松开鼠标左键，确定渐变效果后按“Ctrl+D”快捷键取消文字选区，效果如图 5-2-30 所示。

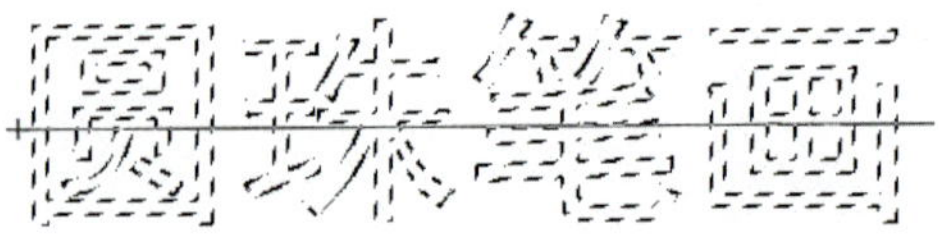

图 5-2-29　从左往右拉出渐变线

图 5-2-30　文字添加的渐变效果

4. 执行“图层”“图层样式”“投影”命令，设置“投影”参数。设置混合模式为“正片叠底”，颜色为黑色，不透明度为“70%”，角度为“120 度”，距离为“5 像素”，大小为“5 像素”，如图 5-2-31 所示，单击“确定”按钮完成设置，其效果如图 5-2-32 所示。

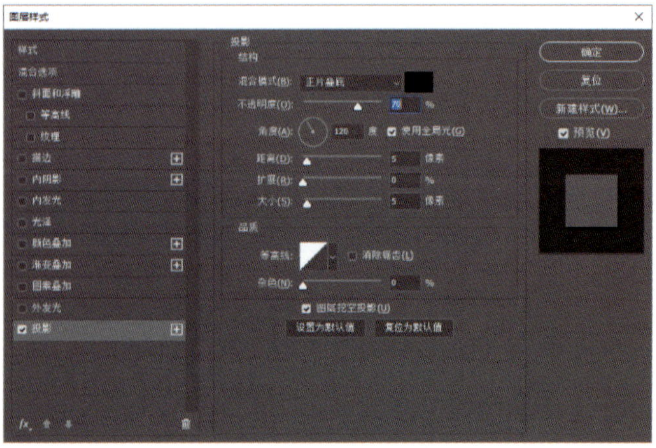

图 5-2-31　设置“投影”参数

图 5-2-32　添加“投影”后的效果

五、设置文字变形

1. 选择“横排文字工具”，在工具属性栏上设置字体为“黑体”，字体大小为“35 点”，然后在页面中输入文字“（花卉篇）”，如图 5-2-33 所示。

2. 在工具属性栏上单击“创建文字变形”图标 ，弹出“变形文字”对话框，设置样式为“上弧”，选中“水平”单选按钮，设置弯曲为“+33%”，水平扭曲为“0%”，垂直扭曲为“0%”，如图 5-2-34 所示，单击“确定”按钮，变形文字效果如图 5-2-35 所示。

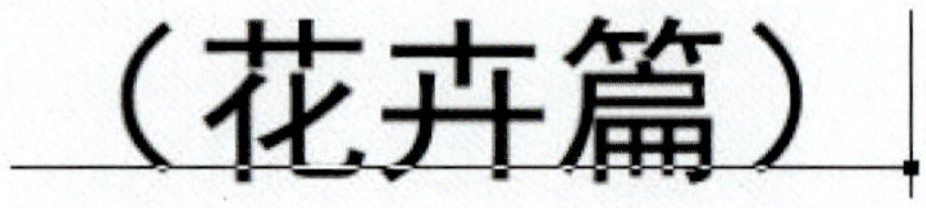

图 5-2-33　输入文字

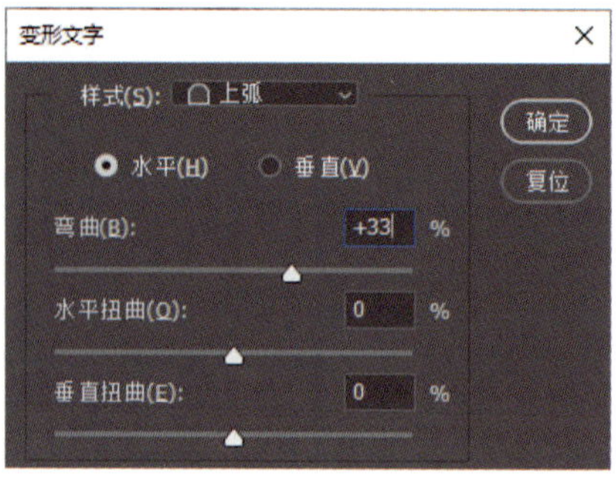

图 5-2-34　设置“变形文字”参数

图 5-2-35 变形文字效果

六、输入段落文本

在工具箱上选取“横排文字工具”，在工具属性栏上设置字体为“黑体”，字体大小为“16 点”。然后在页面中单击并拖拽出一个文本框，接着输入文字：“圆珠笔画是素描的一种，与钢笔画相比更加细腻，表现力更加明显。虽然圆珠笔画门槛低，圆珠笔在文具店一两块就能买到，却因圆珠笔的不可擦除、修改的特点，需要绘画者有基本的绘画功底，掌握用笔力度。越精细的圆珠笔画绘画时间越长，优秀的作品需要绘者极具耐心。本篇的圆珠笔画是彩色圆珠笔画，相对于单色绘画用时更长，但表现的效果更强烈。”接着调整文字的位置，效果如图 5-2-36 所示。

图 5-2-36 输入文字的效果

七、输入页码文字

选取“横排文字工具”，在工具属性栏上设置字体为“黑体”，字体大小为“20点”。然后在画面左下角和右下角分别输入“01-圆珠笔画”和“花卉篇-02”，效果如图5-2-37所示。整体效果如图5-2-1所示。

图5-2-37　输入页码文字

八、保存文档

按“Ctrl+S”快捷键，在弹出的对话框中单击“保存在您的计算机上”按钮，打开“另存为”对话框，选择文件存储位置，文件名默认，保存类型为“Photoshop(*.PSD，*.PDD，*.PSDT)”，单击“保存”按钮保存该文档。

任务三 TASK 3 设计画册内页

任务目标

1. 能使用"栅格化文字"命令编辑文字属性。
2. 能使用路径文字编辑文字。
3. 能进行点文本与段落文本、路径和形状的转换。

任务描述

本任务主要利用"栅格化文字"命令、路径文字、"渐变工具"、选框工具，并结合"图层样式"命令设计画册内页，效果如图5-3-1所示。要完成本任务，除了需要掌握栅格化文字结合选框工具的应用以及路径文字编辑之外，还要掌握图层样式的使用方法。

图5-3-1　画册内页

相关知识

一、栅格化文字

文字作为特殊的对象，不能涂抹绘制、应用滤镜或者更改内部像素，但将文字“栅格化”后，文字图层便转换为普通图层，就可进行多种效果的编辑操作了。

在工具箱上选择“横排文字工具”，在页面上输入需要的文字，如图 5-3-2 所示，执行“文字”“栅格化文字图层”命令，即可将文字图层转换为普通图层，如图 5-3-3 所示。

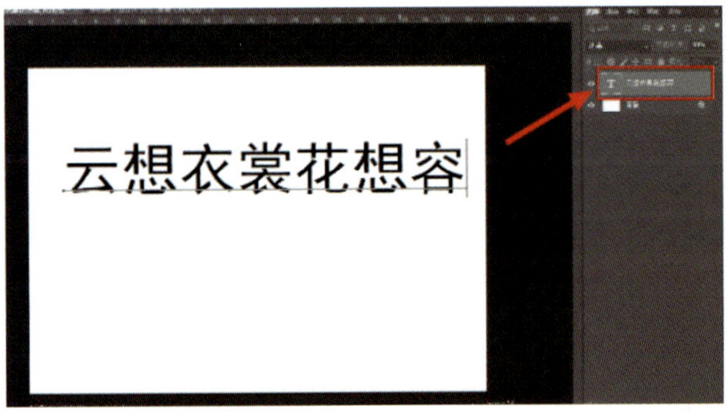

图 5-3-2　文字图层

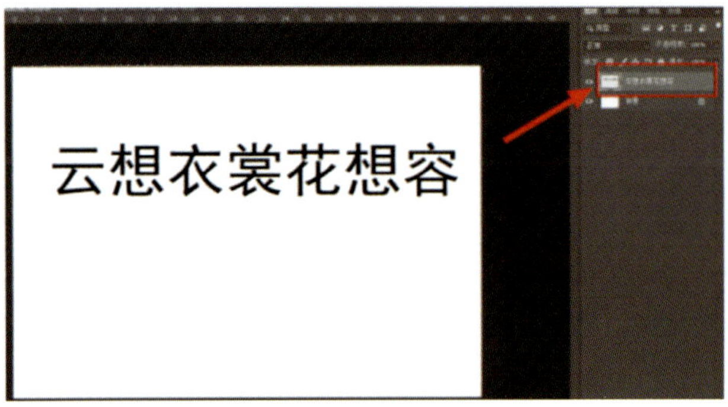

图 5-3-3　普通图层

小贴士

栅格化文字还可以在“图层”面板中选择文字图层，然后在图层名称上单击鼠标右键，接着在弹出的菜单中选择“栅格化文字”命令即可，或者执行“图层”“栅格化文字”“文字”命令，可以将文字图层转换为普通图层，使矢量文字对象变成像素图像。

二、路径文字

路径文字在设计中更加动感、自由。使用路径文字首先选择“钢笔工具”，在画面上绘制一条路径，如图 5-3-4 所示。然后选择“横排文字工具”，将工具光标移动至路径上单击鼠标左键即可输入文字，文字会自动沿着路径排列，如图 5-3-5 所示。

按住 Ctrl 键，同时用鼠标左键单击图 5-3-6 中圆圈内位置拖拽，可以调整文本输入长短，如果把光标拖拽到路径下方，能使文字翻转，如图 5-3-7 所示。

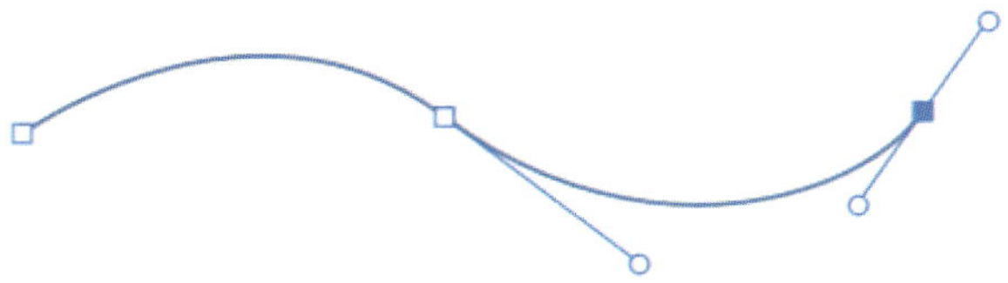

图 5-3-4 绘制的路径

图 5-3-5 在路径上输入文字的效果

图 5-3-6 拖动效果

图 5-3-7 翻转效果

三、点文本与段落文本、路径、形状的转换

点文本是一个水平或垂直的文本行，每行文字都是独立的。行的长度随着文字的输入而不断增加，不会自动换行，换行时按 Enter 键即可。

选择“横排文字工具”在页面中单击输入需要的文字，此时所输入的文字即是“点文本”，如图 5-3-8 所示。

图 5-3-8 横排点文本

小贴士

选取文字工具，在页面中单击输入的文字为“点文本”，在页面中单击并拖拽出一个矩形文本框后再输入的文字为“段落文本”。

鼠标左键单击“文字”菜单，在弹出的下拉菜单中即可找到“创建工作路径、转换为形状、转换为段落文本”，如图 5-3-9 所示，选择不同的命令即可得到相应的文字样式，效果如图 5-3-10 所示。

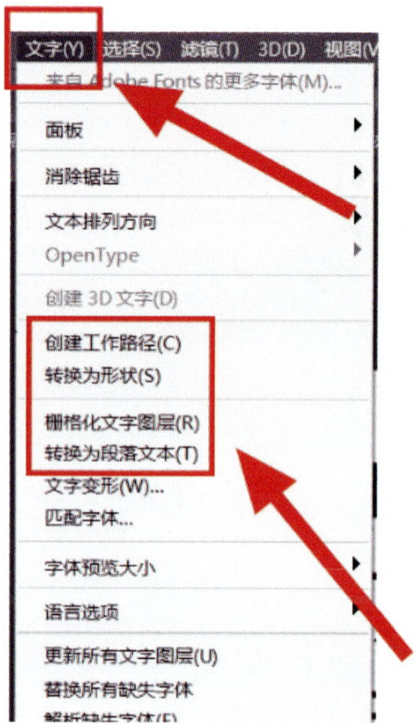

图 5-3-9 “文字”菜单

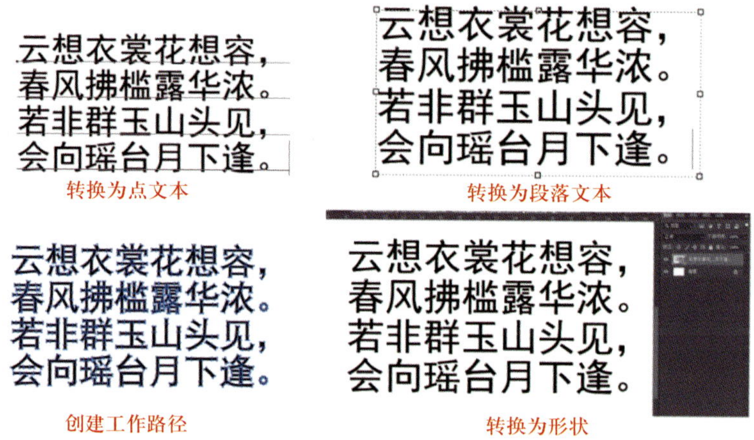

图 5-3-10 不同命令的效果

小贴士

在“图层”面板中，选择一个文字图层，然后执行“文字”“创建工作路径”命令，可以将文字的轮廓转换为工作路径。这种方法既能够得到文字路径，又不破坏文字图层。

任务实施

一、新建文档

按“Ctrl+N”快捷键，打开“新建文档”对话框，在预设详细信息选项中输入“画册内页设计”，宽度为“420”，高度为“297”，单位为“毫米”，方向为竖向，分辨率为“120”，单位为“像素/英寸”，颜色模式为“RGB 颜色”，其他参数默认，单击“创建”按钮，创建一个名为“画册内页设计”的文档。

二、导入素材

1. 执行“文件”“打开”命令，将“素材 / 项目五素材 / 任务三”目录下名为“画 .PSD”的文件打开，然后选择“移动工具”，将“圆珠笔画 01”和“圆珠笔画 02”图层拖拽到“画册内页设计”文档上，并调整图片大小和位置，如图 5-3-11 所示。

图 5-3-11　素材置入与调整

2. 继续将“素材 / 项目五素材 / 任务三”目录下名为“黑白渐变 .PSD”的文件打开，然后选择“移动工具”，将“黑白渐变”图层拖拽到“画册内页设计”图像窗口中，按“Ctrl+T”快捷键调整“黑白渐变”素材到页面居中的位置，使画面分为左右两页，如图 5-3-12 所示。

图 5-3-12　“黑白渐变”调整效果

3. 按住 Ctrl 键的同时单击“圆珠笔画 01”“圆珠笔画 02”和“黑白渐变”图层，将其选中，如图 5-3-13 所示。然后按“Ctrl+G”快捷键“创建新组”，并将新组命名为“背景图”组，如图 5-3-14 所示。

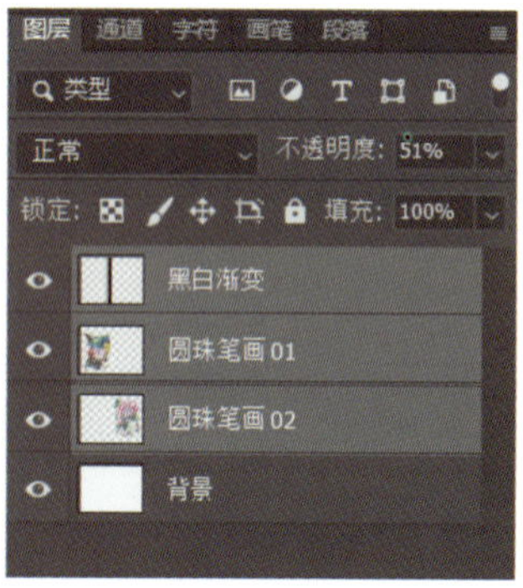

图 5-3-13　选择图层

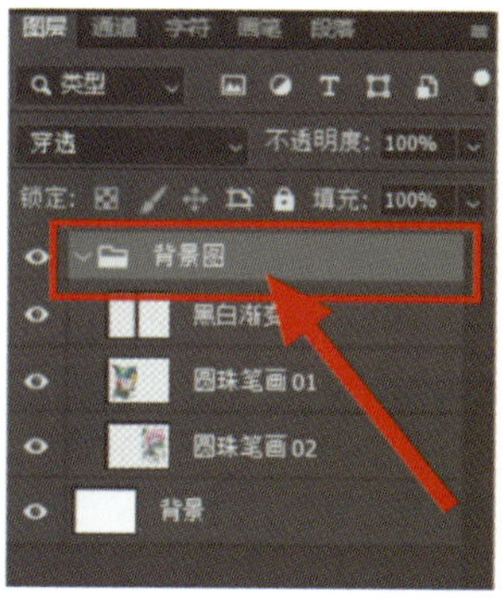

图 5-3-14　图层组重命名为“背景图”组

三、输入路径文字

1. 选择“钢笔工具” ，在页面上绘制一条弧线，如图 5-3-15 所示。

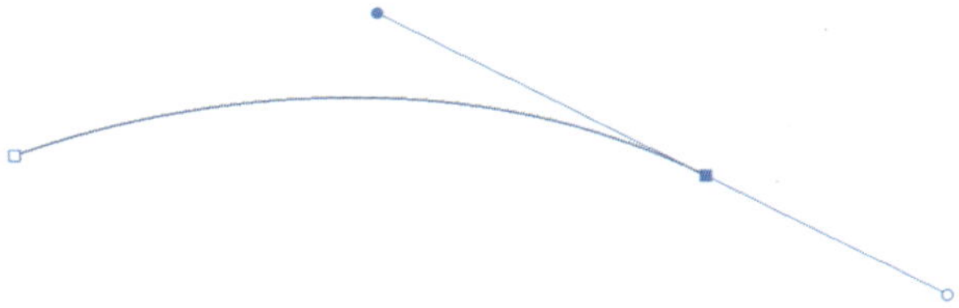

图 5-3-15　用“钢笔工具”绘制弧线

2. 选择“横排文字工具” ，在工具属性栏上设置字体为“黑体”，字体大小为“48 点”，“锯齿”设置为“锐利”，然后在路径上单击鼠标左键输入文字“创意篇”，如图 5-3-16 所示。

图 5-3-16　文字路径效果

四、设置文字渐变

1. 选择“创意篇”文字图层，单击图层面板底部的“添加图层样式”图标 ，在弹出的下拉菜单中选择“渐变叠加”，如图 5-3-17 所示，即可弹出“图层样式”对话框。在“图层样式”对话框中设置混合模式为“正常”，不透明度为“100%”，如图 5-3-18 所示。

2. 单击渐变色条，弹出“渐变编辑器”窗口，在渐变色条下方单击鼠标左键，添加一个“色标”，位置为“50%”，颜色为“R252，G90，B100”，如图 5-3-19 所示。

3. 双击渐变色条左侧下方第 1 个“色标”滑块，在弹出的“拾色器”对话框中设置颜色为“R121，G4，B4”，然后单击“确定”按钮完成“色标”颜色设置，用同样的方法设置渐变色条右侧下方即第 3 个“色标”的颜色为“R121，G4，B4”，如图 5-3-20 所示。

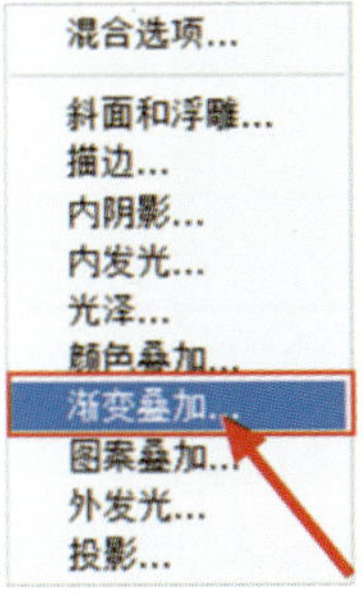

图 5-3-17 选择“渐变叠加”图层样式

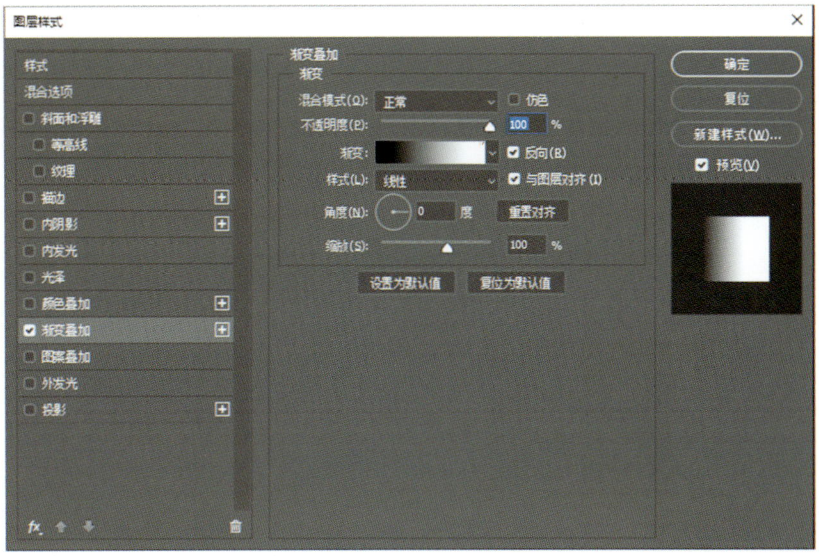

图 5-3-18 “图层样式”对话框

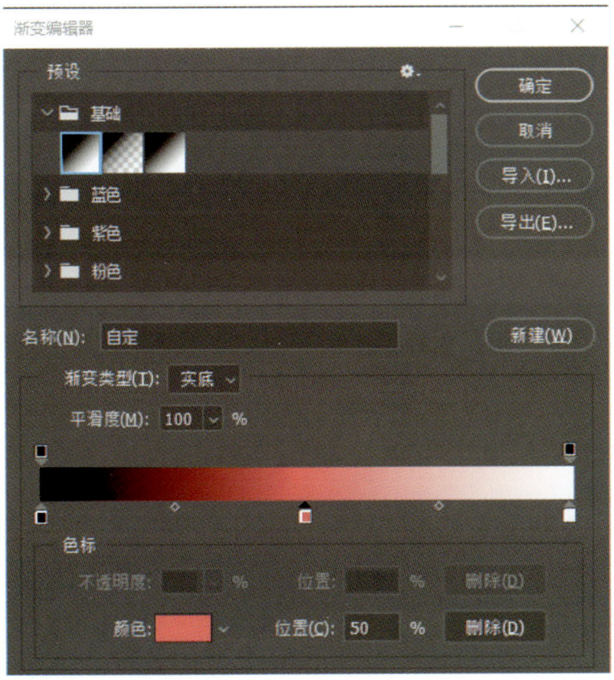

图 5-3-19 设置“色标”颜色

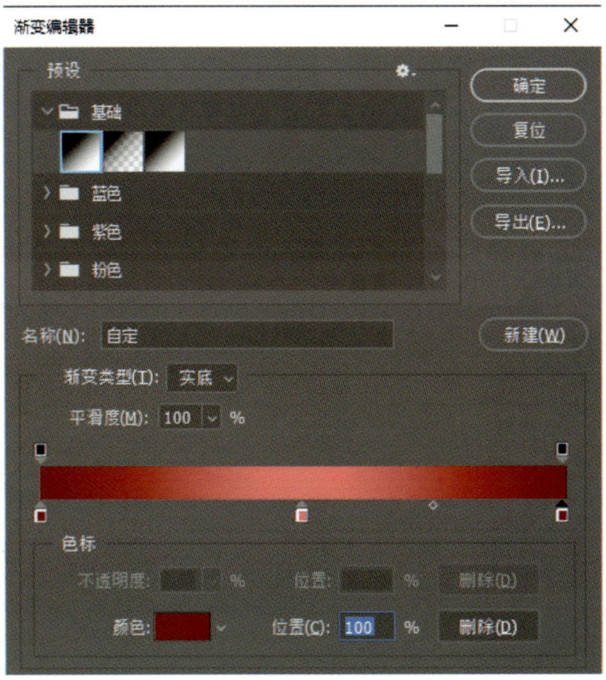

图 5-3-20 设置渐变色

4. 单击“确定”按钮后继续设置样式为“线性”，角度为“0 度”，缩放为“80%”，如图 5-3-21 所示，单击“确定”按钮，渐变叠加的效果如图 5-3-22 所示。

图 5-3-21　设置“渐变叠加”参数

图 5-3-22　渐变叠加的效果

五、栅格化文字

选择“创意篇”图层，单击鼠标右键，从弹出的菜单中选择“栅格化文字”命令，将文字图层转变为普通图层，如图 5-3-23 所示。

六、设计文字效果

1. 选择“套索工具” ，按住鼠标左键拖出选区，框选“创”字右边部分，如图 5-3-24 所示，按 Delete 键将其删除，然后按“Ctrl+D”快捷键取消选区，如图 5-3-25 所示。

2. 执行“文件”“打开”命令，将“素材 / 项目五素材 / 任务三”目录下名为“圆珠笔、书页标志 .PSD”的文件打开，然后选择“移动工具” ，将“圆珠笔 - 蓝色”图层和“书”图层拖拽到“画册内页设计”文档上，按“Ctrl+T”快捷键调整图像大小，将“圆

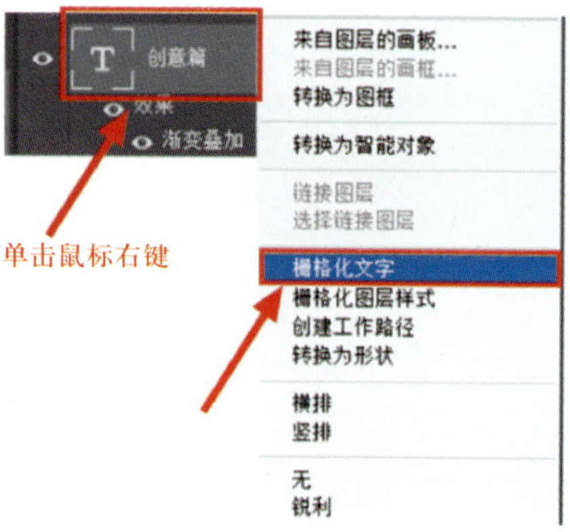

图 5-3-23　执行“栅格化文字”命令

珠笔”移动到“创”字右边代替被删除的笔画，如图 5-3-26 所示。将“书”素材移动到文字下方，并调整图片大小，如图 5-3-27 所示。

图 5-3-24　框选“创”字右边部分

图 5-3-25　删除的效果

图 5-3-26　将“圆珠笔”代替“创”字被删除的笔画

图 5-3-27　调整“书”的大小和位置

3. 按住 Ctrl 键的同时单击“创意篇”“圆珠笔 - 蓝色”和“书”三个图层，将其选中，如图 5-3-28 所示。然后按“Ctrl+G”快捷键“创建新组”，并将新组名称命名为“创意篇 01”，如图 5-3-29 所示。

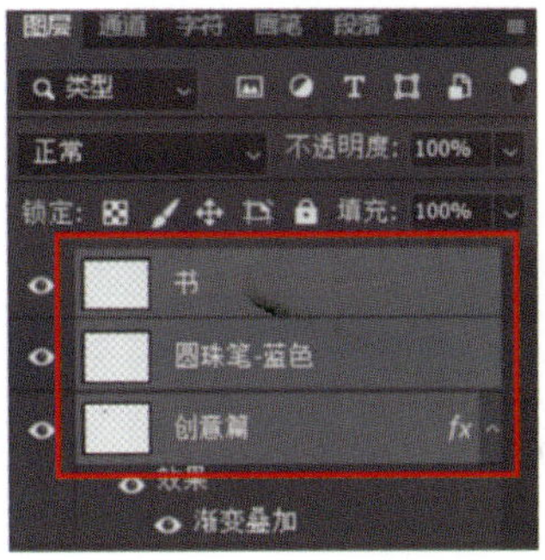

图 5-3-28　选择图层

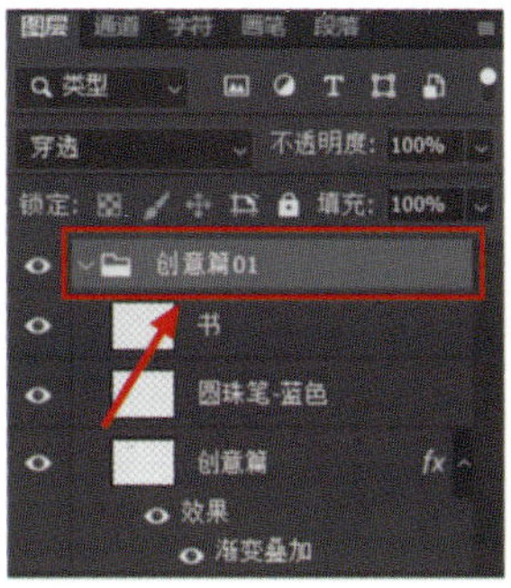

图 5-3-29　创建新组并命名为“创意篇 01”

4. 选择“创意篇 01”图层组，执行“图层”“图层样式”“投影”命令，“投影”参数设置：混合模式为“正片叠底”，颜色为黑色，不透明度为“75%”，角度为“120 度”，距离为“6 像素”，大小为“8 像素”，如图 5-3-30 所示。单击“确定”按钮完成设置，并将其移到页面的左上角，效果如图 5-3-31 所示。

5. 拖动“创意篇 01”图层组到“图层”面板下方的“创建新图层”按钮 ⊞ 上复制图层组，然后将其命名为“创意篇 02”图层组，如图 5-3-32 所示。然后按“Ctrl+T”快捷键将“创意篇 02”图层组拖动到页面的右下角处。

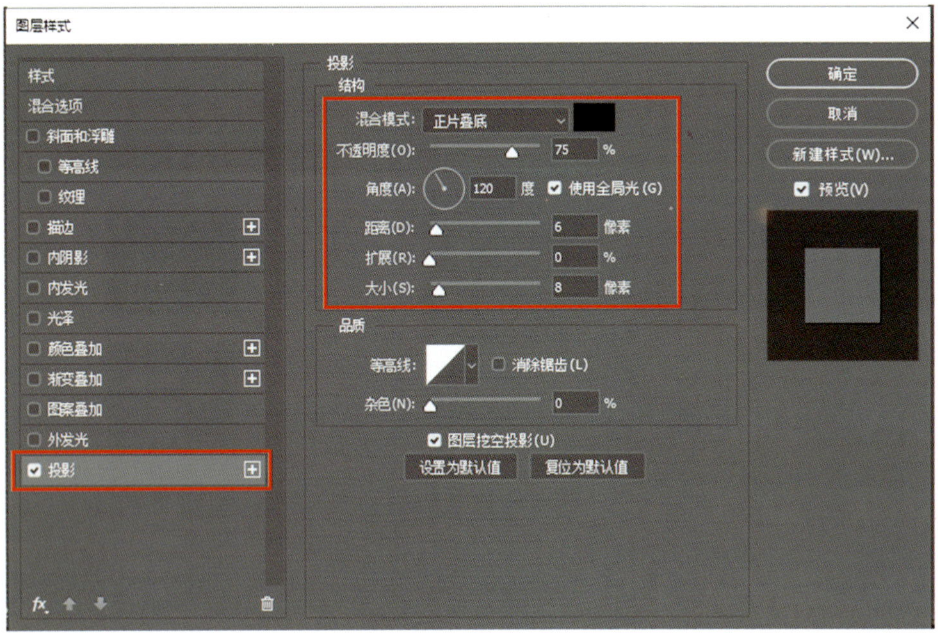

图 5-3-30　设置图层样式参数

图 5-3-31　添加“投影”的效果

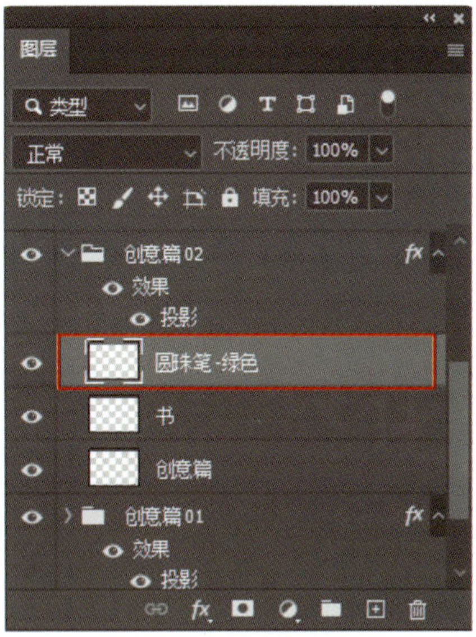

图 5-3-32　复制图层组

6. 展开“创意篇 02”图层组，选择“圆珠笔 - 蓝色”图层，按 Delete 键将其删除，然后从“圆珠笔、书页标志 .PSD”文档中拖拽“圆珠笔 - 绿色”图层置入“创意篇 02”图层组内，如图 5-3-33 所示。接着按“Ctrl+T”快捷键调整图片大小和位置，效果如图 5-3-34 所示。设计文字在页面中的位置效果如图 5-3-35 所示。

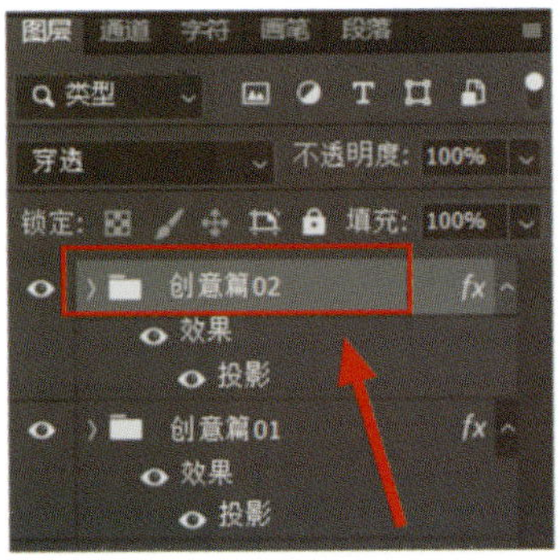

图 5-3-33 置入“圆珠笔－绿色”图层

图 5-3-34 置入绿色圆珠笔的效果

图 5-3-35 设计文字在页面中的位置效果

七、输入文字

1. 打开“素材 / 项目五素材 / 任务三”目录下名为“活着 .DOCX”的文档，按“Ctrl+A”快捷键将文本全部选中，再按“Ctrl+C”快捷键拷贝文本，然后回到“画册内页设计”文档上，选择“横排文字工具” T，在工具属性栏上设置字体为“黑体”，字体大小为“9 点”，锯齿为“锐利”，颜色为黑色，文本的对齐方式为“左对齐文本”，然后在页面左上角“创意篇”的右侧按住鼠标左键拖拽出一个文本框，接着按“Ctrl+V”快捷键将文本粘贴到文本框中，如图 5-3-36 所示。

2. 使用“横排文字工具” T 选中标题“活着”，然后在工具属性栏上设置字体大小为“24 点”，颜色为暗红色（R140，G5，B5），按“Ctrl+Enter”快捷键完成设置，效果如图 5-3-37 所示。

3. 用与上面步骤 1 相同的方法，将“素材 / 项目五素材 / 任务三”目录下名为“花汇 .DOCX”的文档的文字拷贝并输入到“画册内页设计”文档中，在工具属性栏上设置文本的对齐方式为“右对齐文本”，并将标题文字“花汇”大小设置为“24 点”，颜色为暗红色（R140，G5，B5），效果如图 5-3-38 所示。

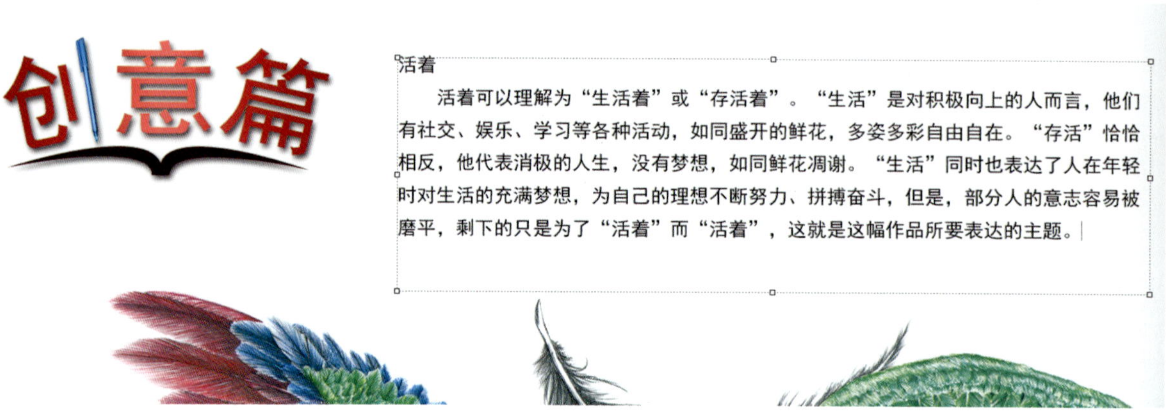

图 5-3-36　拷贝输入的文字

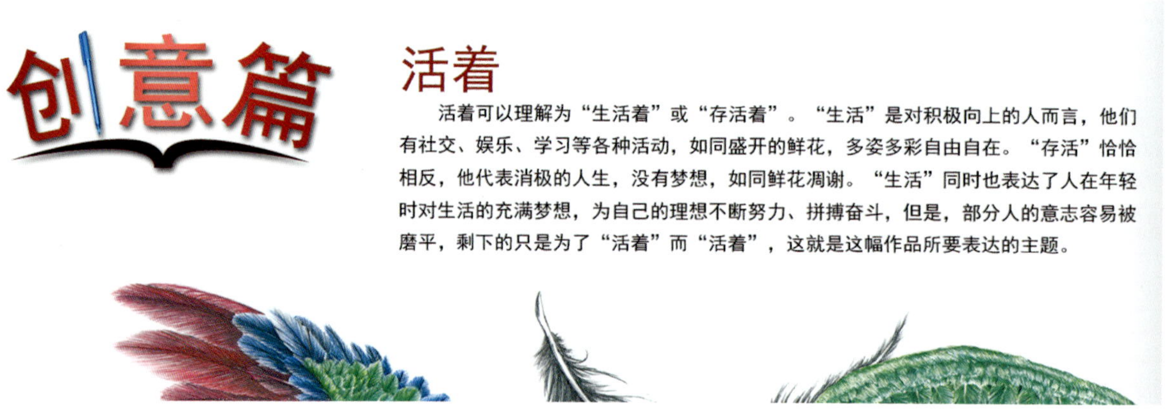

图 5-3-37　设置标题颜色及大小

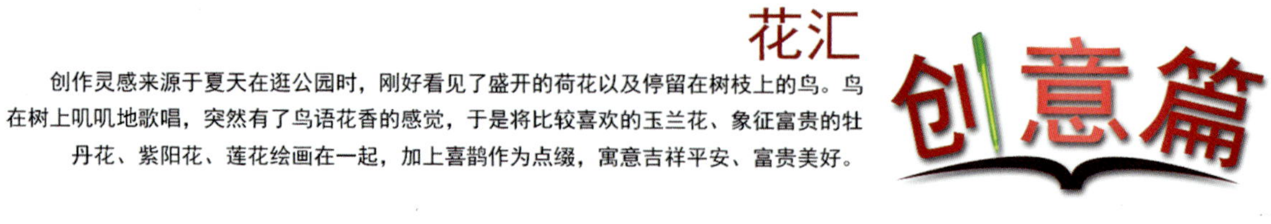

图 5-3-38　输入文字的效果

4. 选择“横排文字工具” T，在工具属性栏设置字体为“黑体”，字体大小为“18 点”，锯齿为“锐利”，然后在页面左下角以及右上角的位置分别输入文字“30-创意篇”和“创意篇 -31”，调整好位置，如图 5-3-39 所示。最终效果如图 5-3-1 所示。

图 5-3-39　输入页码文字

八、保存文档

按“Ctrl+S”快捷键，在弹出的对话框中单击“保存在您的计算机上”按钮，打开“另存为”对话框，选择文件存储位置，文件名默认，保存类型为“Photoshop(*.PSD，*.PDD，*.PSDT)”，单击“保存”按钮保存该文档。

巩固训练

一、制作风景摄影画册隔页

制作风景摄影画册隔页（见图 5-4-1），进一步掌握文字工具、段落文本工具的使用方法，学会应用“图层样式”命令以及设置图层的混合模式制作画册隔页。

图 5-4-1　风景摄影画册隔页

二、制作广东陶艺文化有限公司画册封面封底

制作广东陶艺文化有限公司画册封面封底（见图 5-4-2），灵活掌握“钢笔工具”、路径文字工具、“字符”面板的使用方法，结合“图层样式”命令绘制画册封面封底。

三、操作提示

参考“素材 / 项目五素材 / 任务四”目录下名为“项目五巩固练习 .pdf”的文件。

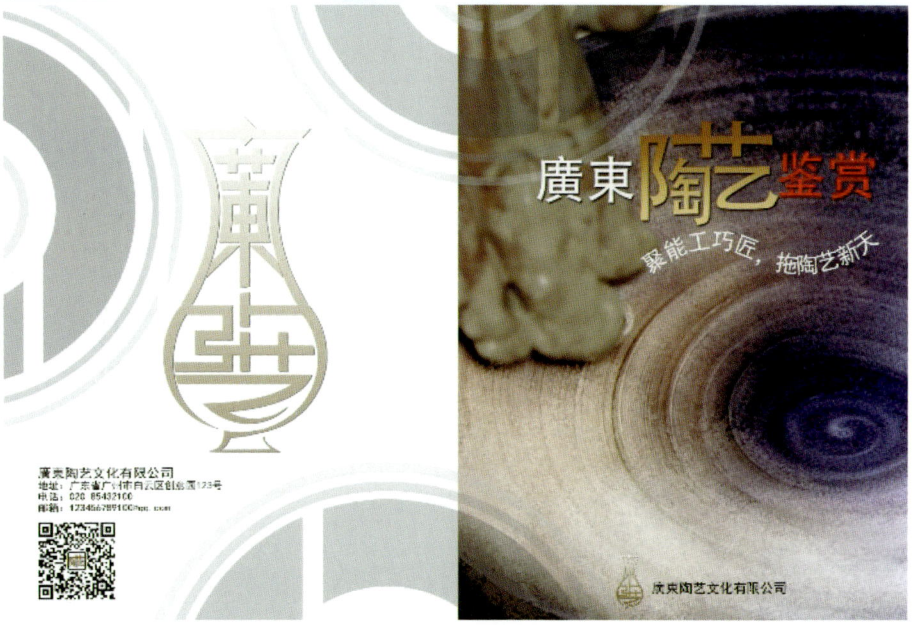

图 5-4-2 广东陶艺文化有限公司画册封面封底

项目六

POP设计

POP(Point of Purchase)广告就是购买点广告，又称售点广告，简称 POP。凡是在超市、百货公司、商场、零售点等购买点内外传播商品信息、促进商品销售的设施，都属于 POP 广告的范围。POP 的作用主要是刺激引导消费、唤起顾客购买欲和活跃市场气氛，是一种低价高效的广告宣传方式。

本项目通过吊旗 POP、展示卡 POP、立牌 POP 的设计制作，引导学习者进一步掌握图层与图层样式在 POP 设计中的应用技巧，学会独立完成 POP 设计，制作出更多的能促进商品销售的精美 POP 作品。

任务一 TASK 1 设计吊旗 POP

任务目标

1. 能叙述 POP 的设计过程。
2. 能设置图层基本属性。
3. 能使用智能对象图层。
4. 能按要求调整图层。
5. 能使用“投影”和“描边”效果编辑图层。

任务描述

本任务是一个吊旗 POP 设计制作实例，通过制作图 6-1-1 所示吊旗 POP，学习图层的基本操作和调整方法，学会图层功能的使用，掌握“投影”和“描边”的使用方法。

图 6-1-1 吊旗 POP

相关知识

一、图层

Photoshop 的图层就像叠在一起的纸，可以通过图层的透明区域看到下面的图层，也可以移动图层查看图层上的内容，如图 6-1-2 所示。

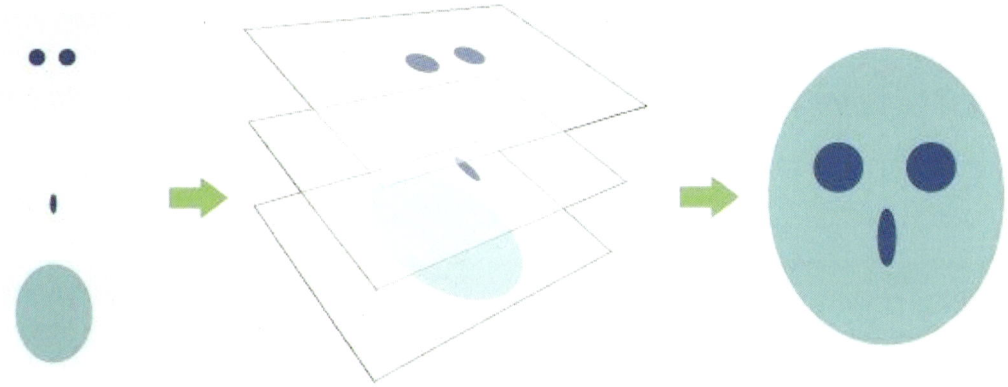

图 6-1-2 图层

执行“窗口”“图层”命令或按 F7 键，可以打开“图层”面板。在“图层”面板中可以完成各种各样的制作任务，如各种图像的合成、在图像上输入文字、在图像上绘制图形等，也可以应用图层样式添加一些特殊的效果（如投影、光泽、发光、斜面浮雕等），以及为图层添加蒙版和创建新的填充或调整图层。

图层可分为背景层、文字层、形状层、普通层、填充与调整图层、剪贴蒙版图层和智能对象图层等，如图 6-1-3 所示。

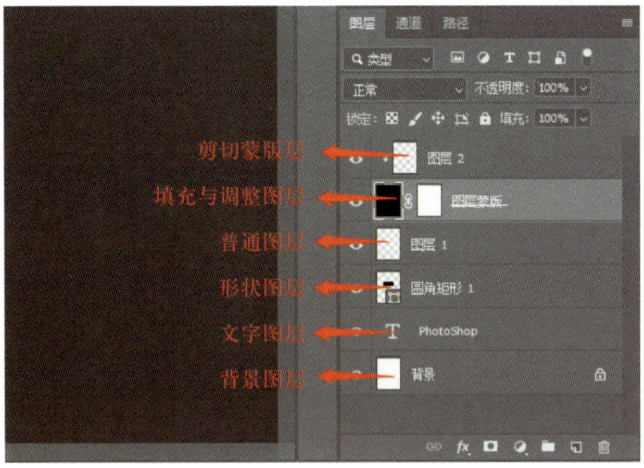

图 6-1-3 图层的分类

二、图层的透明效果设置

要使图层产生透明效果，需要在“图层”面板中对“不透明度”进行设置。首先选中需要设置的图层，接着在“图层”面板上设置“不透明度”和“填充”这两个选项。默认数值为 100%，表示图层完全不透明，数值越小，透明的效果越强，当数值为 0 时，当前图层变为完全透明。如果顶部图层产生了半透明的效果，就会显露出底部图层的内容。透明度的设置常用于使多张图像或图层产生融合的效果。

小贴士

图层的快捷键如下：

1. 新建图层快捷键：Ctrl+Shift+Alt+N。
2. 删除图层快捷键：Delete。
3. 复制图层快捷键：Ctrl+J。
4. 剪切并粘贴快捷键：Ctrl+Shift+J。
5. 选择图层快捷键：按 Ctrl 键加选不连续图层，按 Shift 加选连续图层。
6. 重命名：在图层名字的位置用鼠标左键双击可以修改名字。

三、图层组合

链接图层：按住 Ctrl 键的同时选择 2 个或以上的图层，然后单击“链接图层”图标，可以将图层链接成一个整体，方便后面操作时一起移动，变换等。

合并图层：有时候设计需要合并图层才能统一处理，按住 Ctrl 键的同时选择需要合并的图层，按“Ctrl+E”快捷键即可合并图层。

盖印图层：也是合并图层的一种，可以保留原来图层不变，首先显示所有需要盖印的图层，然后新建一个图层，按“Ctrl+Shift+Alt+E”快捷键即可。

图层编组：可以方便有效地统一管理图层，按 Ctrl 键添加选中或按 Shift 键连选需要归类的图层，按“Ctrl+G”快捷键创建组、按“Shift+Ctrl+G”快捷键取消编组。

四、智能对象图层

在 Photoshop 中，一般通过执行“文件”“置入嵌入对象”命令，将置入的图像保留为智能对象，也可以直接在“图层”面板中单击鼠标右键，在弹出的菜单中选择“转换为智能对象”命令。智能对象状态下，Photoshop 可以对图像做无损处理，能够任意缩放。

任务实施

一、新建文档

按“Ctrl+N”快捷键，新建一个名为“吊旗 POP”的文档，宽度为“200”，高度为“300”，单位为“毫米”，方向为竖向，分辨率为“72”，单位为“像素 / 英寸”，颜色模式为“CMYK 颜色”。

二、背景制作

1. 单击“设置前景色”图标 ，在“颜色”面板上设置吊旗 POP 的背景颜色为绿色（C80，M35，Y65，K0），如图 6-1-4 所示，然后按“Alt+Delete”快捷键对背景进行填充颜色操作。

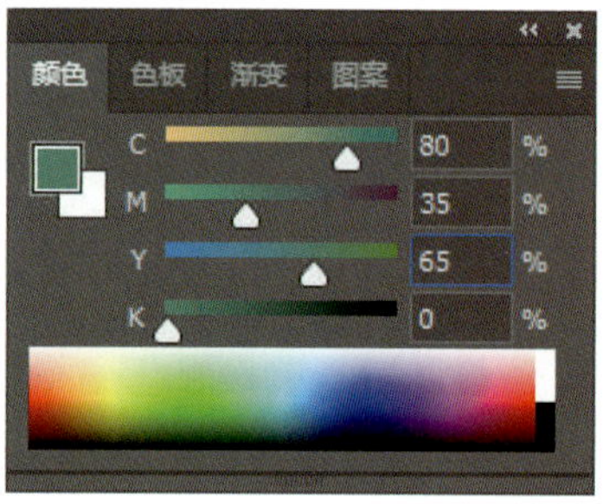

图 6-1-4　设置“颜色”参数

2. 执行“文件”“置入嵌入对象”命令，将“素材 / 项目六素材 / 任务一”目录下名为“背景素材 .JPG”的文件置入页面中，按“Ctrl+T”快捷键进行调整，使“背景素材”图片覆盖整个页面，效果如图 6-1-5 所示。

3. 在“图层”面板上设置图片模式为“正片叠底”，不透明度设置为“80%”，如图 6-1-6 所示。

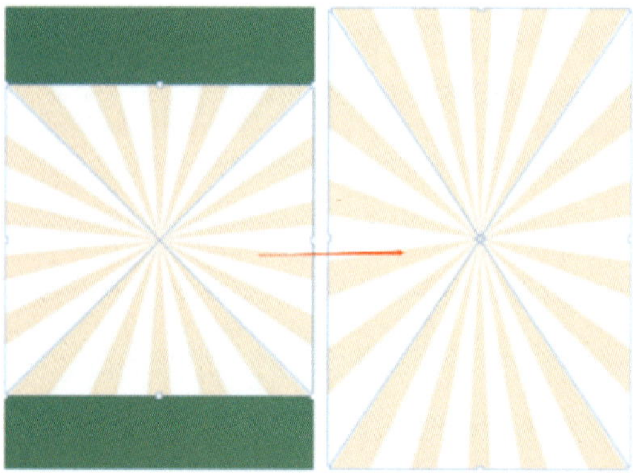
图 6-1-5　置入素材效果

图 6-1-6　设置图片模式及不透明度

三、添加文字

1. 选择“横排文字工具”，在工具属性栏上设置字体为“微软雅黑”，字体样式为“Regular”，大小为“90 点”，颜色为红色（C0，M95，Y80，K0），输入文字“狂欢之城”；将文字大小改为“70 点”输入文字“激情永恒”；将文字大小改为“45 点”，颜色为黑色（C93，M88，Y89，K80），输入文字“青岛国际啤酒城”；将文字大小改为“25 点”，输入文字“2020 年 10 月 1-8 日”，然后调整文字位置，效果如图 6-1-7 所示。

图 6-1-7　输入文字的效果

2. 在“图层”面板中双击“狂欢之城”文字图层，弹出“图层样式”对话框，单击“描边”选项，设置大小为“15 像素”，位置为“外部”，混合模式为“正常”，不透明度为“100%”，颜色为白色（C0，M0，Y0，K0），如图 6-1-8 所示。

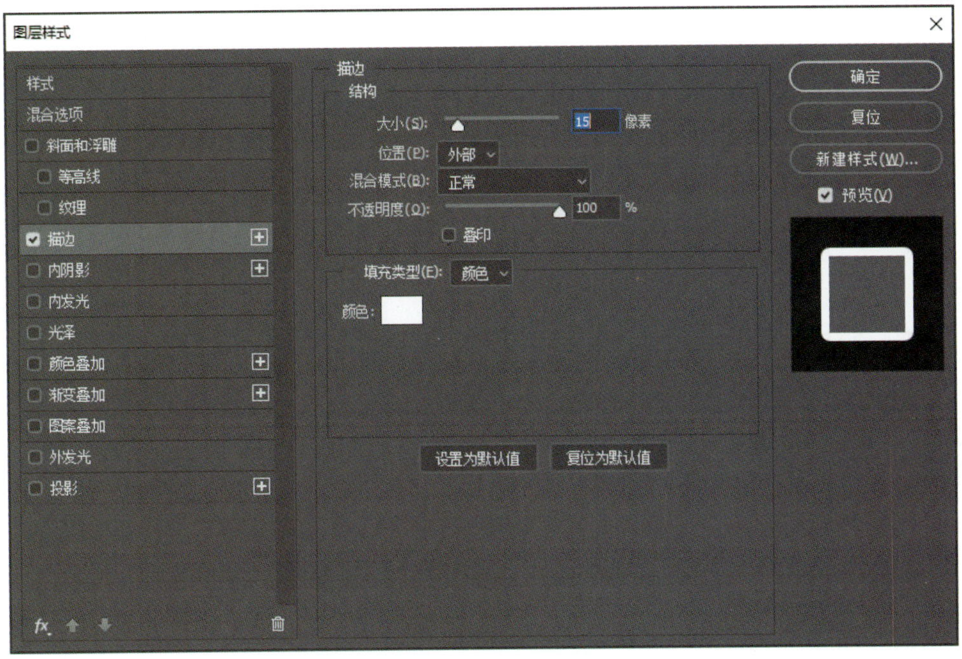

图 6-1-8 设置“描边”参数

3. 单击“投影”选项，设置投影混合模式为“正片叠底”，颜色为黑色，不透明度为“60%”，角度为“90 度”，距离为“35 像素”，扩展为“10%”，大小为“15 像素”，如图 6-1-9 所示。单击“确定”按钮，效果如图 6-1-10 所示。

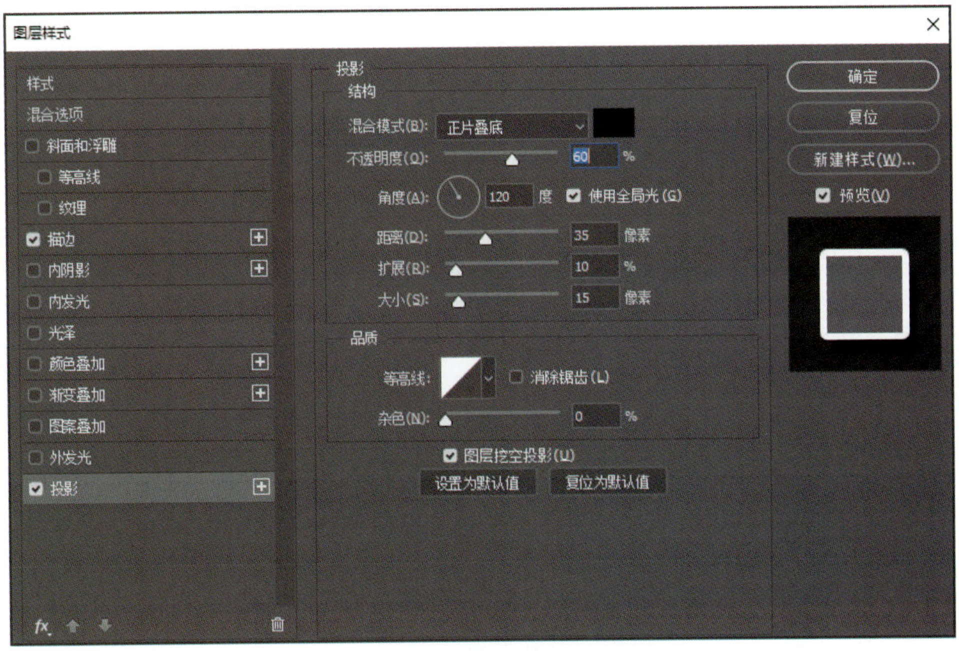

图 6-1-9 设置“投影”参数

4. 选择“狂欢之城”文字图层，单击鼠标右键，在弹出的菜单中选择“拷贝图层样式”命令，按住 Ctrl 键同时选中“激情永恒”及“青岛国际啤酒城”文字图层，然后单击鼠标右键，在弹出的菜单中选择“粘贴图层样式”命令，效果如图 6-1-11 所示。

图 6-1-10　为文字添加描边、投影效果

图 6-1-11　粘贴图层样式效果

四、置入素材

执行“文件”“置入嵌入对象”命令，将“素材 / 项目六素材 / 任务一”目录下名为“人物 .PNG”“啤酒 .PNG”和“彩带 .PNG”的文件分别置入页面中，并且调整到合适的位置与大小，效果如图 6-1-12 所示。

五、添加“光”图层

在“矢量素材 1”图层上方新建图层，命名为“光”。将“前景色”设置为黄色（C5，M0，Y45，K0），选择“画笔工具”，在工具属性栏上的“画笔预设”选取器中选择“柔边圆”，大小为“354 像素”，在人物素材下方单击鼠标左键进行涂抹，为画面添加发光效果，如图 6-1-13 所示。

图 6-1-12　置入素材

图 6-1-13　为画面添加发光效果

六、保存文档

按“Ctrl+S”快捷键，在弹出的对话框中单击“保存在您的计算机上”按钮，打开“另存为”对话框，选择文件存储位置，文件名为“吊旗 POP 设计”，保存类型为“Photoshop（*.PSD，*.PDD，*.PSDT）”，单击“保存”按钮保存该文档，效果图如图 6-1-1 所示。

任务二

TASK 2

设计展示卡 POP

任务目标

1. 能创建图层组。

2. 能使用图层混合模式设置图层效果。

3. 能使用“属性”面板对齐与分布图层。

4. 能使用“样式”面板设置“内发光”“外发光”效果。

5. 能使用叠加、正片叠底、图案叠加以及渐变叠加设置图层效果。

6. 能选择主体和删除图形背景。

任务描述

本任务是一个展示卡 POP 设计实例，通过制作图 6-2-1 所示展示卡 POP，学习掌握图层组的创建和应用技巧，掌握图层混合模式应用技巧，掌握“属性”和“样式”面板的使用方法，掌握叠加、正片叠底、图案叠加以及渐变叠加的使用方法。

图 6-2-1　展示卡 POP

相关知识

一、图层组

1. 图层和图层组的区别

图层是独立的，图层组是由两个或以上的图层编组在一起组成的，如图 6-2-2 所示。在 Photoshop 中，分层设计制作是个很重要的过程，为了便于管理，在图层面板上，把相同元素或需要统一的图层新建为图层组。

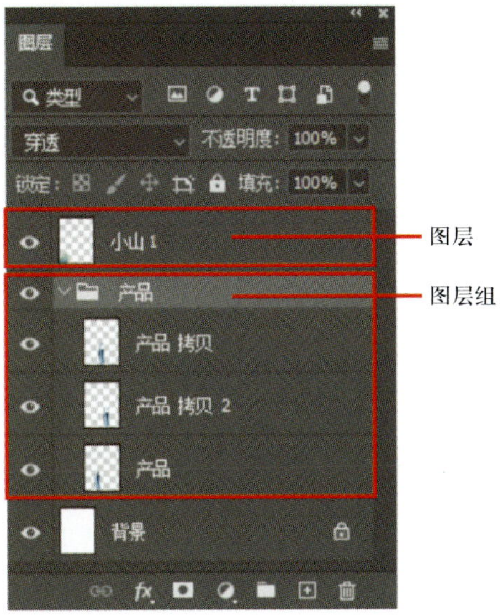

图 6-2-2　图层与图层组的区别

2. 图层组的操作技巧

（1）改变图层组的混合模式或不透明度会对这个组内的所有图层都产生影响。

（2）要锁定一个图层组中的所有图层的透明度、图像、位置等，可执行“图层”“锁定组内所有图层”命令，在弹出的对话框中勾选“全部”，再单击“确定”按钮即可。

小贴士

按下“Ctrl+/”快捷键，能够将当前的图层组锁定或解锁。

（3）在图层组内创建新图层组，可选中图层组后按住 Ctrl 键，单击图层面板下方的“创建新组”图标 即可。

二、图层样式

图层样式是 Photoshop 中制作特效的最重要工具，可以应用于一些文字、线条或色块、图片等。通过“图层样式”对话框的参数设置，很容易制作出水晶、发光、投影、图案、渐变、描边等效果。“图层样式”对话框如图 6-2-3 所示。

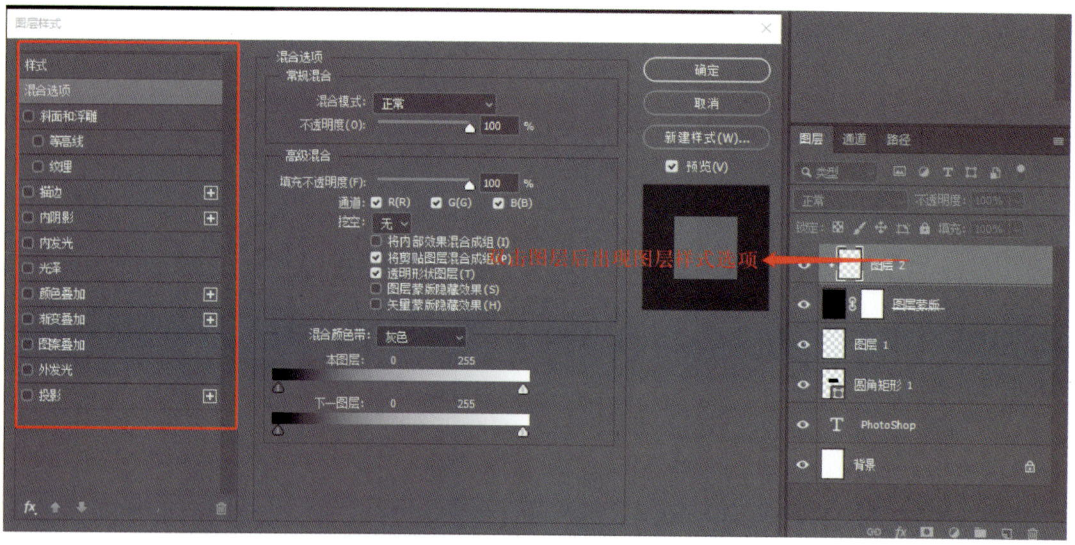

图 6-2-3 “图层样式”对话框

三、图层混合模式

图层混合模式就是相邻两个或多个图层之间的融合关系，以下图层为基色，上图层为混合色，最终混合之后的效果称为结果色。若只有一个图层，则不会形成混合的效果，因此图层面板上至少需要两个图层，才能实现图层的混合模式，图层混合模式菜单如图 6-2-4 所示。

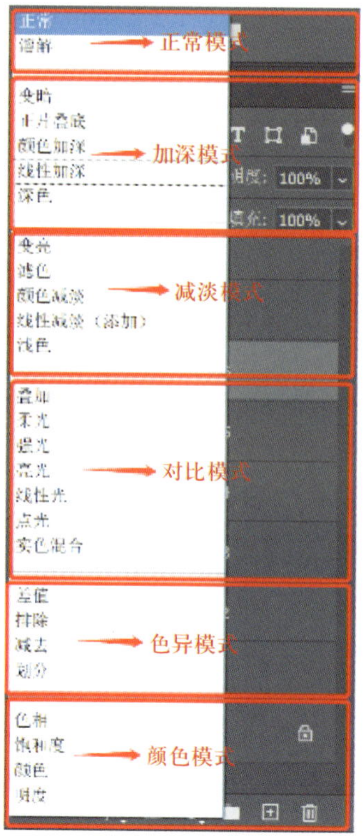

图 6-2-4 图层混合模式菜单

各种混合模式的效果预览如图 6-2-5 所示。

图 6-2-5 各种混合模式的各种效果预览

小贴士

1. 为方便找到一种合适的混合模式，可以在“图层”面板上选中某一种混合模式后，保持混合模式按钮处于“选中”状态，然后滚动鼠标中轮，快速查看各种混合模式的效果，并选取需要的效果。

2. 如果所选图层被顶部图层完全遮挡，那么此时设置该图层混合模式是不会看到效果的，需要将顶部遮挡图层隐藏后再观察效果。另外，某些特定色彩的图像与另外一些特定色彩设置混合模式也不会产生效果。

任务实施

一、新建文档

按“Ctrl+N”快捷键，新建一个名为“展示卡 POP”的文档，宽度为“210”，高度为“297”，单位为“毫米”，方向为竖向，分辨率为“72”，单位为“像素 / 英寸”，颜色模式为“CMYK 颜色”。

二、背景制作

1. 置入背景

执行“文件”“置入嵌入对象”命令，将“素材 / 项目六素材 / 任务二”目录下名为“背景素材 .JPG”的文件置入页面中，执行“图像”“调整”“色相 / 饱和度”命令进行调整，打开“色相 / 饱和度”对话框，参数设置如下：色相为“+19”，饱和度为“+6”，明度为“+6”，如图 6-2-6 所示。

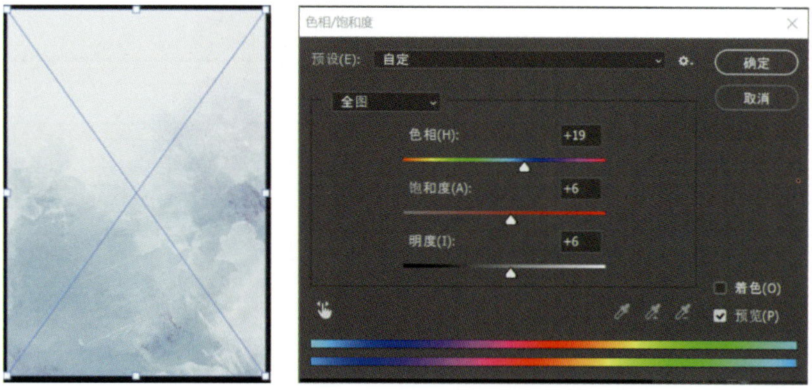

图 6-2-6　置入背景并调整色相 / 饱和度

2. 绘制半透明矩形

选择“矩形工具”，在工具属性栏上选择工具模式为“形状”，设置填充色为灰色（C0，M0，Y0，K30），然后绘制矩形。绘制矩形时要与页面边缘留一定的空间，增加画面层次感，在“图层”面板上自动生成“矩形 1”图层，接着将“不透明度”设置为“50%”，效果如图 6-2-7 所示。

图 6-2-7　绘制矩形及设置“不透明度”效果

三、制作标题

1. 绘制矩形边框

选择“矩形工具”，在工具属性栏上选择工具模式为“形状”，填充为“无颜色”，描边为白色，大小为“10 像素”，然后在页面上部绘制矩形边框，如图 6-2-8 所示。在“图层”面板上自动生成“矩形 2”图层，用鼠标右键单击该图层，在弹出的菜单中选择“栅格化图层”命令，将智能对象图层转为普通图层。选择“矩形选框工具”，依次框选白色矩形边框的左上角、右下角将其删除，效果如图 6-2-9 所示。

图 6-2-8　绘制矩形边框

图 6-2-9　修饰后的矩形边框

2. 添加喷溅画笔效果

新建图层，命名为“装饰点”，选择“画笔工具”，单击“画笔预设”选取器，在弹出的对话框中选择“特殊效果画笔”组中的“Kyle 的喷溅画笔 - 喷溅 Bot 倾斜”，大小设置为“280 像素”，再设置前景色为蓝色（C100，M50，Y0，K0），然后在页面进行绘制，效果如图 6-2-10 所示。

3. 输入标题文字

选择“横排文字工具”，设置字体为“楷体”，大小为“175 点”，颜色为黑色，输入文字“新”；将文字大小改为“110 点”，输入文字“品”；将文字大小改为“140 点”，输入文字“上”；将文字大小改为“175 点”，输入文字“市”。将文字调整至合适的位置，效果如图 6-2-11 所示。

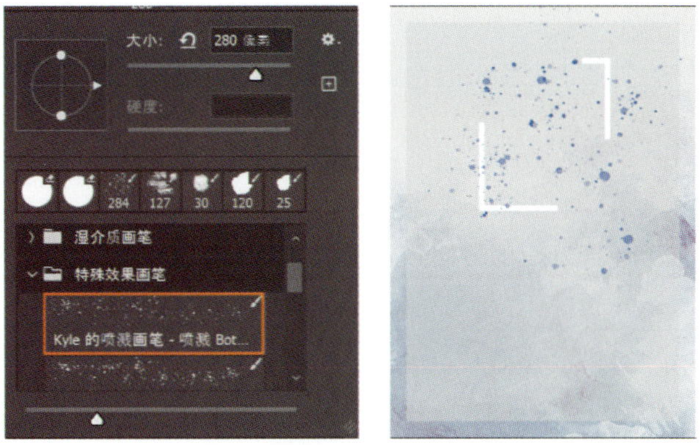

图 6-2-10 添加喷溅画笔

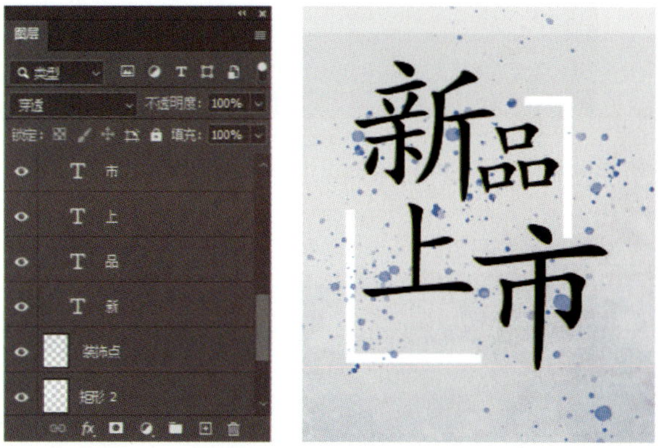

图 6-2-11 添加文字

4. 添加图层样式

选中所有的文字图层，按“Ctrl+G”快捷键进行编组，并将图层组命名为“文字”，双击“文字”图层，打开“图层样式”对话框，单击“渐变叠加”，设置渐变混合模式为“正常”，不透明度为“100%”，打开渐变编辑器，位置 0% 的不透明度为“0%”，位置 100% 的颜色为红色（C0，M100，Y100，K0），不透明度为“100%”，效果如图 6-2-12 所示。

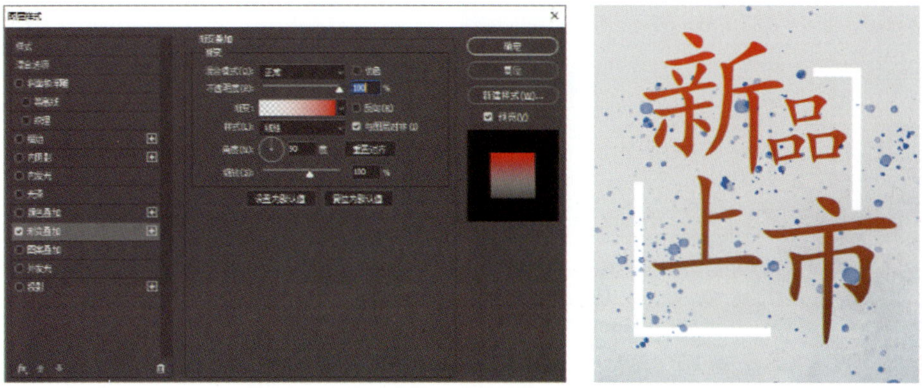

图 6-2-12 设置“渐变”参数及效果显示

单击“描边”选项，设置描边大小为“5 像素”，如图 6-2-13 所示。

单击“投影”选项，设置混合模式为“正常”，不透明度为“32%”，角度为“90 度”，距离为“12 像素”，扩展为“20%”，大小为“15 像素”，如图 6-2-14 所示。

单击“内阴影”选项，设置混合模式为“正片叠底”，不透明度为“60%”，角度为“90 度”，距离为“2 像素”，阻塞为“0%”，大小为“3 像素”，如图 6-2-15 所示。

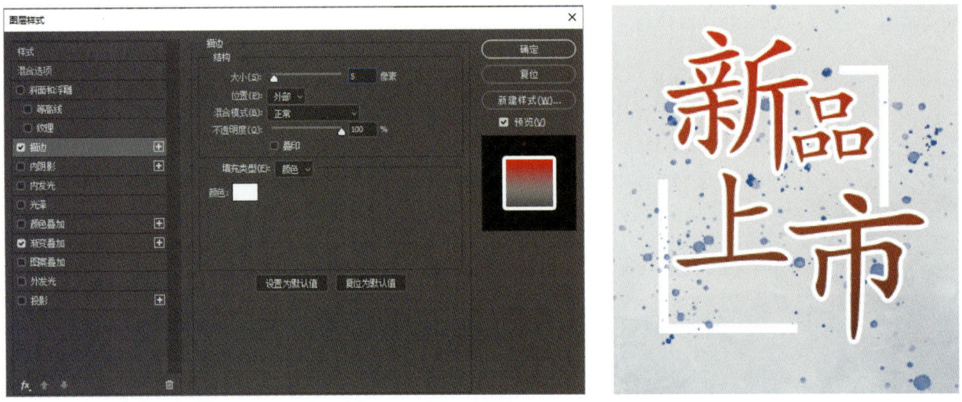

图 6-2-13　设置“描边”参数及效果显示

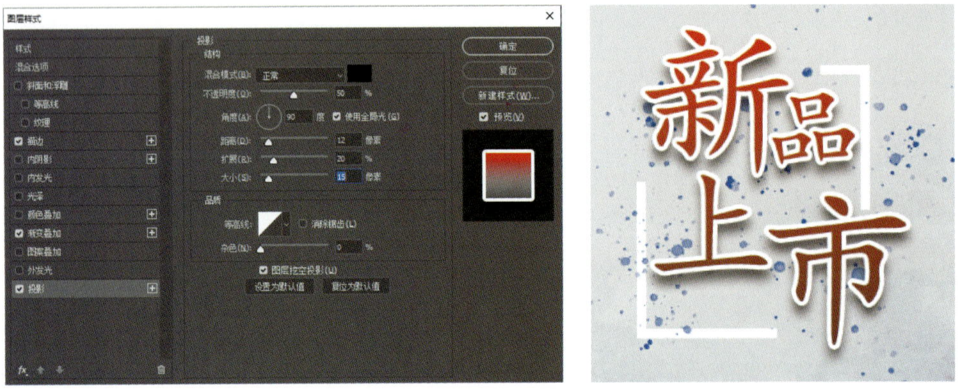

图 6-2-14　设置“投影”参数及效果显示

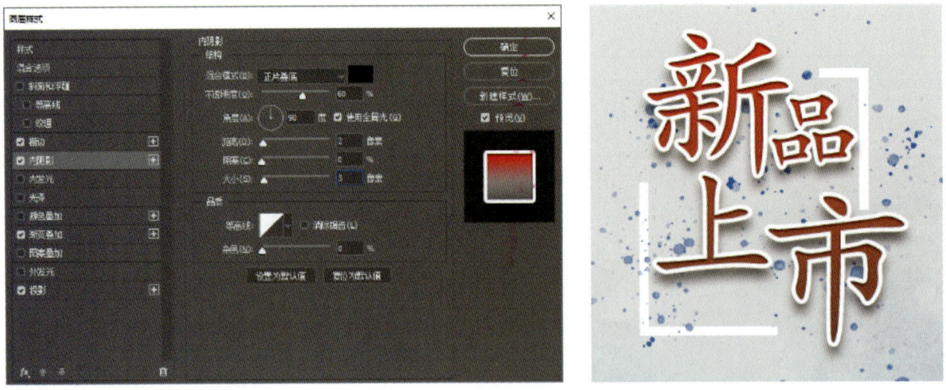

图 6-2-15　设置“内阴影”参数及效果显示

四、添加产品图

执行“文件”“置入嵌入对象”命令，将“素材 / 项目六素材 / 任务二”目录下名为“产品 .JPG”的文件置入页面中，按“Ctrl+J”快捷键复制三个产品图层，调整大小并摆放至合适位置，将三个产品图层编组为“产品”图层组，如图 6-2-16 所示。

图 6-2-16　添加产品图及创建新组

五、添加素材

1. 添加“水波”素材

执行“文件”“置入嵌入对象”命令，将“素材 / 项目六素材 / 任务二”目录下名为“水波 .JPG”的文件置入页面中，将图层位置调整至“产品”图层组下方，设置图层的混合模式为“正片叠底”，并将不透明度调整为“50%”，效果如图 6-2-17 所示。

图 6-2-17　添加“水波”素材及效果

2. 添加“祥云”素材

执行“文件”“置入嵌入对象”命令，将“素材 / 项目六素材 / 任务二”目录下名为“祥云 .PNG”的文件置入页面中，调整“祥云”素材的位置和大小，并将图层位置调整至“文字”图层组下方，效果如图 6-2-18 所示。

3. 添加“小山”素材

执行“文件”“置入嵌入对象”命令，将“素材 / 项目六素材 / 任务二”目录下名为“小山 .JPG”的文件置入页面中，并将图层位置调整至“产品”图层组上方，然后单击“属性”面板上的“转换为图层”按钮，如图 6-2-19 所示，在弹出的对话框中单击“是”按钮，将智能对象图层转为普通图层。

图 6-2-18　添加“祥云”素材及效果

接着单击“属性”面板上的“删除背景”按钮，软件会自动对图像背景进行图层蒙版，效果如图 6-2-20 所示。

复制两个“小山”图层，按“Ctrl+T”快捷键调整“小山”素材的位置和大小，并把“小山”图层的不透明度调整为“80%”，效果如图 6-2-21 所示。

图 6-2-19　添加“小山”素材并转为普通图层

图 6-2-20　删除“小山”背景

图 6-2-21　复制“小山”图层制作的效果

六、保存文档

按“Ctrl+S”快捷键，在弹出的对话框中单击“保存在您的计算机上”按钮，打开“另存为”对话框，选择文件存储位置，文件名默认，保存类型为“Photoshop（*.PSD，*.PDD，*.PSDT）”，单击“保存”按钮保存该文档，效果图如图 6-2-1 所示。

任务三 TASK 3 设计签到处立牌 POP

任务目标

1. 能使用图层样式与混合模式实现凹凸质感。
2. 能使用“浮雕效果”与差值划分编辑图层。
3. 能使用“图层蒙版”与剪贴蒙版编辑图层。
4. 能使用嵌入式图层编辑图层。

任务描述

本任务是签到处立牌 POP 设计实例，通过制作图 6-3-1 所示签到处立牌 POP，学习掌握图层组的创建和应用技巧，掌握图层混合模式的应用，掌握“浮雕效果”、差值划分、剪贴蒙版和嵌入式图层的使用方法。

图 6-3-1　签到处立牌 POP

相关知识

一、立体浮雕

1.“斜面和浮雕”的作用

“图层”面板上的“图层样式”中的“斜面和浮雕”选项可以为图层添加高光、阴影效果，进行适当的参数设置，图片能呈现出立体的浮雕效果。

2.“斜面和浮雕”的操作

在“图层”面板上双击需要添加图层样式的图层，在弹出的“图层样式”对话框中勾选“斜面和浮雕”复选框后进行参数设置，如图 6-3-2 所示。

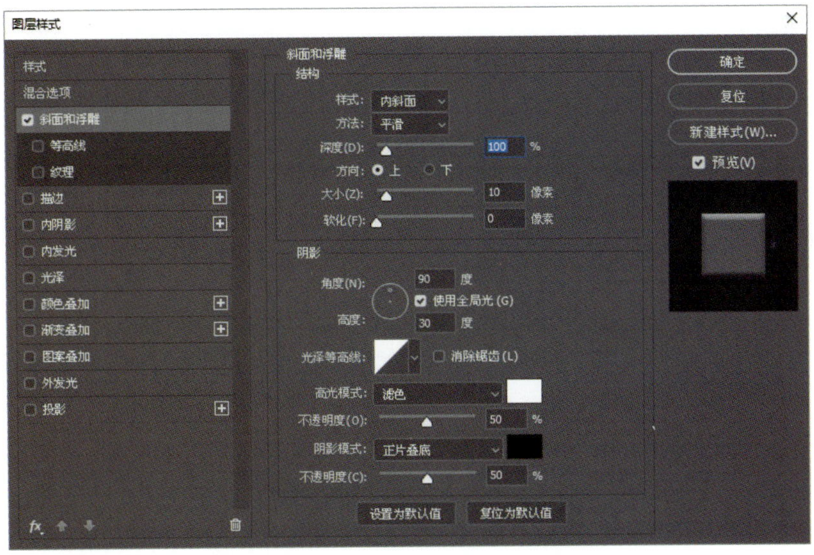

图 6-3-2　“斜面和浮雕”参数设置

3.“斜面和浮雕”的参数

（1）样式：在该列表中可选择斜面和浮雕的样式，主要有“外斜面”和“内斜面”等 5 种样式。

（2）方法：在该下拉列表中可选择创建浮雕的方法。

（3）深度：设置浮雕斜面的深度，数值越大，立体感越明显。

（4）方向：设置高光和阴影的位置。

（5）大小：设置斜面和浮雕阴影面积的大小。

（6）软化：设置斜面和浮雕的柔和程度，数值越大越柔和。

（7）角度 / 高度：设置阴影照射光源的角度和高度。

（8）光泽等高线：在下拉列表中选择一个等高线，为斜面和浮雕添加光泽。

（9）高光模式：设置高光的混合模式、颜色和不透明度。

（10）阴影模式：设置阴影的混合模式、颜色和不透明度。

二、“差值”图层混合模式

“差值”图层混合模式是将从图像中“基色”颜色的亮度值减去“混合色”颜色的亮度值，如果结果为负，则取正值，产生反相效果。由于黑色的亮度值为 0，白色的亮度值为 255，因此用黑色着色不会产生任何影响，用白色着色则产生被着色的原始像素颜色的反相。“差值”图层混合模式可用于创建背景颜色的相反色彩，例如，在“差值”图层混合模式下把蓝色应用到绿色背景中，将产生一种青绿组合色。“差值”图层混合模式可用于模拟原始设计的底片，尤其可用来在背景颜色从一个区域到另一区域发生变化的图像中产生突出效果，如图 6-3-3 所示。“划分”图层混合模式与“差值”图层混合模式的效果相反，如图 6-3-4 所示。

图 6-3-3　“差值”图层混合模式

图 6-3-4　“划分”图层混合模式

三、图层剪贴蒙版

图层剪贴蒙版是使用处于下方图层的形状限制上方图层的显示状态，达到一种剪贴画的效果，需要至少两个图层才能够使用。

选择一个形状，也可以是一张素材或绘制的图形，然后将要进行图层蒙版的素材置于其图层上方，按住 Alt 键，将光标移到上下两个图层中间的横线上，当出现另一种箭头和方块形状时，单击一下鼠标左键即向下创建剪贴蒙版。创建剪贴蒙版后可以直接再给图像图层添加一个图层蒙版，进行自由绘制，如图 6-3-5 所示。

图 6-3-5　图层剪贴蒙版

小贴士

创建或释放图层剪贴蒙版的快捷键为“Ctrl+Alt+G”。

任务实施

一、新建文档

按“Ctrl+N”快捷键，新建一个名为“签到处立牌POP”的文档，宽度为“210”，高度为“297”，单位为“毫米”，方向为竖向，分辨率为“72”，单位为“像素 / 英寸”，颜色模式为“RGB 颜色”。

二、制作背景

1. 为背景填充渐变色

单击“渐变工具”，在工具属性栏上单击“渐变编辑器”，在弹出的“渐变编辑器”窗口上设置渐变色条，选择位置“0%”的颜色设置为“R185，G60，B70”，位置“100%”的颜色设置为“R145，G75，B140”，单击“确定”按钮完成渐变色设置，然后在工具属性栏上选择“线性渐变” ，接着拖动鼠标从上至下为背景图层填充渐变色，效果如图 6-3-6 所示。

2. 置入祥云素材

执行“文件”“置入嵌入对象”命令，将“素材 / 项目六素材 / 任务三”目录下名为“祥云素材 .PNG”的文件置入页面中，在“图层”面板上设置“祥云素材”的混合模式为“变亮”，不透明度设置为“30%”，效果如图 6-3-7 所示。

图 6-3-6　渐变填充效果

图 6-3-7　为“祥云素材”设置混合模式及不透明度

3. 复制祥云素材

复制“祥云素材”图层为“祥云素材 拷贝”图层，按“Ctrl+T”快捷键选中该图形，然后在该图形上单击鼠标右键，在弹出的对话框中选择“垂直翻转”命令，再次单击鼠标右键，选择“水平翻转”命令，然后调整图形的位置，效果如图 6-3-8 所示。

4. 置入云纹素材

执行“文件”“置入嵌入对象”命令，将“素材 / 项目六素材 / 任务三”目录下名为“云纹 .PNG”的文件置入页面上方位置，选中“云纹”图层，单击“图层”面板下方的“添加图层样式”图标 fx，选择“投影”命令，设置混合模式为“正常”，不透明度为“32%”，角度为“86 度”，距离为“17 像素”，扩展为“24%”，大小为“21 像素”，如图 6-3-9 所示。按“确定”按钮完成参数设置，然后将“不透明度”设置为“60%”，效果如图 6-3-10 所示。

图 6-3-8　复制“祥云素材”并调整

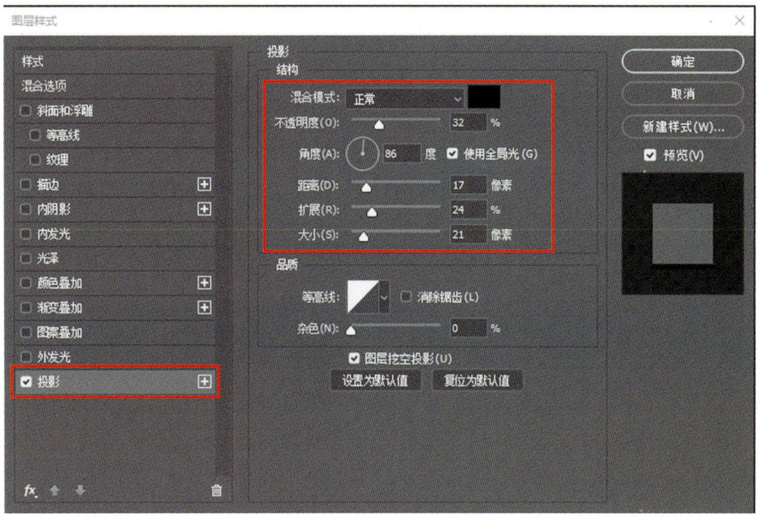

图 6-3-9　设置投影参数

5. 复制云纹素材

选中“云纹”图层，按“Ctrl+J”快捷键复制“云纹”图层为“云纹 拷贝”图层，按“Ctrl+T”快捷键，在该选中的图形上单击鼠标右键，在弹出的对话框中选择“垂直翻转”命令，然后将其移至画面下方位置，效果如图 6-3-11 所示。

图 6-3-10　应用图层样式的效果

图 6-3-11　复制“云纹”素材效果

三、添加文字

1. 添加公司名称

选择“横排文字工具”，在工具属性栏上设置字体为“黑体”，字号为“24 点”，颜色为白色，输入文字“力美品牌设计有限公司”。选择“直线工具”，在工具属性栏上设置工具模式为“形状”，填充为无，描边为白色，大小为“1 像素”，在文字左右两侧绘制直线，效果如图 6-3-12 所示。

图 6-3-12　添加公司名称

2. 输入主题文字

选择“直排文字工具”，设置字体为“黑体”，字号为“116 点”，颜色为白色，输入主题文字“签到处”，调整到合适的位置，如图 6-3-13 所示。

3. 为主题文字添加图层样式

双击“签到处”图层，打开“图层样式”对话框，勾选“斜面和浮雕”样式，设置结构样式为“内斜面”，方法为“雕刻清晰”，深度为“95%”，方向为“上”，大小为“24 像素”，软化为“0 像素”，阴影角度为“86 度”，高度为“30 度”，高光模式为“滤色”，阴影模式为“正片叠底”，不透明度为“50%”，如图 6-3-14 所示。

图 6-3-13　输入主题文字

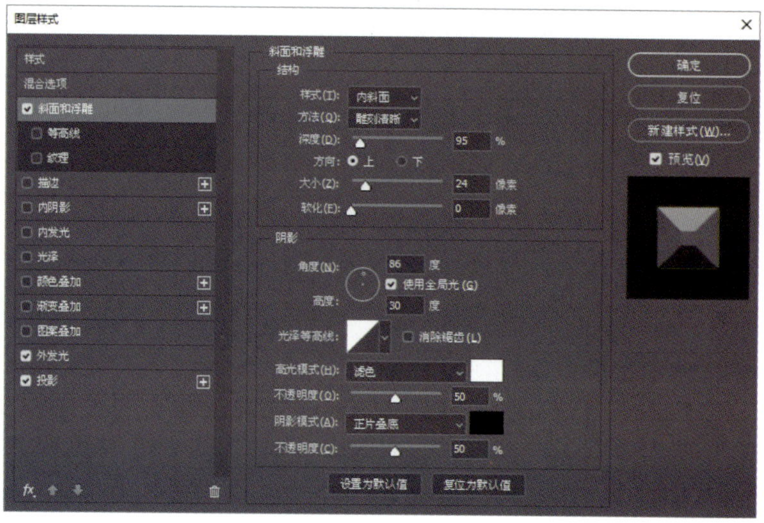

图 6-3-14　设置“斜面和浮雕”参数

勾选“外发光”样式，设置结构混合模式为“滤色”，不透明度为“35%”，杂色为“0%”，图案方法为“柔和”，扩展为“0%”，大小为“3 像素”，品质范围为“50%”，如图 6-3-15 所示。

勾选“投影”，设置结构混合模式为“正常”，不透明度为“50%”，角度为“86 度”，距离为“10

像素”，扩展为“20%”，大小为“12 像素”，如图 6-3-16 所示。按“确定”按钮完成参数设置，效果如图 6-3-17 所示。

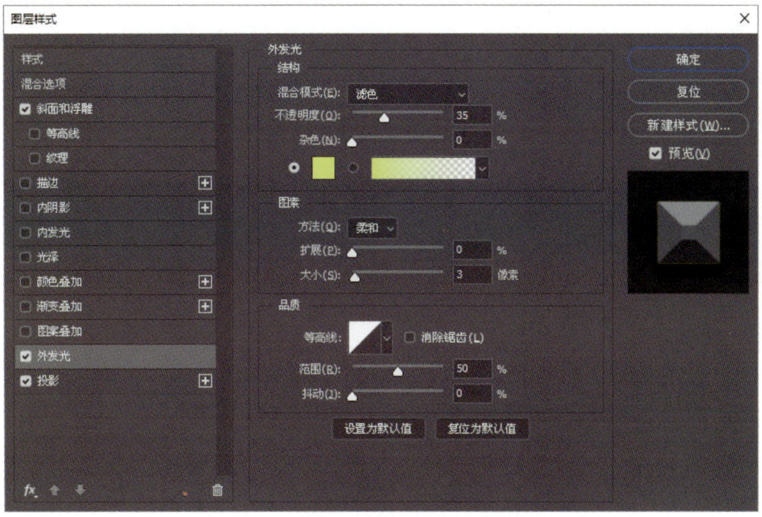

图 6-3-15　设置“外发光”参数

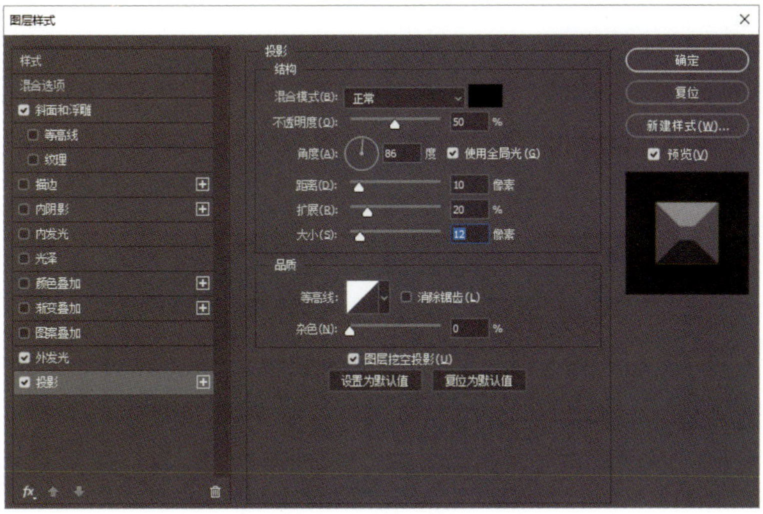

图 6-3-16　设置“投影”参数

图 6-3-17　应用图层样式效果

4. 为主题文字添加剪贴蒙版

执行“文件”“置入嵌入对象”命令，将“素材 / 项目六素材 / 任务三”目录下名为“金色背景 .PNG”的文件置入“签到处”图层上方，按住 Alt 键，将鼠标移到上下两个图层中间的横线上，出现箭头向下形状后，单击鼠标向下创建剪贴蒙版，效果如图 6-3-18 所示。

5. 输入英文

选择“横排文字工具”，在工具属性栏上选择字体为“黑体”，字号为“31 点”，输入文字“PLACE CARDS”；双击“PLACE　CARDS”文字图层，打开“图层样式”对话框，勾选“投影”样式，设置结构中的不透明度为“40%”，角度为“86 度”，距离为“13 像素”，扩展为“20%”，大小为“6 像素”。效果如图 6-3-19 所示。

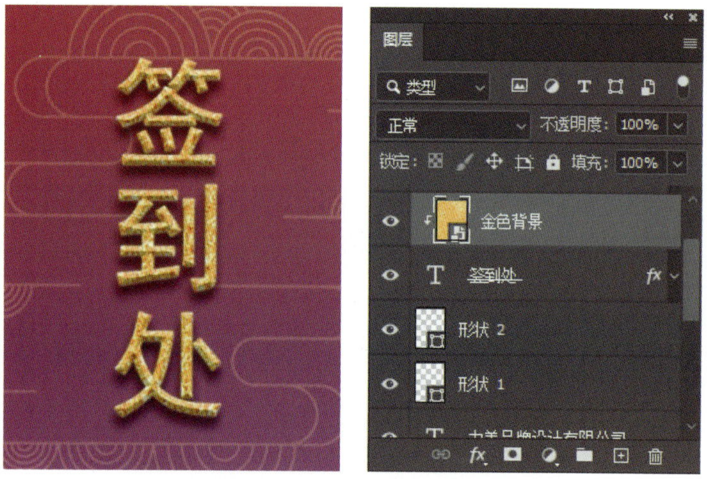

图 6-3-18　为主题文字添加剪贴蒙版

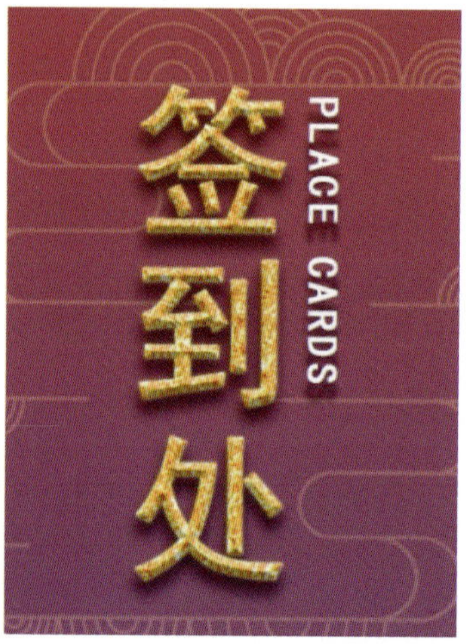

图 6-3-19　输入英文及设置投影效果

小贴士

若要删除图层样式，可在该图层上单击鼠标右键，在弹出的下拉菜单中执行“清除图层样式”命令即可。如果只想删除众多样式中的一种，则展开样式列表，将不要的样式拖拽到“删除图层”按钮上即可删除。

四、保存文档

按“Ctrl+S”快捷键，在弹出的对话框中单击“保存在您的计算机上”按钮，打开“另存为”对话框，选择文件存储位置，文件名默认，保存类型为“Photoshop（*.PSD，*.PDD，*.PSDT）”，单击“保存”按钮保存该文档，效果图如图 6-3-1 所示。

巩固训练

一、制作春节促销 POP

制作春节促销 POP（见图 6-4-1），进一步掌握图层属性、图层蒙版的使用方法，学会应用“图层样式”命令给对象添加效果。

图 6-4-1　春节促销 POP

二、操作提示

参考“素材 / 项目六素材 / 任务四”目录下名为“项目六巩固练习 .pdf”的文件。

项目七

DM设计

DM 是英文 Direct Mail 的简称，指直接邮寄的广告，又称“直邮广告”或“快讯商品广告”。它通过邮寄、直投或直接向目标消费者派发达到传递商业信息的目的。DM 可以有针对性地选择目标对象，有的放矢，减少浪费，其设计内容自由，形式不拘，阅读方式灵活，有利于第一时间抓住消费者的眼球，使广告效果最大化。

本项目从 Photoshop 中通道与蒙版的应用入手，介绍了通道与蒙版的基本操作，通道创建、复制、删除的运用方法和添加、隐藏蒙版的技巧，重点介绍了专用通道、分离与合并通道的运用、通道的运算，以及剪贴蒙版与矢量蒙版的使用方法。学习者在 DM 设计的制作过程中可以领会和掌握 DM 的设计与排版技巧，通过相关知识的学习和基本技能的训练，为设计出独特的图像效果和制作出优秀的设计作品打下坚实的基础。

任务一 TASK 1 设计食品 DM 宣传单

任务目标

1. 能创建、复制和删除通道。
2. 能设置颜色通道、Alpha 通道和专色通道。
3. 能分离与合并通道。
4. 能使用“通道运算”和“应用图像”命令。

任务描述

本任务是一个食品 DM 宣传单的设计实例，主要学习使用“通道”面板进行通道抠图，利用“画笔工具”和“文字工具”，并结合“应用图像”命令和“色阶”命令制作图 7-1-1 所示食品 DM 宣传单。要完成本任务，除了掌握通道的应用技巧之外，还要掌握“图层样式”命令的使用方法。

图 7-1-1　食品 DM 宣传单

相关知识

一、“通道”面板

通道的主要功能是保存图像的颜色信息，“通道”面板中可以创建新通道，并对所有的通道进行管理和编辑。

执行“窗口”“通道”命令，弹出“通道”面板，如图 7-1-2 所示。通道左侧的图标 用于显示或者隐藏颜色通道。

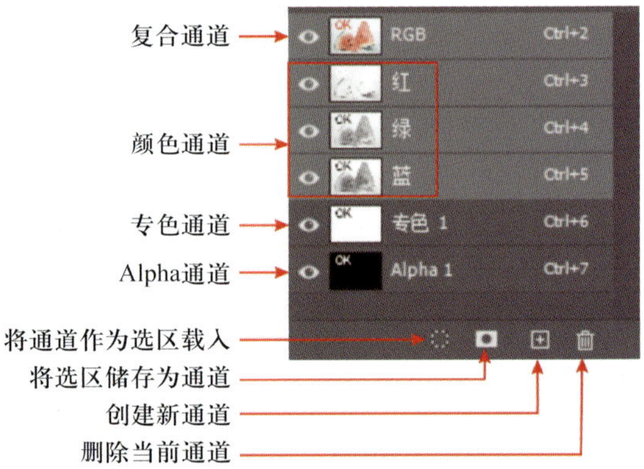

图 7-1-2　“通道”面板

复合通道：用来储存和记录图像的所有颜色信息。

颜色通道：用来记录图像颜色信息。

Alpha 通道：用来保存选区的通道。Alpha 通道中可以绘制图形、填充颜色、应用滤镜等。其中，白色部分为选区内部，黑色部分为选区外部，灰色部分则为半透明的选区。

将通道作为选区载入：单击该图标可以载入所选通道的选区。

将选区存储为通道：创建选区，单击该图标，可以将选区中的内容存到通道中。

创建新通道：单击该图标，可以新建一个 Alpha 通道。

删除通道：将不需要的通道拖拽到该按钮上即可删除。如果删除的是红、绿、蓝通道中的任何一个，那么 RGB 通道也会被删除。

二、创建新通道

单击“通道”面板右上方的图标 ，在弹出的下拉菜单中选择“新建通道”命令，弹出“新建通道”对话框，设置名称、颜色等，按“确定”按钮，如图 7-1-3 所示。也可以单击“通道”面板下方的“创建新通道”图标，直接创建一个新的 Alpha 通道。

名称：用于设置当前通道的名称。

色彩指示：用于选择两种区域方式，分别是“被蒙版区域”和“所选区域”。

颜色：用于设置新通道的颜色。

不透明度：用于设置当前通道的不透明度。

单击“确定”按钮后，“通道”面板上就创建了一个新的通道，即 Alpha1，如图 7-1-4 所示。

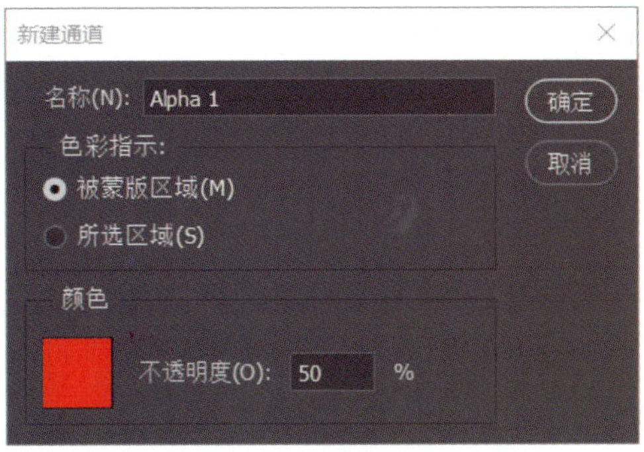

图 7-1-3 “新建通道”对话框

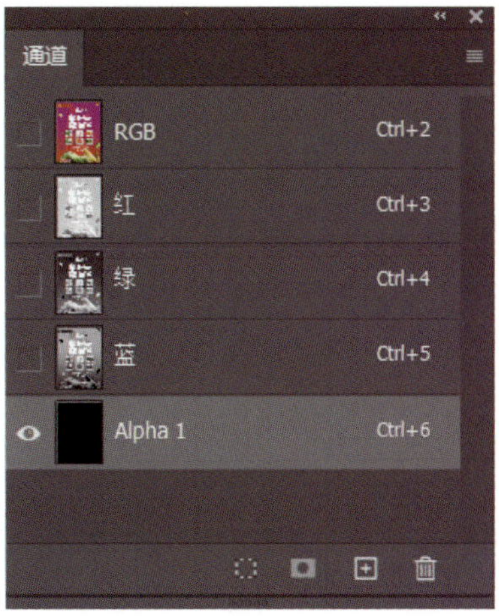

图 7-1-4 新建 Alpha 通道

小贴士

RGB 颜色模式的图像有四个通道，即 RGB、红、绿和蓝；CMYK 颜色模式的图像有五个通道，即 CMYK、青色、洋红、黄色和黑色。

三、复制通道

“复制通道”命令可以对现有的所有通道进行复制，得到相同属性的通道。

选中要复制的通道，单击“通道”面板右上方的图标，在弹出的下拉菜单中选择“复制通道”命令，弹出“复制通道”对话框，如图 7-1-5 所示。也可以在“通道”面板中选择需要复制的通道并拖拽到下方的“创建新通道”图标处，直接复制通道。

为：用于设置复制的新通道的名称。

文档：用于设置复制通道的文件来源。

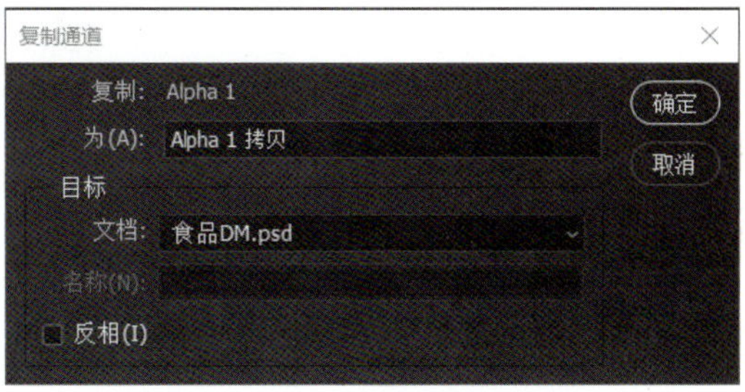

图 7-1-5 “复制通道”对话框

四、删除通道

选中要删除的通道，单击“通道”控制面板右上方的 ≡ 图标，在弹出的下拉菜单中选择“删除通道”命令即可将通道删除；也可以单击“通道”控制面板下方的“删除当前通道”图标，在弹出的对话框中单击“是”按钮即可，如图 7-1-6 所示。删除通道最快捷的方法是将需要删除的通道直接拖拽到“删除当前通道”图标上即可。

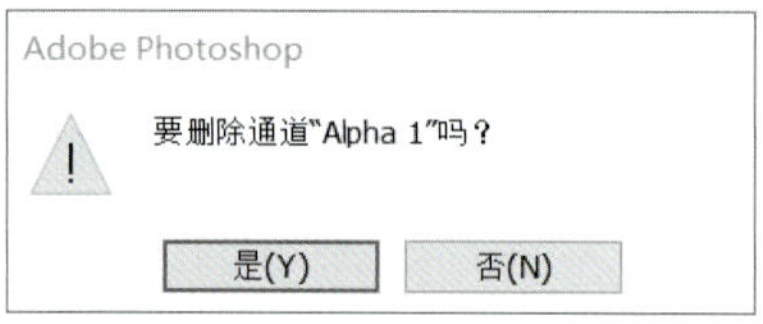

图 7-1-6　“删除通道”命令

五、专色通道

专色通道是用来保存专色信息的一种通道。每个专色通道可以存储一种专色的颜色信息以及该颜色所处的范围。以为“APPLE”文字设置专色为例，如图 7-1-7 所示，首先在“通道”面板上选择“红”通道载入选区，如图 7-1-8 所示。

图 7-1-7　要制作专色的文字

图 7-1-8　将文字载入选区

接着单击“通道”面板右上方的 ≡ 图标，在弹出的下拉菜单中选择“新建专色通道”命令，在弹出的“新建专业通道”对话框中设置密度为“100%”，如图 7-1-9 所示。

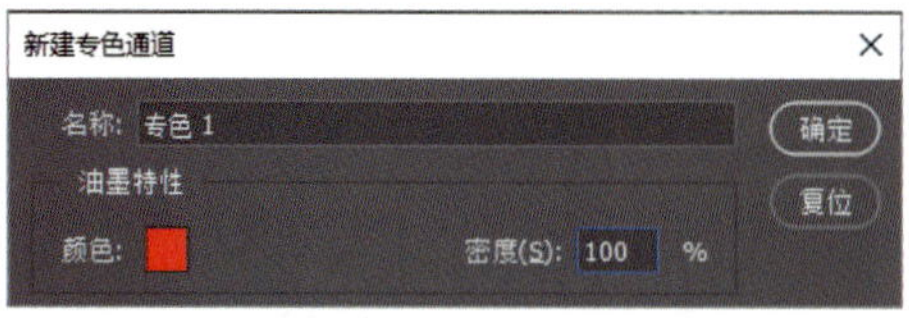

图 7-1-9　“新建专色通道”对话框

单击颜色方框，在弹出的“拾色器（专色）”对话框中单击“颜色库”按钮，然后在弹出的“颜色库”对话框中选择一种专色，并单击“确定”按钮，如图 7-1-10 所示。回到“新建专色通道”对话框中单击“确定”按钮完成操作，如图 7-1-11 所示。

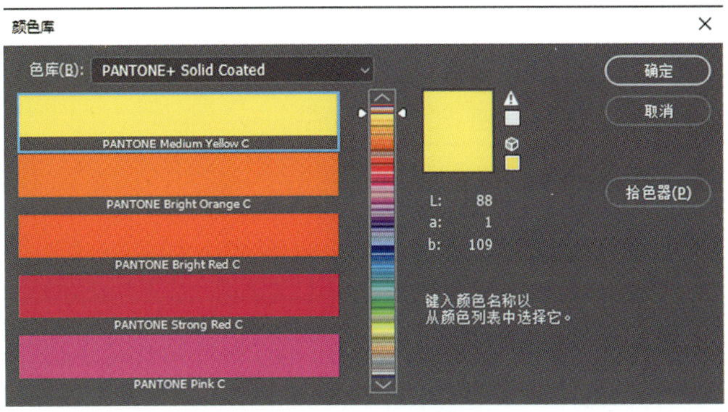

图 7-1-10　设置专色

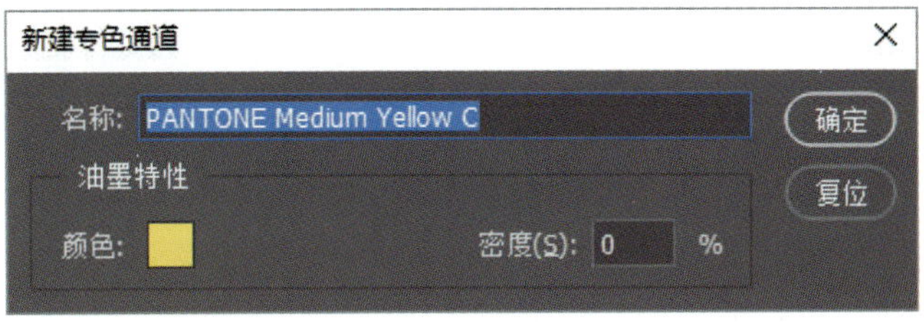

图 7-1-11“新建专色通道”对话框

此时在“通道”面板出现新建的专色通道，如图 7-1-12 所示，并且当前图像中的文字被刚才所选的黄色专色填充，如图 7-1-13 所示。

图 7-1-12　新建的专色通道

图 7-1-13　设置专色的文字效果

小贴士

专色通道用于制作专色版，便于后期进行输出印刷，专色印刷或者 UV、烫金、烫银等特殊印刷工艺将用到此类通道。设置专色通道只是用来模拟效果的，对实际打印输出并无影响。带有专色通道的文档要存储为 PSD、PSB、TIFF 等可保持专色信息的格式，如果存储为 JPG 格式，专色通道信息会丢失。

六、分离与合并通道

打开一张 RGB 或 CMYK 模式的图像，然后在“通道”面板的菜单中选择“分离通道”命令，即可将图像中的每一个通道分离成各自独立的灰度图像。对 RGB 模式的图像进行分离通道操作后的效果如图 7-1-14 所示。

图 7-1-14　对 RGB 模式的图像进行分离通道操作后的效果

在“通道”面板的菜单中选择“合并通道”命令，弹出“合并通道”对话框，选择模式“RGB”后单击“确定”按钮，如图 7-1-15 所示，单击“确定”按钮完成通道的合并。

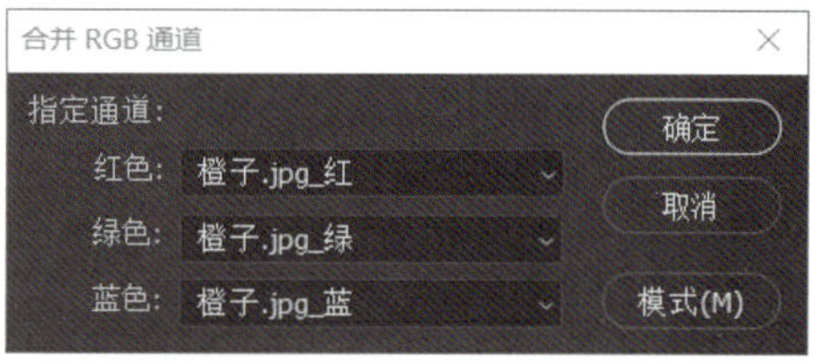

图 7-1-15　“合并通道”对话框

七、通道运算

通道运算可以用来混合两个来自一个或者多个源图像的单个通道，使用该命令可以创建新的通道和选区，也可以生成新的黑白图像。进行通道运算时，打开需要运算的两张素材图片，如图 7-1-16 所示。执行“图像”“计算”命令，弹出“计算”对话框，参数设置如图 7-1-17 所示。单击“确定”按钮，通道计算后图像效果如图 7-1-18 所示，通道面板生成新的 Alpha 通道，如图 7-1-19 所示。

图 7-1-16　需要计算的两张素材图片

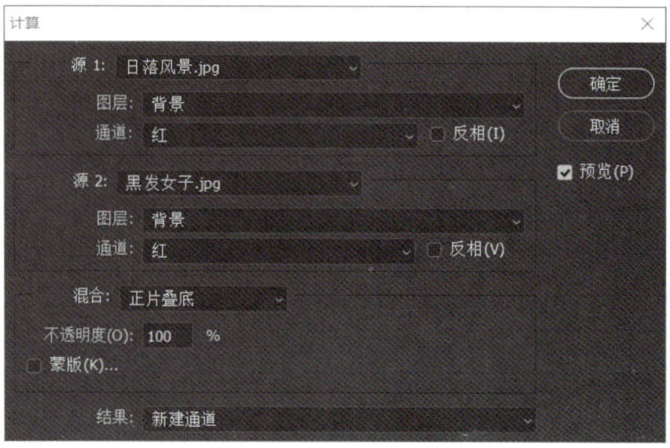

图 7-1-17　设置“计算”参数

图 7-1-18 通道计算后图像效果

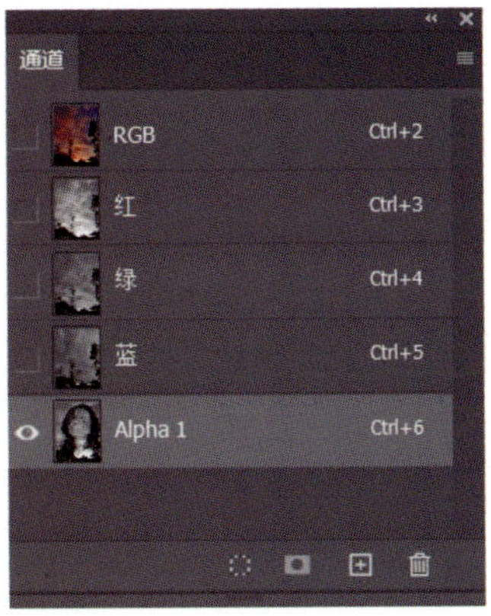

图 7-1-19 生成新的 Alpha 通道

八、应用图像

先打开两张图像，执行“图像”“应用图像”命令，在弹出的“应用图像”对话框中设置参数，如图 7-1-20 所示，单击“确定”按钮，执行“应用图像”命令的效果如图 7-1-21 所示。

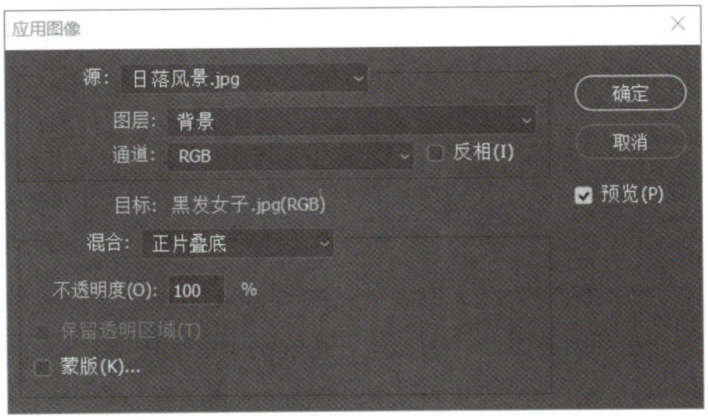

图 7-1-20 设置“应用图像”参数

图 7-1-21 执行“应用图像”命令的效果

小贴士

“计算”命令和“应用图像”命令要求源文件与目标文件的尺寸大小必须相同，因为参加计算的两个通道内的像素应该是一致的。

任务实施

一、新建文档

按“Ctrl+N”快捷键，新建一个名为“食品 DM 宣传单设计”的文档，宽度为“210”，高度为“297”，单位为“毫米”，颜色模式为“RGB 颜色”，分辨率为“300”，单位为“像素 / 英寸”。

二、背景设置

1. 选择工具箱中的“渐变工具”，在工具属性栏上单击“点按可编辑渐变”图标，弹出“渐变编辑器”窗口，分别在“0%”和“100%”的位置设置渐变颜色“R174，G35，B138”和“R188，G75，B33”，如图 7-1-22 所示，单击“确定”按钮。

2. 单击工具属性栏中的“线性渐变”图标，按住 Shift 键，拖动鼠标从上往下进行填充，如图 7-1-23 所示。

3. 选中“背景”图层，将其拖拽到“图层”面板下方的“创建新图层”图标上进行复制，生成“背景拷贝”图层，如图 7-1-24 所示。

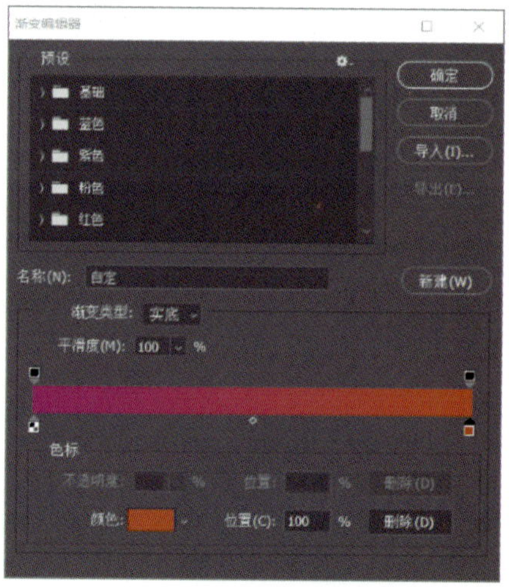

图 7-1-22　设置渐变颜色

图 7-1-23　背景渐变填充效果

图 7-1-24　复制“背景”图层

4. 按“Ctrl+O”快捷键，打开“素材 / 项目七素材 / 任务一”目录下名为“背景蔬菜 .PSD”的文件。按“Ctrl+Tab”快捷键回到“食品 DM 宣传单设计”文档，执行“图像”“应用图像”命令，弹出“应用图像”对话框，设置源为“背景蔬菜.PSD”，不透明度设置为“30%”，如图 7-1-25 所示，单击“确定”按钮，效果如图 7-1-26 所示。

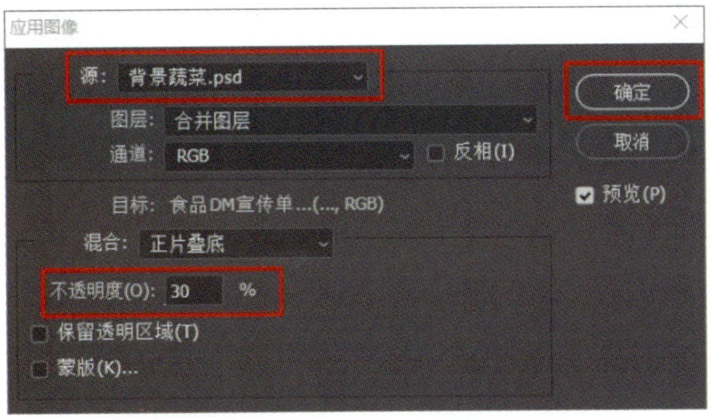

图 7-1-25　设置“应用图像”参数

图 7-1-26　背景效果图

三、导入素材

1. 打开“素材 / 项目七素材 / 任务一”目录下名为“边框文字.PSD”的文件。选择“移动工具”将“边框文字”拖拽到“食品 DM 宣传单设计”文档，并调整“边框文字”位置，如图 7-1-27 所示。

2. 将“素材 / 项目七素材 / 任务一”目录下名为“超市标志.PSD”和“购物车.PSD”的文件置入“食品 DM 宣传单设计”文档中，按“Ctrl+T”快捷键调整超市标志、购物车大小和位置，按 Enter 键确定操作，如图 7-1-28 所示。

图 7-1-27　添加边框文字效果

图 7-1-28　添加超市标志、购物车图标效果

3. 打开“素材 / 项目七素材 / 任务一”目录下名为“蔬菜堆头 .JPG”的文件。在“通道”面板选中“蓝”通道，将其拖拽到“通道”面板下方的“创建新通道”图标 ⊞ 上进行复制，生成新的“蓝 拷贝”通道，如图 7-1-29 所示。执行“图像”“调整”“色阶”命令，在弹出的“色阶”对话框中设置色阶数值为“89，0.31，152”，如图 7-1-30 所示，单击“确定”按钮，效果如图 7-1-31 所示。

图 7-1-29 复制通道

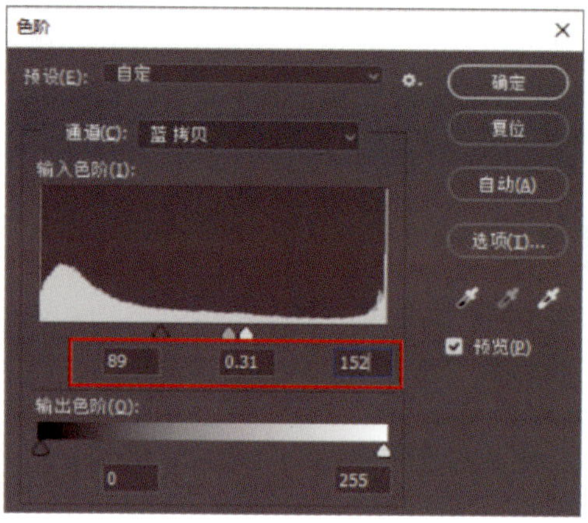

图 7-1-30 设置色阶数值

4. 将前景色设置为黑色。选择“画笔工具”，在工具属性栏中单击“画笔预设”选取器图标 ⌄，在弹出的面板中设置画笔大小为“25 像素”，硬度为“100%”，在图像窗口中将蔬菜部分全部涂抹为黑色，效果如图 7-1-32 所示。按住 Ctrl 键的同时，单击“蓝 拷贝”通道的缩览图，图像轮廓生成选区。按“Ctrl+Shift+I”快捷键，将选区反选。单击 RGB 通道，返回“图层”面板，按“Ctrl+J”快捷键将选区中的图像复制并生成新的图层，将图层命名为“蔬菜堆头”，如图 7-1-33 所示。

图 7-1-31 色阶效果

5. 选择“移动工具”，将“蔬菜堆头”图像拖拽到“食品 DM 宣传单设计”文档中，按“Ctrl+T”快捷键调整大小和位置，效果如图 7-1-34 所示。

图 7-1-32 画笔涂抹后效果

图 7-1-33 复制的图层

图 7-1-34 添加蔬菜堆头效果

四、绘制圆角矩形并添加图层样式效果

1. 新建图层并命名为“圆角矩形”，把前景色设置为白色，选择“圆角矩形工具”，在工具属性栏中设置工具模式为“像素”，半径为“40 像素”，如图 7-1-35 所示。在图像窗口适当位置绘制圆角矩形，效果如图 7-1-36 所示。选择“移动工具”，按住 Alt 键的同时，水平向右拖拽圆角矩形到适当的位置，复制圆角矩形两个，如图 7-1-37 所示。

图 7-1-35 “圆角矩形工具”属性栏参数设置

图 7-1-36 绘制圆角矩形

图 7-1-37 复制圆角矩形

2. 选中三个“圆角矩形”图层，按“Ctrl+E”快捷键进行图层合并。执行“图层”“图层样式”“内阴影”命令，在弹出的“图层样式”对话框中选中“内阴影”，设置混合模式为“正片叠底”，颜色为黑色，不透明度为“75%”，角度为“90 度”，距离为“7 像素”，阻塞为“5%”，大小为“29 像素”，如图 7-1-38 所示。单击“确定”按钮，圆角矩形添加内阴影效果如图 7-1-39 所示。

3. 将“素材 / 项目七素材 / 任务一”目录下名为“青菜 .PSD”“胡萝卜 .PSD”和“黄瓜 .PSD”的文件置入“食品 DM 宣传单设计”文档，并调整素材大小和位置，效果如图 7-1-40 所示。

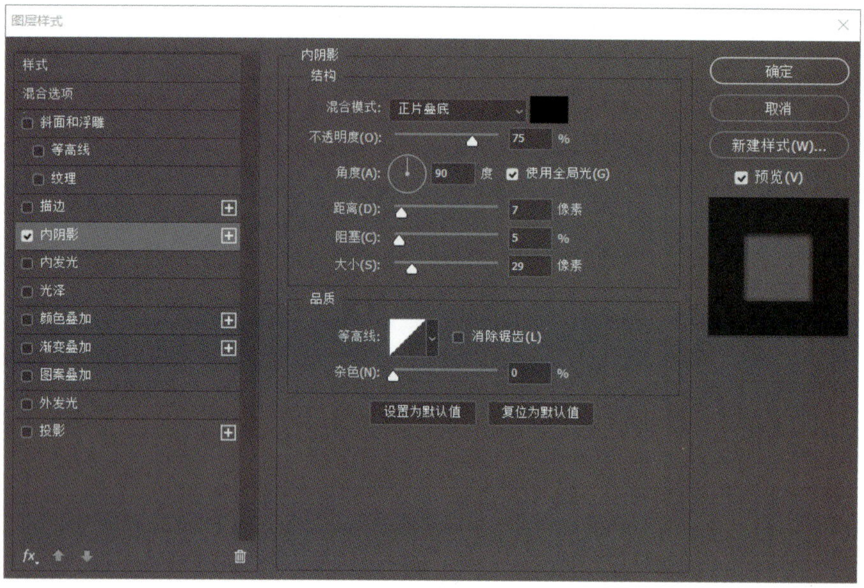

图 7-1-38　设置“内阴影”参数

图 7-1-39　圆角矩形添加内阴影效果

图 7-1-40　放置蔬菜素材

五、输入文字

1. 设置前景色为白色。选取“横排文字工具”，在工具属性栏设置字体为“黑体”，大小为“10 点”，锯齿为“锐利”，如图 7-1-41 所示。

图 7-1-41　文字属性栏设置

2. 在页面单击鼠标左键，分别输入文字“小白菜：2.50 元 /500 g”“胡萝卜：3.50 元 /500 g”“小黄瓜：1.50 元 /500 g”，然后使用“移动工具”调整文字位置，如图 7-1-42 所示。

图 7-1-42　添加文字

3. 设置前景色为红色（R255，G0，B0），选取“横排文字工具” T，在工具属性栏设置字体为“黑体”，大小为“26 点”，锯齿为“锐利”，如图 7-1-43 所示。

图 7-1-43　文字属性栏设置

4. 在页面输入文字“活动时间：6 月 8 日 8：00–15：00”，执行“图层”“图层样式”“描边”命令，设置“描边”参数，大小为“8 像素”，位置为“外部”，颜色为白色，如图 7-1-44 所示，单击“确定”按钮，效果如图 7-1-45 所示。

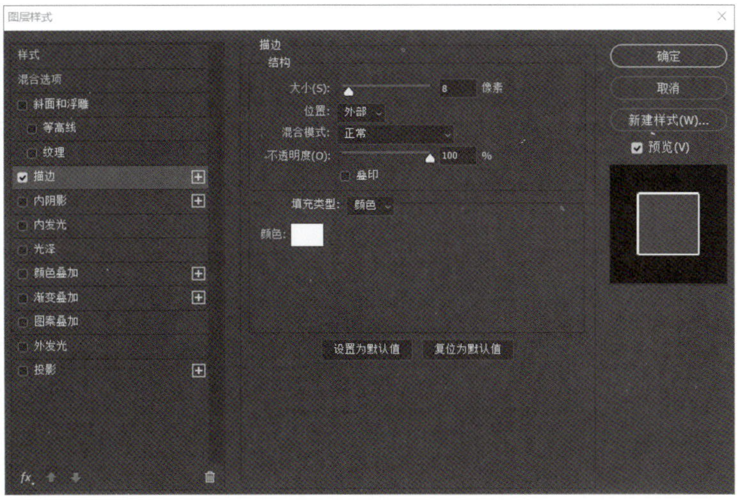

图 7-1-44　设置“描边”参数

图 7-1-45　应用图层样式效果

六、保存文档

按“Ctrl+S”快捷键，在弹出的对话框中单击“保存在您的计算机上”按钮，打开“另存为”对话框，选择文件存储位置，文件名默认，保存类型为“Photoshop（*.PSD，*.PDD，*.PSDT）”，单击“保存”按钮保存该文档，整体效果如图 7-1-1 所示。

任务二 TASK 2 设计化妆品 DM 宣传单

任务目标

1. 能使用添加和隐藏图层蒙版编辑图形。
2. 能使用应用和删除图层蒙版编辑图形。
3. 能使用图层蒙版链接编辑图形。

任务描述

本任务主要利用“文字工具”“移动工具”和“画笔工具”，以及添加图层蒙版命令，并结合“图层样式”命令制作图 7-2-1 所示化妆品 DM 宣传单。要完成本任务，除了需要掌握添加图层蒙版的设置之外，还要掌握图层样式的使用方法。

图 7-2-1 化妆品 DM 宣传单

相关知识

一、添加图层蒙版

图层蒙版是 Photoshop 中一项十分重要的功能。它可以将图层中图像的某些部分处理成透明或者半透明的效果，并且可以恢复已经处理过的图像。在编辑图像的时候可以对某一个图层或者多个图层进行添加蒙版操作，也可以对添加的蒙版进行编辑、隐藏、链接、删除等操作。

执行“窗口”“图层”命令即可弹出“图层”面板。单击“图层”面板下方的“添加图层蒙版”图标，或执行“图层”“图层蒙版”“显示全部”命令，可以创建一个显示图层内容的白色图层蒙版，如图 7-2-2 所示。按住 Alt 键，单击“图层”控制面板下方的“添加图层蒙版”图标，或执行“图层”“图层蒙版”“隐藏全部”命令，可以创建一个隐藏图层内容的黑色蒙版，如图 7-2-3 所示。

图 7-2-2　创建一个显示图层内容的白色图层蒙版

图 7-2-3　创建一个隐藏图层内容的黑色蒙版

小贴士

图层蒙版中显示黑色的部分，其图层中的内容不可见（变为透明）；图层蒙版中显示灰色的部分，其图层中的内容变为半透明；图层蒙版中显示白色的部分，则是完全显示图层内容（变为不透明）。

二、隐藏图层蒙版

按住 Alt 键的同时，单击图层蒙版缩览图，图像窗口中的图像将被隐藏，只显示蒙版缩览图中的效果，如图 7-2-4 所示。添加图层蒙版后的“图层”面板如图 7-2-5 所示。按住 Alt 键，再次单击图层蒙版缩览图，或直接单击图像窗口，将恢复图像窗口中的图像效果。按住“Alt+shift”快捷键，单击图层蒙版缩览图，将同时显示图像和图层蒙版的内容，如图 7-2-6 所示。

图 7-2-4　只显示蒙版缩览图中的效果

图 7-2-5　添加图层蒙版后的“图层”面板

图 7-2-6　同时显示图像和图层蒙版的内容

小贴士

图层蒙版在使用时，一般结合画笔工具、矢量绘图工具或者填充工具对图像进行操作，以得到需要的图像效果。

三、停用及删除图层蒙版

1. 在“通道”面板中，双击创建的蒙版通道，弹出“图层蒙版显示选项”对话框，即可对蒙版的颜色和不透明度进行设置，如图 7-2-7 所示。

图 7-2-7 “图层蒙版显示选项”对话框

执行“图层”“图层蒙版”“停用”命令，或按 Shift 键的同时单击“图层”面板中的图层蒙版，图层蒙版即被停用，如图 7-2-8 所示，图像将全部显示。

2. 执行“图层”“图层蒙版”“删除”命令，或者在图层蒙版缩览图上单击鼠标右键，在弹出的下拉菜单中选择“删除图层蒙版”命令，即可将图层蒙版删除，如图 7-2-9 所示。也可以直接选择图层蒙版拖拽到“图层”面板下方的“垃圾桶”图标 处，将图层蒙版删除。

图 7-2-8 图层蒙版停用

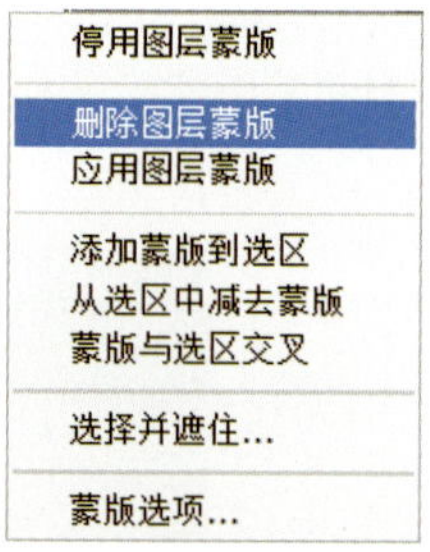

图 7-2-9 删除图层蒙版

四、图层蒙版链接

在“图层”面板中，图层缩览图与图层蒙版之间有一个链接图标 ，当图层图像与蒙版关联时，移动图像时蒙版会同步移动。单击链接图标 ，将不显示此图标，此为断开图层和蒙版之间的链接，此时图层上的图像移动和自由变换，蒙板不会随着移动和变换，即可分别进行操作。

任务实施

一、新建 Photoshop 文档

按“Ctrl+N”快捷键，新建一个名为“化妆品 DM 宣传单设计”的文档，宽度为“210”，高度为“297”，

单位为“毫米”，颜色模式为“RGB 颜色”，分辨率为“300”，单位为“像素 / 英寸”。

二、背景设置

1. 执行“文件”“置入嵌入对象”命令，将“素材 / 项目七素材 / 任务二”目录下名为“背景图 .JPG”的文件置入“化妆品 DM 宣传单设计”文档中，如图 7-2-10 所示。

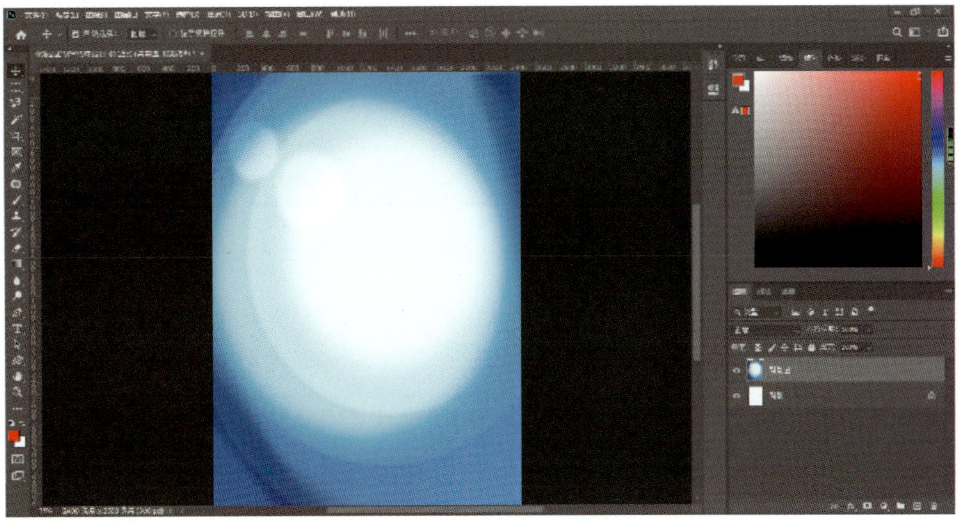

图 7-2-10　置入背景素材

2. 将“素材 / 项目七素材 / 任务二”目录下名为“人物 .JPG”的文件置入“化妆品 DM 宣传单设计”文档中，按“Ctrl+T”快捷键调整大小及位置，完成后按 Enter 键，效果如图 7-2-11 所示。

图 7-2-11　置入人物素材

3. 单击“图层”面板下方的“添加图层蒙版”图标 ，为“人物”图层添加蒙版。将前景色设置为黑色，选择“画笔工具” ，在工具属性栏中单击“画笔预设”选取器，选择“柔边圆”，设置

画笔大小为“700 像素”，硬度为“0%”，如图 7-2-12 所示。然后在图像窗口中擦除需要蒙版的图像，效果如图 7-2-13 所示。“图层”面板如图 7-2-14 所示。

图 7-2-12 “画笔预设”选取器

图 7-2-13 给图像蒙版的效果

图 7-2-14 “图层”面板

三、导入素材

1. 将“素材 / 项目七素材 / 任务二”目录下名为“水 .PSD”的文件置入“化妆品 DM 宣传单设计”文档中，把“水”图层移至“人物”图层下方，如图 7-2-15 所示。按“Ctrl+T”快捷键调整图片大小及位置，效果如图 7-2-16 所示。

图 7-2-15 调整图层位置

图 7-2-16 置入水素材

2. 将“素材 / 项目七素材 / 任务二”目录下名为“文字素材 .PSD”的文件置入“化妆品 DM 宣传单设计”文档中，按“Ctrl+T”快捷键调整文字素材的大小及位置，如图 7-2-17 所示。

3. 将“素材 / 项目七素材 / 任务二”目录下名为“化妆品瓶 .PSD”的文件置入“化妆品 DM 宣传单设计”文档中，按“Ctrl+T”快捷键调整文字素材的大小及位置，如图 7-2-18 所示。

图 7-2-17　置入文字素材

图 7-2-18　置入化妆品瓶素材

4. 选中“化妆品瓶”图层，执行“图层”“图层样式”“外发光”命令，在弹出的“图层样式”对话框中设置“外发光”参数：混合模式为“滤色”，不透明度为“35%”，发光颜色为白色，图素的大小为“80 像素”，其他参数默认，如图 7-2-19 所示。单击“确定”按钮，效果如图 7-2-20 所示。

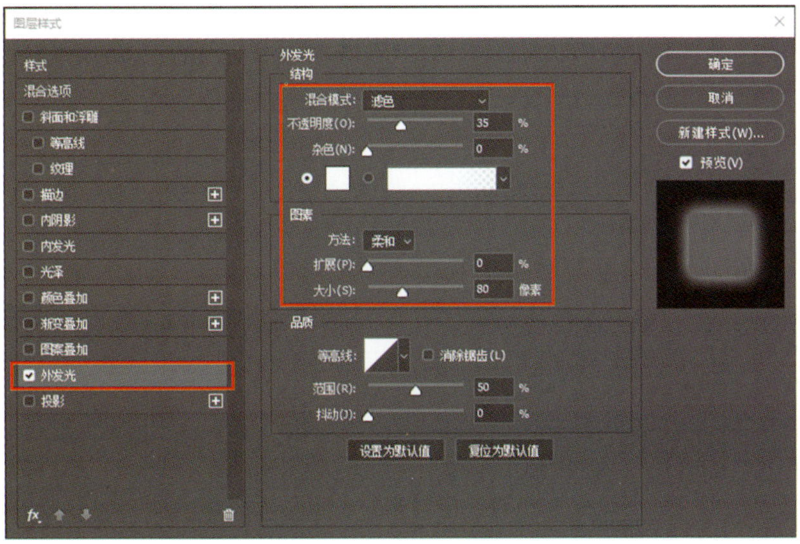

图 7-2-19　设置“外发光”参数

图 7-2-20　外发光效果

四、输入文字

1. 设置前景色为深蓝色（R0，G22，B85），选取“横排文字工具”，在工具属性栏设置字体为“黑体”，大小为“20 点”，锯齿为“锐利”，如图 7-2-21 所示。

图 7-2-21　文字属性栏设置

2. 在页面输入文字“美白精华水：299 元 /120 mL”“美白精华霜：399 元 /50 mL”，选择“移动工具”，调整文字位置，如图 7-2-22 所示。

3. 执行“图层”“图层样式”“描边”命令，设置“描边”大小为“9 像素”，位置为“外部”，颜色为白色，单击“确定”按钮，效果如图 7-2-23 所示。

图 7-2-22　添加文字

图 7-2-23　文字“描边”效果图

4. 设置前景色为白色。选择“横排文字工具”，在工具属性栏上设置字体为“黑体”，大小为“14 点”，锯齿为“锐利”，如图 7-2-24 所示。

图 7-2-24　文字属性栏设置

5. 在页面输入文字“活动时间：9 月 17 日—10 月 7 日”“地点：名人百货商场一楼宝龙偲专柜”，选择“移动工具”，调整文字位置，效果如图 7-2-25 所示。

图 7-2-25　输入的文字效果

五、保存文档

按“Ctrl+S”快捷键，在弹出的对话框中单击“保存在您的计算机上”按钮，打开“另存为”对话框，选择文件存储位置，文件名默认，保存类型为“Photoshop（*.PSD，*.PDD，*.PSDT）”，单击“保存”按钮保存该文档，整体效果如图 7-2-1 所示。

任务三

TASK 3

设计日用品 DM 宣传单

任务目标

1. 能使用快速蒙版编辑图层。
2. 能使用矢量蒙版编辑图层。
3. 能使用剪贴蒙版和释放剪贴蒙版编辑图层。

任务描述

本任务主要利用“文字变形”命令、剪贴蒙版命令、“椭圆工具”和“钢笔工具”，并结合“图层样式”命令制作图 7-3-1 所示日用品 DM 宣传单。要完成本任务，除了需要掌握剪贴蒙版命令的应用以及“钢笔工具”的应用之外，还要掌握“图层样式”的使用方法。

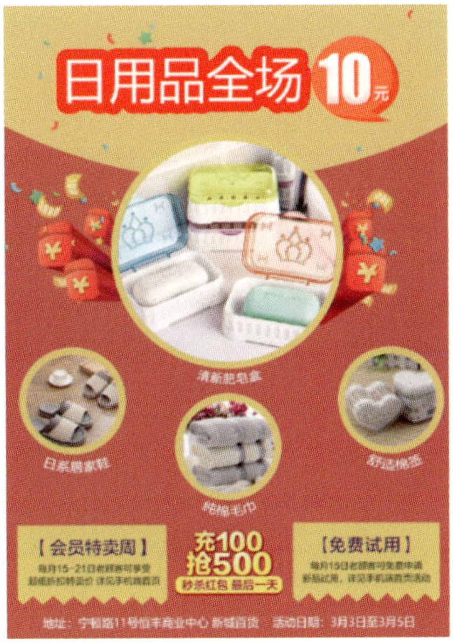

图 7-3-1 日用品 DM 宣传单

相关知识

一、快速蒙版

开启快速蒙版有三种方式：一是执行“选择”“在快速蒙版模式下编辑”命令；二是单击工具箱底部的“以快速蒙版模式编辑”图标，进入快速蒙版编辑模式，再次单击即可与标准模式进行切换；三是按 Q 键，即可进入快速蒙版编辑模式。

打开一幅图像（草莓素材），如图 7-3-2 所示。单击工具箱底部的“以快速蒙版模式编辑”图标进入快速蒙版编辑模式，选择工具箱中的“画笔工具”，根据需要调整画笔工具大小和硬度。拖动鼠标光标在图像编辑窗口的草莓叶子上进行涂抹，效果如图 7-3-3 所示。

图 7-3-2　草莓素材

图 7-3-3　快速蒙版模式编辑效果

单击工具箱底部的“以快速蒙版模式编辑”图标，即可将涂抹区域以外转换为选区，如图 7-3-4 所示。按“Ctrl+U”快捷键，弹出“色相 / 饱和度”对话框，调整色相数值，如图 7-3-5 所示，即可改变草莓颜色，效果如图 7-3-6 所示。

图 7-3-4　生成选区

图 7-3-5　调整色相数值

图 7-3-6　修改草莓色相效果

小贴士

进入快速蒙版编辑后，当运用黑色画笔涂抹时，将在图像中得到红色的区域，即是非选区区域。当运用白色画笔涂抹时，可以去除红色的区域，即是生成的选区。用灰色画笔涂抹时，则生成的选区将会带有一定的羽化。快速蒙版的特点是与“画笔工具”结合使用创建选区，比较适用于要求不是很高的图像编辑情况。

二、矢量蒙版

矢量蒙版可以说是矢量工具，使用形状工具或钢笔工具在蒙版上绘制路径形状控制图像的显示与隐藏。例如，在 Photoshop 中打开一幅图像（油画素材），如图 7-3-7 所示，选择“自定形状工具”，在工具属性栏中的选择工具模式选项中选择“路径”，在形状选项中选择花卉“形状 45”，如图 7-3-8 所示。

图 7-3-7　油画素材

图 7-3-8　设置“自定形状工具”属性栏参数

在图像窗口中绘制路径如图 7-3-9 所示。执行“图层”“矢量蒙版”“当前路径”命令，为图片添加矢量蒙版，效果如图 7-3-10 所示。

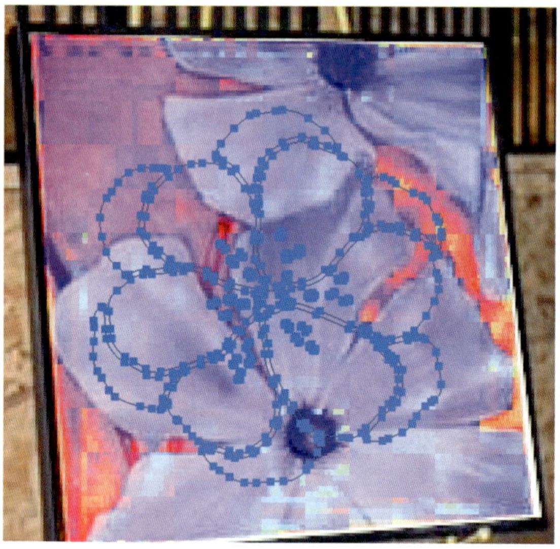

图 7-3-9　在图像窗口中绘制路径

图 7-3-10　为图片添加矢量蒙版效果

三、剪贴蒙版和释放剪贴蒙版

剪贴蒙版需要两个或以上图层才能够使用。其原理是通过使用处于下方图层的形状，限制上方图层的显示内容。

打开一幅图像（素材），如图 7-3-11 所示。新建图层，选择“椭圆工具”，按住 Shift 键在页面中绘制一个正圆，如图 7-3-12 所示。把需要进行剪贴蒙版的素材置入“图层”面板中置顶，并单击鼠标右键，选择“创建剪贴蒙版”命令，或执行“图层”“创建剪贴蒙版”命令，或在“图层”面板中选中需要剪贴的素材，按住 Alt 键后单击鼠标左键，即可制作图层的剪贴蒙版，如图 7-3-13 所示。剪贴蒙版效果如图 7-3-14 所示。

如果要取消剪贴蒙版，选择剪贴蒙版图层，执行“图层”“释放剪贴蒙版”命令，或按“Alt+Ctrl+G”快捷键删除。也可以选择需要删除的剪贴蒙版图层，单击鼠标右键，选择“释放剪贴蒙版”命令，如图 7-3-15 所示。

图 7-3-11　素材

图 7-3-12　绘制正圆

图 7-3-13　制作图层的剪贴蒙版

图 7-3-14 剪贴蒙版效果

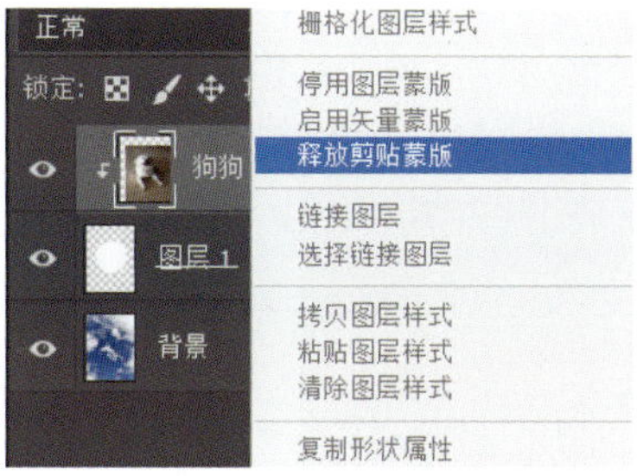

图 7-3-15 释放剪贴蒙版

任务实施

一、新建文档

按“Ctrl+N”快捷键，新建一个名为“日用品 DM 宣传单设计”的文档，宽度为“210”，高度为“297”，单位为“毫米”，颜色模式为“RGB 颜色”，分辨率为“300”，单位为“像素 / 英寸”。

二、设置背景

1. 设置前景色为“R215，G89，B82”，按“Alt+Delete”快捷键为背景图层填充前景色，如图 7-3-16 所示。

图 7-3-16 为背景图层填充前景色

2. 新建图层并将其命名为“半圆”。选择“钢笔工具”，在页面绘制半圆路径，如图 7-3-17 所示。设置前景色为“R236，G200，B94”，按“Ctrl+Enter”快捷键把路径转换为选区，接着按“Alt+Delete”快捷键为半圆图层填充前景色，按“Ctrl+D”快捷键取消选区，效果如图 7-3-18 所示。

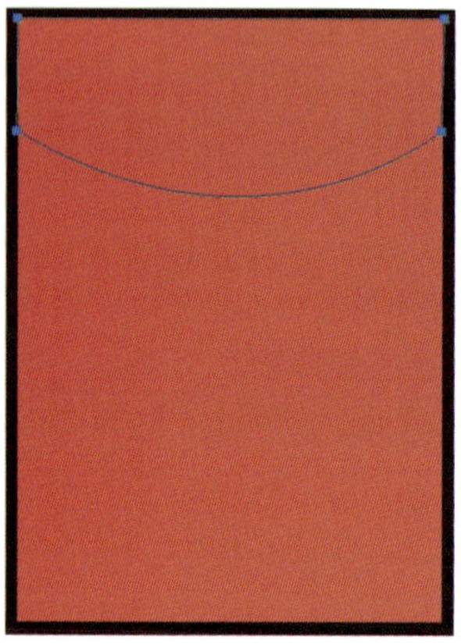

图 7-3-17　绘制半圆路径

图 7-3-18　为半圆图层填充前景色

三、导入素材

将“素材 / 项目七素材 / 任务三”目录下名为“红包 .PSD”“会员特卖周 .PSD”和“大标题 .PSD”的素材依次导入“日用品 DM 宣传单设计”文档中，然后调整素材的大小及位置，如图 7-3-19 所示。

图 7-3-19　导入素材

四、绘制正圆，创建剪贴蒙版

1. 新建图层并将其命名为“大圆”。把前景色设置为白色，选择“椭圆工具”，在工具属性栏中设置为“像素”，不透明度为“100%”，如图 7-3-20 所示。按住 Shift 键，在图像窗口适当位置绘制一个大的正圆，效果如图 7-3-21 所示。

图 7-3-20　设置椭圆工具属性栏参数

2. 将“素材/项目七素材/任务三”目录下名为“肥皂盒.JPG”的文件置入“日用品DM宣传单设计”文档中，并置于“大圆”图层上方，调整素材的大小及位置，如图7-3-22所示。然后用鼠标右键单击该图层，选择“创建剪贴蒙版”选项，制作图层的剪贴蒙版，效果如图7-3-23所示。

图7-3-21　绘制一个大的正圆

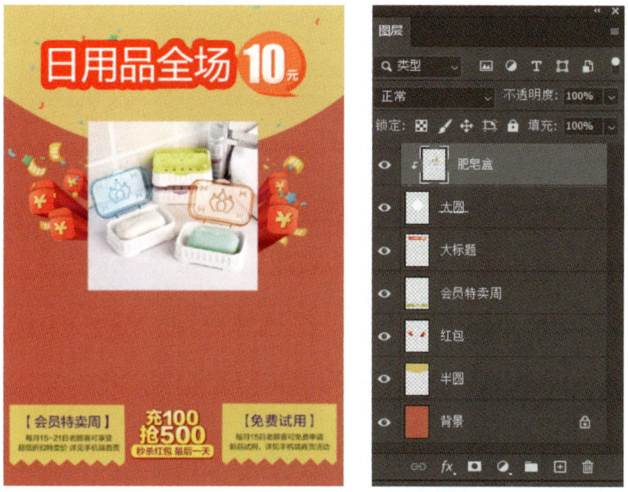

图7-3-22　置入肥皂盒素材

图7-3-23　剪贴蒙版效果

小贴士

在剪贴蒙版的内容图层中可以进行大小、颜色、形状等编辑处理，以符合设计要求。剪贴蒙版的内容图层可以是多个图层。

3. 在页面的适当位置绘制三个较小的正圆，如图7-3-24所示。分别将图层命名为“小圆1”“小圆2”和“小圆3”，如图7-3-25所示。

4. 将“素材/项目七素材/任务三”目录下名为“居家鞋.JPG”“毛巾.JPG”和“棉签.JPG”的文件依次置入“日用品DM宣传单设计”文档中，并调整图层顺序，将“居家鞋.JPG”“毛巾.JPG”“棉签.JPG”图层分别置于“小圆1”“小圆2”“小圆3”图层上方并进行剪贴蒙版操作，画面及图层效果如图7-3-26所示。

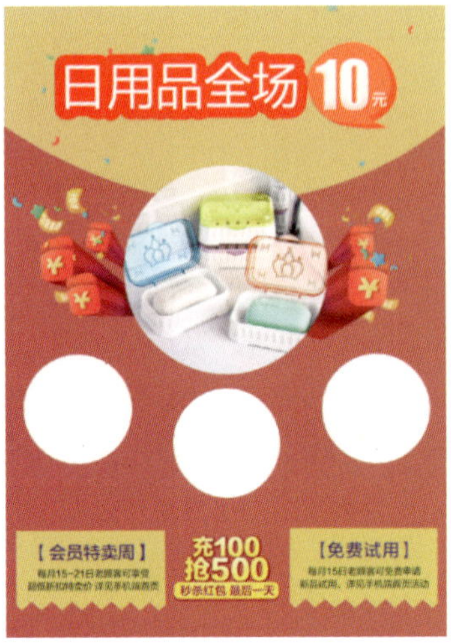

图 7-3-24　绘制三个较小的正圆

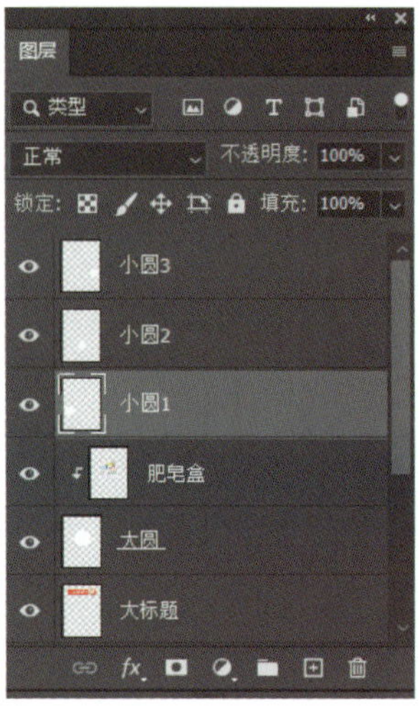

图 7-3-25　图层命名

图 7-3-26　画面及图层效果

五、添加图层样式

1. 选择“大圆”图层，执行“图层”“图层样式”“描边”命令，设置“描边”参数：大小为“40 像素”，位置为“外部”，颜色为“R236，G200，B94”，如图 7-3-27 所示，单击“确定”按钮。效果如图 7-3-28 所示。

2. 选择大“大圆”图层，单击鼠标右键，选择“拷贝图层样式”命令，如图 7-3-29 所示。再选择“小圆 1”

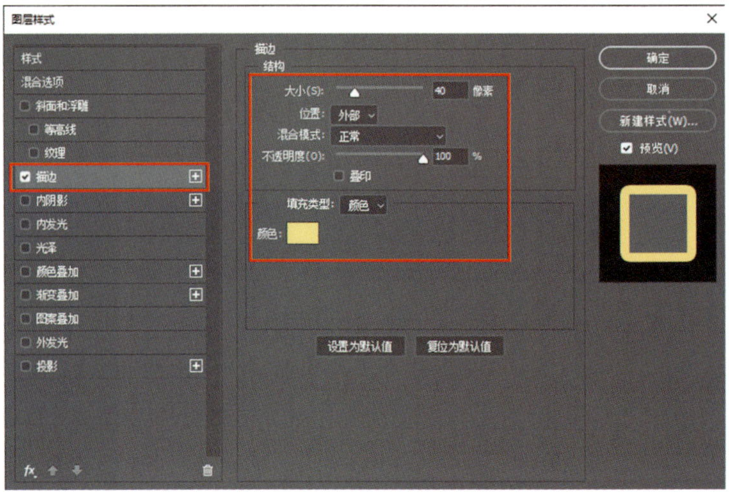

图 7-3-27　设置“描边”参数

图层，单击鼠标右键，选择“粘贴图层样式”命令，如图 7-3-30 所示。

3. 用上述方法，为“小圆 2”“小圆 3”图层添加描边图层样式，效果如图 7-3-31 所示。

图 7-3-28 添加描边效果

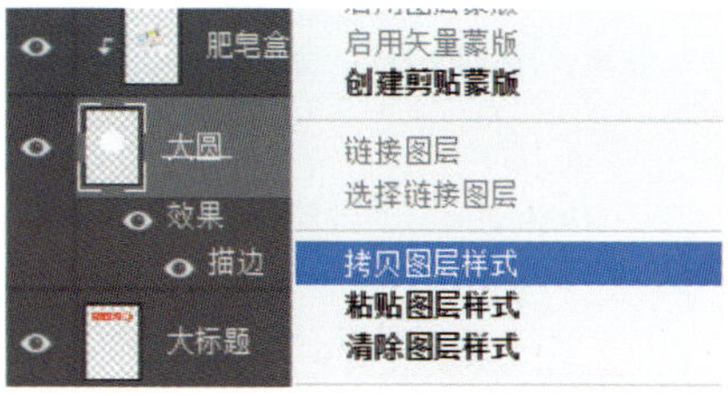

图 7-3-29 拷贝图层样式

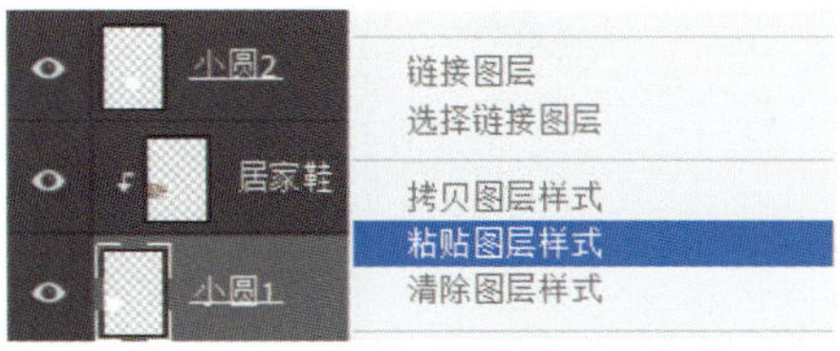

图 7-3-30 粘贴图层样式

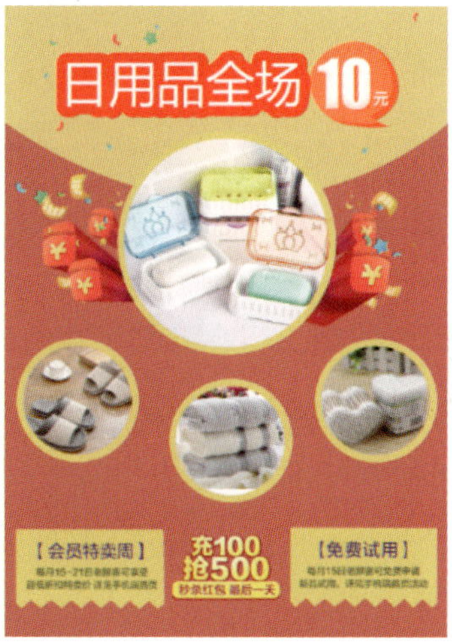

图 7-3-31 添加小圆描边效果

六、输入文字

1. 设置前景色为白色，选择“横排文字工具”，在工具属性栏设置字体为“黑体”，大小为“16 点”，锯齿为“锐利”，如图 7-3-32 所示。

图 7-3-32 文字属性栏设置

2. 在页面输入文字“清新肥皂盒”，然后执行“变形文字”命令，在弹出的“变形文字”对话框中设置样式为“扇形”、水平效果、弯曲为“-18%”、水平扭曲“0%”、垂直扭曲“0%”，如图 7-3-33 所示。按“确定”按钮完成设置并调整文字位置，效果如图 7-3-34 所示。

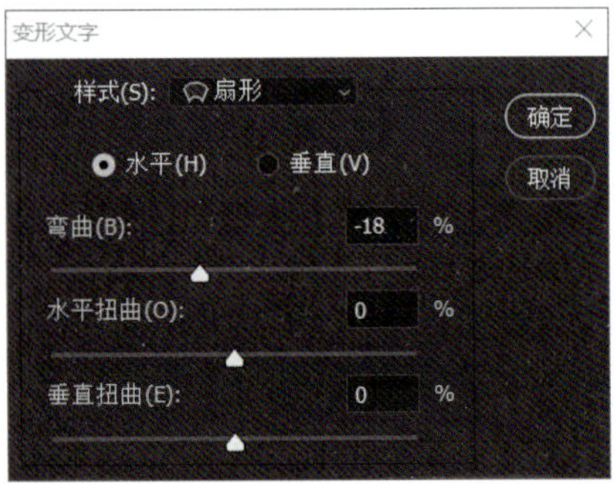

图 7-3-33　设置“变形文字”参数

图 7-3-34　文字变形效果

3. 用上述方法，分别输入文字“居家鞋”“纯棉毛巾”和“舒适棉签”，然后分别进行“变形文字”操作，效果如图 7-3-35 所示。

图 7-3-35　文字变形效果

4. 设置前景色为白色，选择“横排文字工具”，在工具属性栏设置字体为“黑体”，大小为“16 点”，锯齿为“锐利”，如图 7-3-36 所示。

图 7-3-36　文字属性栏设置

5. 在页面输入文字“地址：宁顿路 11 号恒丰商业中心 新城百货”“活动日期：3 月 3 日至 3 月 5 日”，如图 7-3-37 所示。选择“移动工具”，调整文字位置，效果如图 7-3-1 所示。

图 7-3-37　在页面输入文字

七、保存文档

按“Ctrl+S”快捷键，在弹出的对话框中单击“保存在您的计算机上”按钮，打开“另存为”对话框，选择文件存储位置，文件名默认，保存类型为“Photoshop（*.PSD，*.PDD，*.PSDT）”，单击“保存”按钮保存该文档。

巩固训练

一、制作咖啡店 DM 宣传单

通过制作咖啡店 DM 宣传单（见图 7-4-1），进一步掌握文字工具、剪贴蒙版命令的使用方法，学会应用“图层样式”命令以及设置图层的混合模式设计制作 DM 单页。

图 7-4-1 咖啡店 DM 宣传单

二、操作提示

参考“素材 / 项目七素材 / 任务四”目录下名为“项目七巩固练习 .pdf”的文件。

项目八

户外广告设计

户外广告是指利用公共或自有场地或租赁的建筑物、空间及利用交通工具等形式设置、悬挂、张贴的广告。户外广告的发布时间长，内容简单，成本低，能够避免其他广告的竞争，是一种有效的广告宣传媒介。

本项目通过灯箱广告、交通广告（车身广告）、涂鸦墙广告的设计制作，介绍滤镜在户外广告设计中的应用技巧，使学习者能快速设计出精美、有创意的户外广告作品。

任务一 TASK 1 设计灯箱广告

任务目标

1. 能使用Camera Raw滤镜库编辑图形。
2. 能为文字添加滤镜效果。
3. 能为图形添加滤镜效果。
4. 能使用“消失点”命令编辑图形。

任务描述

本任务是设计灯箱广告，需要掌握 Camera Raw 滤镜库、“消失点”的应用及给文字和图形添加滤镜效果的方法，最终效果如图 8-1-1 所示，除此之外还需要学习滤镜中的“高斯

图 8-1-1 灯箱广告

模糊”和“液化”等功能。

相关知识

一、Camera Raw 滤镜库的应用

在 Photoshop 中打开 RGB 模式的图像，然后执行“滤镜”“Camera Raw 滤镜”命令，也可以打开 Raw 文件的照片，软件会自动启动 Camera Raw。Camera Raw 的工作界面非常简单，主要分为工具箱、图像显示区、直方图、图像调整选项卡和参数设置区几个部分，如图 8-1-2 所示。图像调整完成后，单击“确定”按钮完成操作，即可返回 Photoshop。

图 8-1-2 Camera Raw 的工作界面

1. 工具箱命令

（1）缩放工具：使用该工具在图像中单击，即可放大图像。按住 Alt 键单击该图标，则可缩小图像。双击该工具按钮使图像恢复到原始大小。

（2）抓手工具：当图像放大超出窗口显示时，选择该工具，在画面中按住鼠标左键上下左右拖动，可以调整预览窗口中的图像显示区域。

（3）白平衡工具：要调整白平衡，首先需要确定图像中应具有中性色（白色或灰色）的对象，然后调整图像中的颜色，使这些对象变为中性色。

（4）颜色取样器工具：该工具可以检测指定颜色点的颜色信息。选择该工具后，在图像中

某一点单击鼠标左键，即可显示出该点的颜色信息。

（5）目标调整工具：单击该图标，然后在画面中单击确定取样颜色，按住鼠标左键上下或左右拖动，即可改变图像中取样颜色的色相、饱和度、亮度等属性。

（6）变换工具：该工具可以调整画面的扭曲、透视以及缩放，常用于校正画面的透视，或者为画面营造出透视感。

（7）污点去除工具：该工具可以使用另一个区域样本修复图像中所选择的区域。

（8）红眼去除工具：其功能与 Photoshop 中的“红眼工具”相同，可以去除红眼。单击该图标，在设置区可进行相应的参数设置。拖动“瞳孔大小”滑块可以增加或减少校正区域的大小。

（9）调整画笔工具：使用该工具在画面中限定出一个范围，然后在右侧参数设置区进行设置，可以调整局部图像的曝光度、亮度、对比度、饱和度、清晰度等。

（10）渐变滤镜工具：该工具能够以渐变的方式对画面的一侧进行处理，而另外一侧不进行处理，两个部分之间过渡柔和。选择该工具，在画面中移动鼠标，会出现两条直线把图像分为两部分。在参数设置区调整一部分的颜色色调，另一部分不会改变，两条直线之间的部分为渐变过渡地带。两条直线的位置、角度都可以调整。

（11）径向滤镜工具：该工具能够突出展示图像的特定部分。

2. 参数设置区主要参数

（1）白平衡列表：在默认情况下显示的“原照设置”为相机拍摄此照片时所使用原始白平衡设置，还可以选择使用相机的“自定”选项，或基于图像数据计算白平衡的“自动”选项。

（2）色温：色温是人眼对发光体或白色反光体的感觉。在实际拍摄照片时，如果光线色温偏低或偏高，则可通过调整“色温”来校正。提高“色温”值，图像颜色会变得更暖（黄）；降低“色温”值，图像颜色会变得更冷（蓝）。

（3）色调：该参数可通过设置白平衡来补偿绿色或洋红色色调。减少“色调”值可在图像中添加绿色；增加“色调”值则在图像中添加洋红色。

（4）曝光：该参数可调整整体图像的亮度，对高光部分的影响较大。减少“曝光”值会使图像变暗，增加“曝光”值则使图像变亮。该值的每个增量等同于光圈大小。

（5）对比度：对比度主要影响中间色调。增加“对比度”值时，中到暗图像区域会变得更暗，中到亮图像区域会变得更亮。

（6）高光：该参数用于控制画面中高光区域的明暗。减小“高光”值，高光区域变暗；增大“高光”值，高光区域变亮。

（7）阴影：该参数用于控制画面中阴影区域的明暗。减小“阴影”值，阴影区域变暗；增大“阴影”值，阴影区域变亮。

（8）白色：该参数可指定哪些输入色阶将在最终图像中映射为白色。增加“白色”值，可以扩展映射为白色的区域，使图像的对比度看起来更高。该参数主要影响高光区域，对中间调和阴影影响较小。

（9）黑色：该参数可指定哪些输入色阶将在最终图像中映射为黑色。增加“黑色”值，可以扩展映射为黑色的区域，使图像的对比度看起来更高。该参数主要影响阴影区域，对中间调和高光影响较小。

（10）纹理：该参数可以平滑画面中等大小的细节，使其变得柔和，就像增加柔焦滤镜一样。

（11）清晰度：该参数通过增强或减弱像素差异控制画面的清晰程度，数值越小图像越模糊，数值越大图像越清晰。

（12）去除薄雾：该参数可以增强或减弱画面的清晰程度，数值越小图像颜色越淡，数值越大图像颜色越重。

（13）自然饱和度：该参数与“饱和度”数值相似，但是在增强或降低画面颜色的鲜艳程度时，不会产生过于饱和或者完全灰度的图像。

（14）饱和度：该参数可控制画面颜色的鲜艳程度，数值越大，画面色感越强烈。

二、“消失点”的应用

“消失点”命令能够按透视效果校正处理包含透视面的图像，如修改铺有地砖的地面、高层建筑物等。它可以用于修复和创建与透视有关的所有图像，其透视效果要比“编辑”“变换”“透视”命令强大。按“Alt+Ctrl+V”快捷键打开“消失点”命令页面，如图 8-1-3 所示。

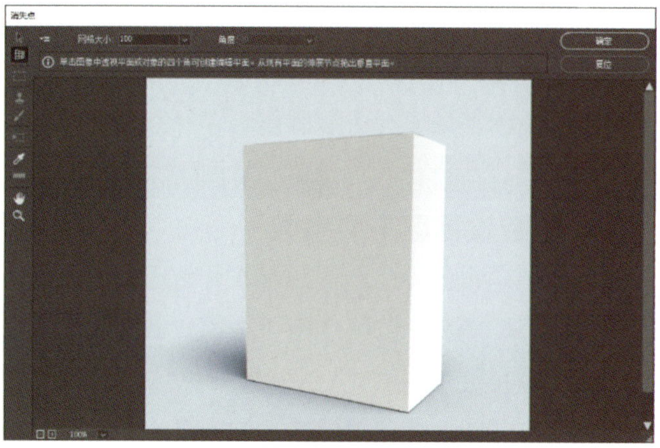

图 8-1-3　“消失点”命令页面

任务实施

一、新建文档

按“Ctrl+N”快捷键，新建一个名为“灯箱广告设计”的文档，宽度为“600”，高度为“900”，单位为“毫米”，分辨率为“72”，单位为“像素 / 英寸”，颜色模式为 RGB 颜色。

二、背景颜色设定

1. 选择“渐变工具”，单击工具属性栏上的“点按可编辑渐变”图标，弹出“渐变编辑器”窗口，分别在“0%”和“100%”的位置设置颜色为“R12，G2，B198”和“R24，G0，B44”，如图 8-1-4 所示，单击“确定”按钮完成设置。

2. 单击工具属性栏中的“菱形渐变”图标 ，按住 Shift 键，从页面中心点拖动鼠标向上方进行渐变填充，效果如图 8-1-5 所示。

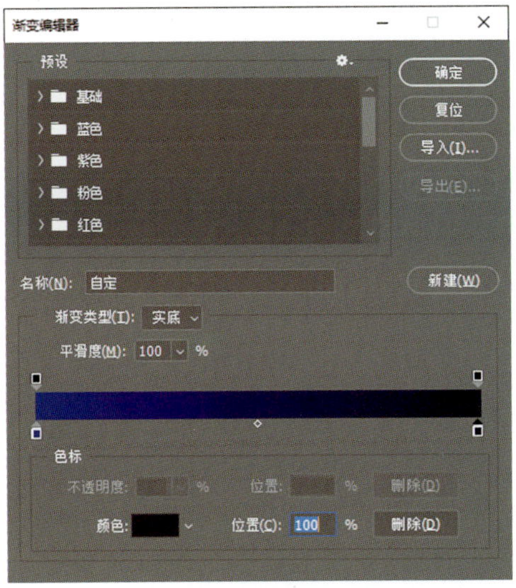

图 8-1-4　设置渐变色

图 8-1-5　背景渐变填充效果

三、制作主体图形

1. 执行“文件”“打开”命令，打开“素材 / 项目八素材 / 任务一”目录下名为“建筑 .JPG”的文件，选择“移动工具”，将建筑素材拖拽到“灯箱广告设计”文档，按“Ctrl+T”快捷键调整建筑素材大小及位置，如图 8-1-6 所示。

2. 为建筑素材进行调色，使其与画面整体风格一致。选择建筑素材图层，执行“滤镜”“Camera Raw 滤镜”命令，在弹出的“Camera Raw”对话框中设置曝光为“+0.20”，对比度为“+30”，高光为“–50”，阴影为“–30”，白色为“–100”，黑色为“–20”，清晰度为“+100”，自然饱和度为“–45”，饱和度为“–30”，如图 8-1-7 所示。

3. 为增加画面的锐度，设置锐化值为“90”、半径为“1.0”、细节为“50”，在“减少杂色”面板中设置明亮度为“36”，明亮度细节为“50”，如图 8-1-8 所示。

4. 单击“混色器”，设置红色为“+15”，橙色为“+20”，蓝色为“+30”，如图 8-1-9 所示；单击“分离色调”，在“阴影”面板设置色相为“36”，饱和度为“40”，如图 8-1-10 所示。单击“确定”按钮完成设置，效果如图 8-1-11 所示。

图 8-1-6　置入建筑素材

图 8-1-7　设置“Camera　Raw”对话框基本参数

图 8-1-8　设置“Camera　Raw”对话框细节参数

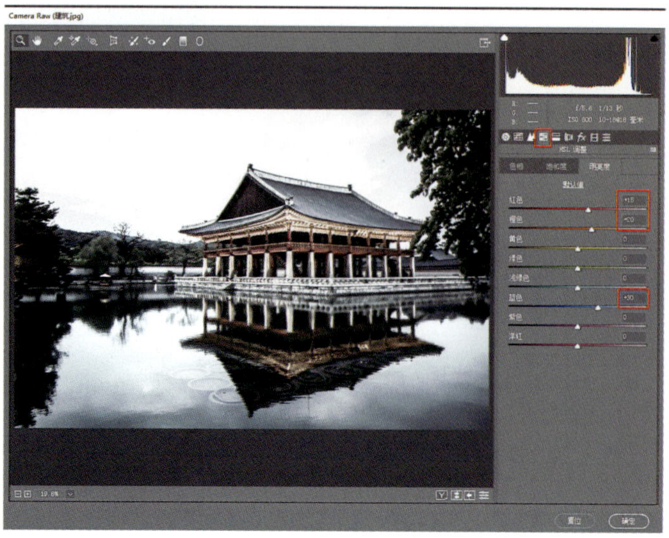

图 8-1-9　设置“混色器”

图 8-1-10 设置“分离色调”

图 8-1-11 “Camera Raw”调整后效果

5. 进入素材图层，选择“钢笔工具”进行抠图，将房子及水部分勾勒出来，然后单击“路径”面板底部的“将路径作为选区载入”图标，将路径变为选区，接着单击“图层”面板底部的“添加图层蒙版”图标，为该图层添加图层蒙版，如图 8-1-12 所示。

图 8-1-12 抠图并添加图层蒙版

6. 设置前景色为黑色，选择工具箱中的“画笔工具”，设置笔尖大小为“250 像素”，在素材的左下方进行涂抹，使素材与背景过渡自然。选择“多边形套索工具”对素材中间镂空部分进行抠图，然后在图层蒙版上填上黑色，使其应用图层蒙版，效果如图 8-1-13 所示。

7. 执行“文件”“置入嵌入对象”命令，将“素材 / 项目八素材 / 任务一”目录下名为“插画 .JPG”的文件置入，并调整图片的大小和位置，效果如图 8-1-14 所示。

图 8-1-13 完善图层蒙版效果

图 8-1-14 置入插画素材

四、制作文字效果

1. 选择“横排文字工具”，在工具属性栏中设置字体为“黑体”，字号为“110 点”，颜色为白色，字体位置为“居中”。设置完成后在画面顶部位置单击输入主题文字“与自然为邻　和幸福相伴”，按“Ctrl+ Enter”快捷键完成操作并调整文字位置，如图 8-1-15 所示。

2. 选择“横排文字工具”，设置字体为“黑体”，颜色为白色，在页面中输入海报信息文字“240-480 m^2 独栋别墅　仅 8000 元 / m^2 起”“【VIP LINE 8888 8888】”“地址：中山市白云区中山公园旁（双地铁口）”，三行文字字号分别设置为“72 点”“60 点”和“36 点”，并调整文字位置，如图 8-1-16 所示。

图 8-1-15　输入主题文字

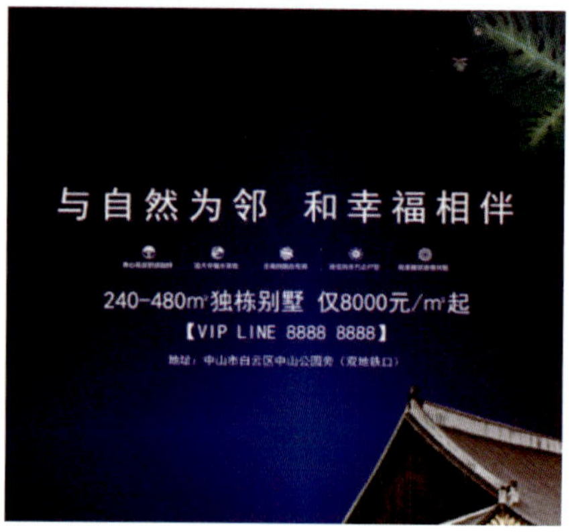

图 8-1-16　输入海报信息文字

3. 选择“横排文字工具”，设置的字体为“黑 Arial”，字号为“72 点”，颜色为白色，在页面中输入文字“ENJOY LIFE ENJOY LEISURE”，然后单击工具属性栏上的“创建文字变形”图标，在弹出的“变形文字”对话框中设置样式为“扇形”，弯曲为“+60%”，按“确定”按钮完成设置，调整文字位置，效果如图 8-1-17 所示。

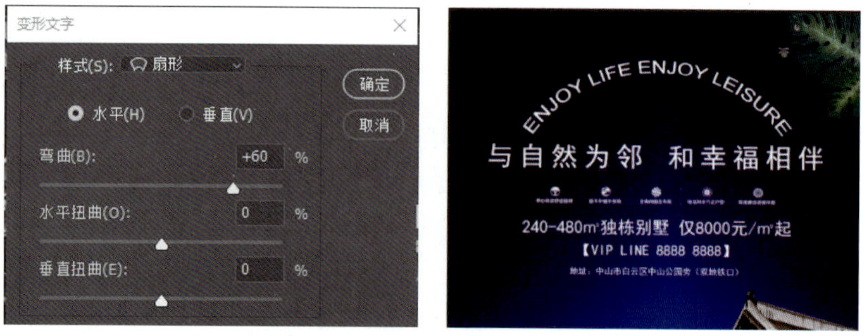

图 8-1-17　添加变形文字

4. 选择“与自然为邻　和幸福相伴”标题图层，单击鼠标右键执行“转换为形状”命令，将文字转换为形状，如图 8-1-18 所示。使用工具栏中的“路径选择工具”，在文字上单击即可显示文字上的锚点，如图 8-1-19 所示。通过使用“直接选择工具”调整锚点对文字进行变形，效果如图 8-1-20 所示。然后在该图层上单击鼠标右键，在弹出的菜单中选择“栅格化图层”命令将图层栅格化。

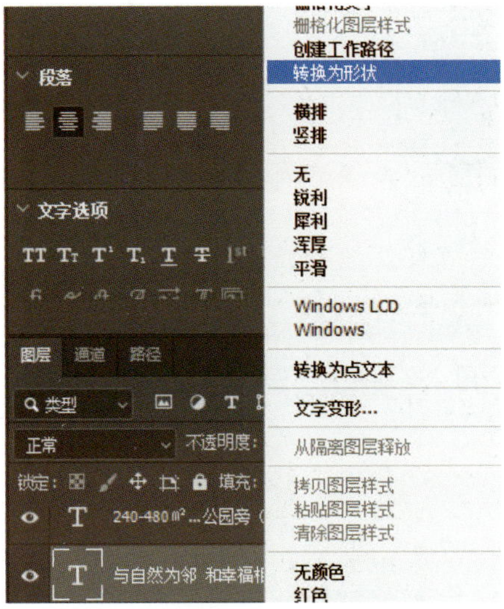

图 8-1-18 将文字转换为形状

图 8-1-19 显示文字上的锚点

图 8-1-20 主标题的文字形态效果

五、制作菱形金属滤镜效果

1. 新建“矩形”图层，然后绘制八个大小相等的白色矩形，如图 8-1-21 所示。继续新建“效果”图层，依次绘制若干矩形并分别填充不同的颜色，然后执行“滤镜”“模糊”“高斯模糊”命令，在弹出的“高斯模糊”对话框中设置半径为“30 像素”，效果如图 8-1-22 所示。

图 8-1-21 绘制八个大小相等的白色矩形

2. 在该图层执行“滤镜”“液化”命令，在打开的对话框中单击左侧工具箱中的“顺时针旋转扭曲”图标 ，设置较大笔尖的画笔，设置完成后在画面中按住鼠标左键不放，对图形进行扭曲旋转，可重复该操作对图形继续扭曲，操作完成后单击“确定”按钮即可，如图 8-1-23 所示。框选该图层矩形部分，执行“滤镜”“滤镜库”命令，在打开的对话框中选择“扭曲”“玻璃”滤镜，将参数设置为扭曲度“15”、平滑度“2”、缩放“114%”，完成设置后单击“确定”，如图 8-1-24 所示。

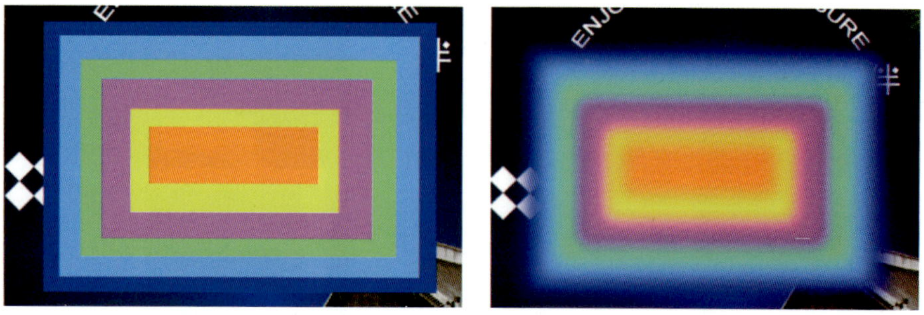

图 8-1-22　对绘制的矩形应用“高斯模糊”滤镜

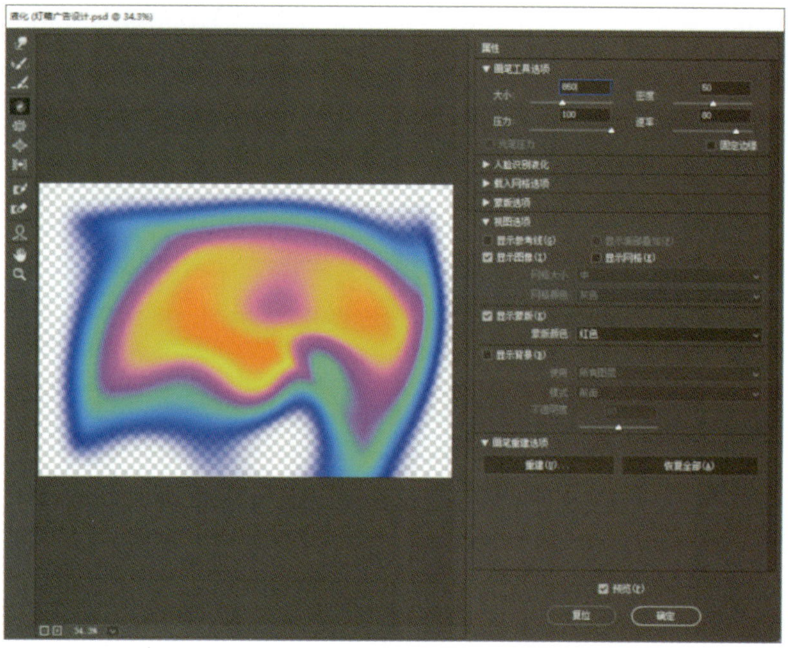

图 8-1-23　对绘制的矩形应用“液化”滤镜

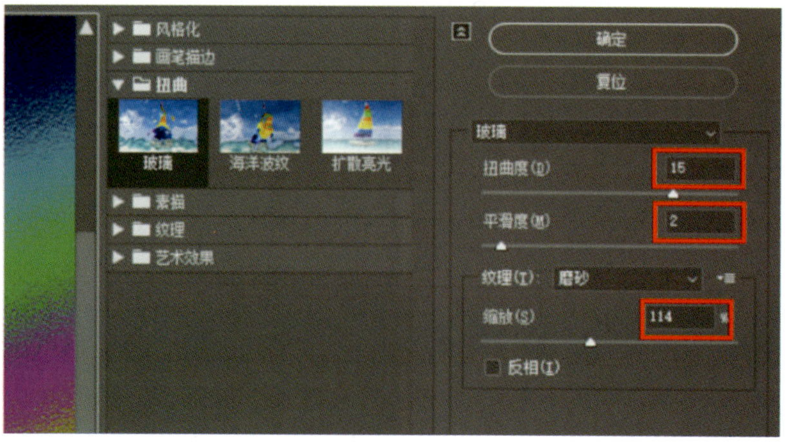

图 8-1-24　设置“玻璃”滤镜参数

3. 单击“图层”面板下方的“创建新的填充或调整图层”图标 ，在弹出的菜单中选择“渐变映射”命令，然后在“属性”面板单击“点按可编辑渐变”图标，弹出“渐变编辑器”，设置位置“0%”的颜色为“R125，G75，B10”，位置“100%”的颜色为“R245，G205，B120”，效果如图 8-1-25 所示。

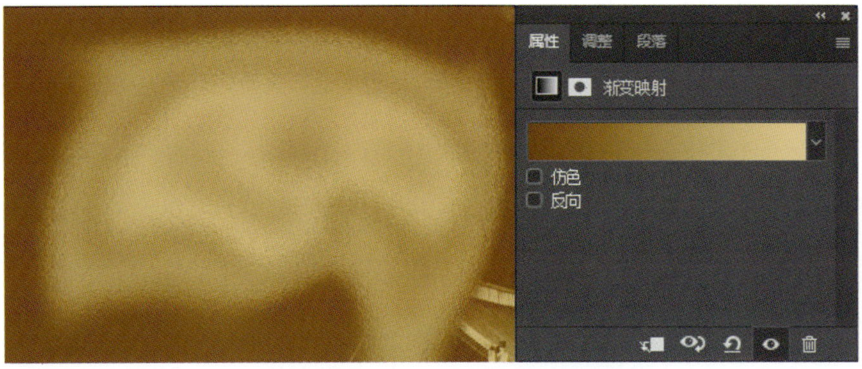

图 8-1-25　应用“渐变映射”效果

4. 将“效果”图层与“渐变映射 1”图层合并为“渐变映射 1”图层，如图 8-1-26 所示。鼠标右键单击“渐变映射 1”图层，在弹出的菜单中选择“创建剪贴蒙版”命令，效果如图 8-1-27 所示。

图 8-1-26　合并图层

图 8-1-27　为白色矩形创建剪贴蒙版

六、制作文字金属滤镜效果

复制“渐变映射 1”图层为“渐变映射 1 拷贝”图层，将其移到“与自然为邻　和幸福相伴”图层上方，然后用鼠标右键单击“渐变映射 1 拷贝”图层，在弹出的菜单中选择“创建剪贴蒙版”命令，效果如图 8-1-28 所示。

七、置入 LOGO

执行“文件”“置入嵌入对象”命令，将“素材 / 项目八素材 / 任务一”目录下名为“LOGO.PNG”的文件置入，调整图片的大小和位置，效果如图 8-1-29 所示。

八、制作灯箱广告效果图

1. 按“Ctrl+Shift+Alt+E”快捷键将海报盖印。按“Ctrl+A”快捷键全选，按“Ctrl+C”快捷键复制。然后按“Ctrl+O”快捷键将“素材 / 项目八素材 / 任务一”目录下名为“灯箱 .JPG”的文件打开。

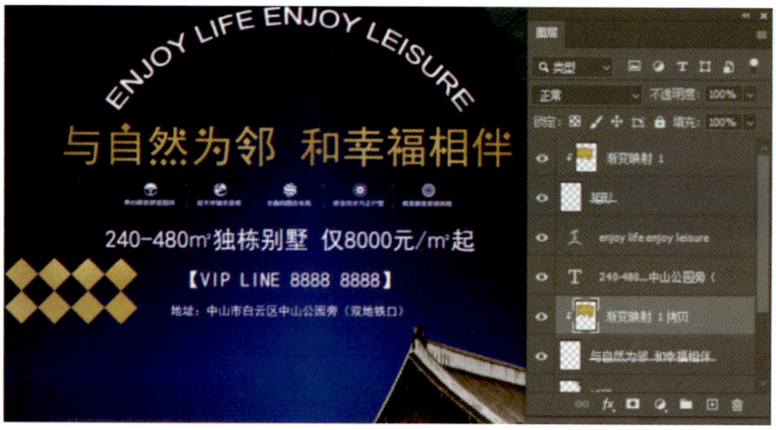

图 8-1-28 为主题文字创建剪贴蒙版

图 8-1-29 置入 LOGO

2. 在“灯箱”文档中执行“滤镜”“消失点”命令，选择“创建平面工具”绘制灯箱的四个角，如图 8-1-30 所示。

3. 按“Ctrl+V”快捷键将海报粘贴进来，按“Ctrl+T”快捷键调整海报大小并将海报移到灯箱中，然后单击“确定”按钮完成操作，效果如图 8-1-31 所示。最终效果图如图 8-1-1 所示。

图 8-1-30 应用“消失点”命令

图 8-1-31 置入灯箱海报效果

九、保存文档

执行“文件”“存储为”命令，在弹出的对话框中单击“保存在您的计算机上”按钮，在弹出的“另存为”对话框中选择文件存储位置，文件名为“灯箱广告效果”，保存类型为“Photoshop（*.PSD，*.PDD，*.PSDT）”，单击“保存”按钮保存该文档。

任务二 TASK 2 设计车身广告

任务目标

1. 能使用“模糊”滤镜组编辑图像。
2. 能使用“模糊画廊”滤镜编辑图像。
3. 能使用“杂色”滤镜编辑图像。
4. 能使用“渲染”滤镜编辑图像。

任务描述

本任务主要利用“模糊”“模糊画廊”“杂色”和“渲染”等滤镜设计图8-2-1所示的车身广告。

图8-2-1 车身广告

相关知识

一、“模糊”滤镜组的应用

“模糊”滤镜组中集合了多种模糊滤镜，应用模糊滤镜能够使图像内容变得柔和，并能淡化图像边界的颜色，还可以对图像进行磨皮、制作景深效果或者模拟高速摄像机跟拍效果。

执行“滤镜”“模糊”命令，在弹出的子菜单中可以看到多种用于模糊图像的滤镜，如图 8-2-2 所示。

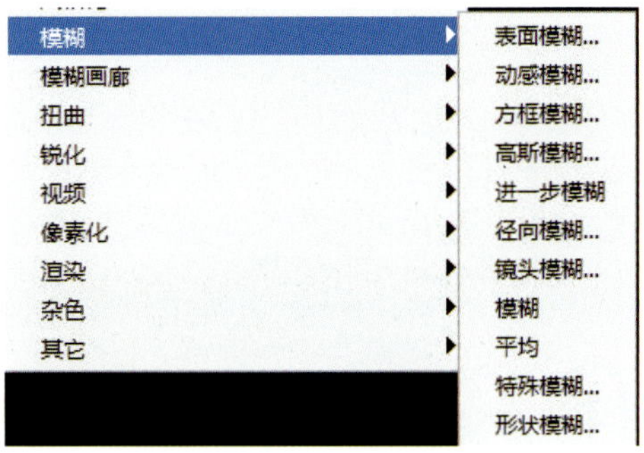

图 8-2-2 “模糊”滤镜组

二、“模糊”滤镜组的类型

1. 高斯模糊：“高斯模糊”是使用频率最高的图像模糊滤镜，该滤镜能够使图片产生模糊的效果。对照片背景进行高斯模糊，可以使其形成虚化效果，从而突出想要表达的主题对象，如图 8-2-3 所示。

图 8-2-3 执行“高斯模糊”滤镜

小贴士

> “高斯模糊”对话框中的“半径”参数用于计算指定像素平均值的区域大小。数值越大，产生的模糊效果越强烈。

2. 模糊、进一步模糊：这两种滤镜属于无参数滤镜，适合轻微模糊的情况。

3. 表面模糊、特殊模糊：这两种滤镜常用于为图像降噪。

4. 动感模糊、径向模糊：这两种滤镜会沿着一定方向进行模糊。

5. 方框模糊、形状模糊：这两种滤镜在特定的形状内进行模糊。

6. 镜头模糊：这种滤镜常用于模拟大光圈摄影效果，类似照相机使用大光圈拍摄出主体物清晰而背景虚化柔和的效果。“镜头模糊”滤镜可以通过控制“通道”或“蒙版”中的黑白信息为图像中的不同部分施加不同程度的处理，如图 8-2-4 所示。

镜头模糊有以下主要功能：

（1）深度映射：从“源”下拉列表中可以选择使用图层蒙版或 Alpha 通道创建景深效果（前提

图 8-2-4 执行“镜头模糊”滤镜

是图像中存在 Alpha 通道或图层蒙版），其中通道或蒙版中的白色区域将被模糊，而黑色区域则保持原样；“模糊焦距”选项用来设置位于焦点内的像素的深度；“反相”选项用来反转 Alpha 通道或图层蒙版。

（2）光圈：用来设置模糊的显示方式。“形状”选项用来选择光圈的形状；“半径”选项用来设置模糊的数量；“叶片弯度”选项用来设置对光圈边缘进行平滑处理的程度；“旋转”选项用来旋转光圈。

（3）镜面高光：用来设置镜面高光的范围。“亮度”选项用来设置高光的亮度；“阈值”选项用来设置亮度的停止点，比停止点值亮的所有像素都被视为镜面高光。

（4）杂色：“数量”选项用来在图像中添加或减少杂色。

（5）分布：用来设置杂色的分布方式，包含“平均”和“高斯分布”两个选项。

（6）单色：设置添加的杂色为单一颜色。

7. 平均：这种滤镜用于获取整个图像的平均颜色值。在平面设计中，色彩搭配非常重要。当画面颜色比较丰富，不知道采用何种色彩搭配时，可以运用“平均”滤镜获得与画面相匹配的颜色，如图 8-2-5 所示。

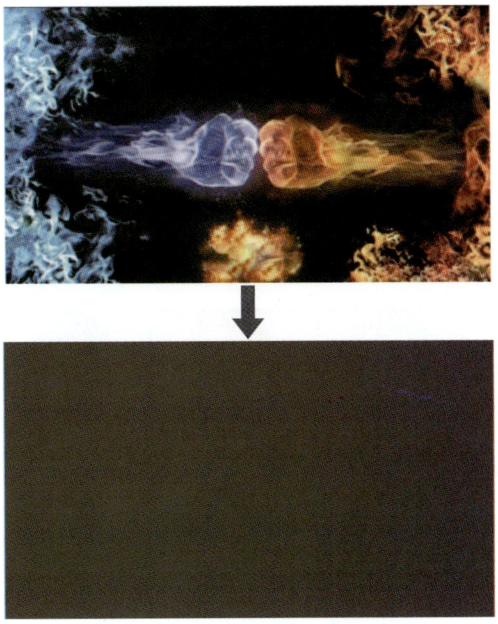

图 8-2-5 运用“平均”滤镜获得与画面相匹配的颜色

三、“模糊画廊”滤镜的应用

“模糊画廊”滤镜主要用于为数码照片制作特殊的模糊效果，执行“滤镜”“模糊画廊”命令，在子菜单中可以看到五种特殊模糊滤镜，如图 8-2-6 所示。

图 8-2-6　“模糊画廊”滤镜及子菜单

四、“扭曲”滤镜的应用

执行“滤镜”“扭曲”命令，在子菜单中可以看到九种滤镜形式，如图 8-2-7 所示。设计时可根据效果需要自行选择，如图 8-2-8 所示为滤镜效果。

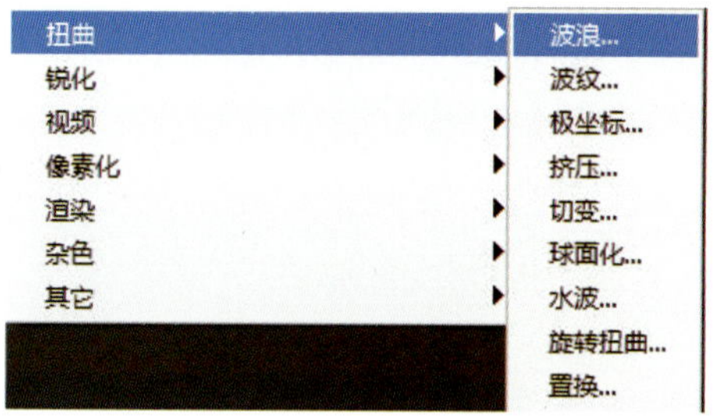

图 8-2-7　“扭曲”滤镜及子菜单

图 8-2-8　执行“扭曲”滤镜的效果

五、“锐化”滤镜的应用

“锐化”滤镜可以使图像中像素与像素之间的颜色反差增大、对比增强，使图像“看起来更清晰”，它与“模糊”滤镜功能相反。“锐化”滤镜能够增强颜色边缘的对比，使模糊的图形变得清晰，但是过度锐化会造成噪点、色斑，所以锐化值要适当。图 8-2-9 中可以看到同一图像中模糊、正常与锐化三种效果。

执行“滤镜”“锐化”命令，在子菜单中可以看到多种滤镜，如图 8-2-10 所示，可根据设计效果选用，其中“USM 锐化”和“智能锐化”使用频率最高，参数可根据实际需求调整，可边调整边看效果。“防抖”滤镜则用于处理带有抖动的照片。

模糊 正常 锐化

图 8-2-9 同一图像中模糊、正常与锐化三种效果

图 8-2-10 “锐化”滤镜及子菜单

小贴士

锐化误区：画面一旦进行“模糊”操作，原始细节会彻底丢失，不会因为“锐化”操作而找回原始细节。

六、“杂色”滤镜的应用

“杂色”滤镜可以添加或移去图像中的杂色，执行“滤镜”“杂色”命令，在子菜单中可以看到五种滤镜，如图 8-2-11 所示。“添加杂色”滤镜常用于添加画面中的杂点，而另外四种滤镜都是用于降噪，也就是去除画面中的杂点。

图 8-2-11 “杂色”滤镜及子菜单

七、“渲染”滤镜的应用

“渲染”滤镜是比较特殊的滤镜，特点是其自身可以产生图像。执行“滤镜”“渲染”命令，在子菜单中可以看到多种滤镜，如图 8-2-12 所示。

“渲染”滤镜中，较为常用的是“云彩”和“镜头光晕”滤镜。

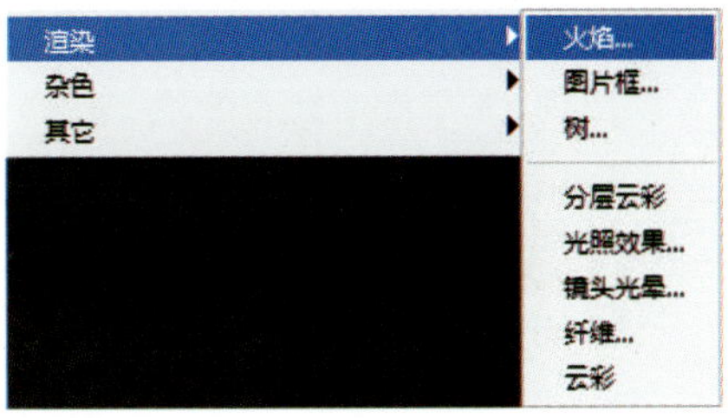

图 8-2-12 “渲染”滤镜及子菜单

“云彩”滤镜可以根据前景色和背景色随机生成云彩图案；“镜头光晕”滤镜用来增强日光、灯光效果或炫光的效果。如图 8-2-13 所示为执行“渲染”滤镜效果。

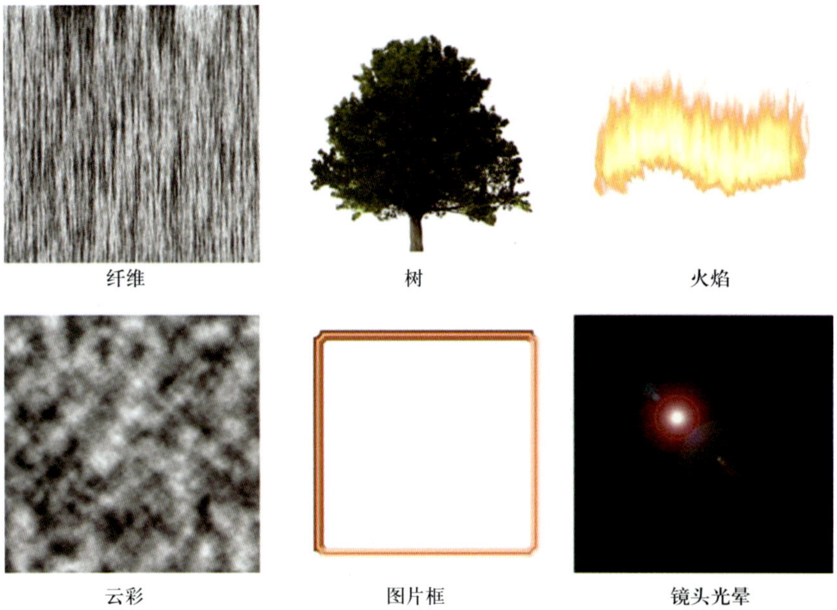

图 8-2-13　执行“渲染”滤镜效果

任务实施

一、新建 Photoshop 文档

按“Ctrl+N”快捷键，新建一个名为“车身广告”的文档，宽度为“900”，高度为“600”，单位为“毫米”，颜色模式为“RGB 颜色”，分辨率为“100”，单位为“像素 / 英寸”。

二、设计车身广告

1. 执行“文件”“置入嵌入对象”命令，将“素材 / 项目八素材 / 任务二”目录下名为“车 .JPG”的文件置入，如图 8-2-14 所示。在“图层”面板自动生成“车”图层，调整图片的大小和位置，并将该素材图层栅格化。

图 8-2-14　置入素材

2. 在“属性”面板上单击“删除背景”图标，将车的灰色背景删除，效果如图 8-2-15 所示。

图 8-2-15　删除灰色背景

3. 在“图层”面板上单击“图层蒙版缩览图”，选择“画笔工具”，设置画笔大小为“100 像素”，前景色为白色，然后在车底投影的部分涂抹，把被蒙版掉的投影恢复好，效果如图 8-2-16 所示。

图 8-2-16　修复投影效果

4. 用“钢笔工具”勾勒出车身金属部分，如图 8-2-17 所示，选中“车”图层后，按“Ctrl+Enter”快捷键将绘制的路径载入选区，按“Ctrl+C”快捷键复制车身金属部分，按“Ctrl+V”快捷键粘贴创建一个新图层，并将该图层命名为“车身”，效果如图 8-2-18 所示。

图 8-2-17　用“钢笔工具”勾勒车身金属部分

图 8-2-18　创建“车身”图层

5. 执行“文件”“置入嵌入对象”命令，将“素材 / 项目八素材 / 任务二”目录下名为“车贴 .JPG”的文件置入，在“图层”面板自动生成“车贴”图层，调整图片的大小和位置，图片的长度与车的长度相等，如图 8-2-19 所示。

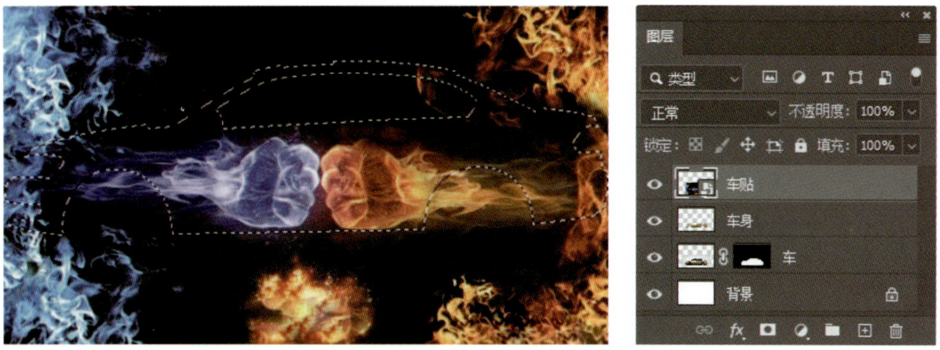

图 8-2-19　在“车身”图层上方置入“车贴”素材

6. 选择“车贴”图层，按 Ctrl 键的同时单击“车身”图层的缩览图，载入“车身”选框，然后单击“图层”面板下方的“添加图层蒙版”图标，将车身以外的图像蒙版，效果如图 8-2-20 所示。

图 8-2-20　载入“车身”选框并将车身以外的图像蒙版

7. 单击“车贴”图层左侧的图标将该图层隐藏，选中“车身”图层，选择“魔棒工具”在车上金属较亮的地方单击，然后执行“选择”“选取相似”命令，将车身高光部分选中，如图 8-2-21 所示。

8. 在“车贴”图层上方新建“高光”图层，把选中的高光部分填充白色，按“Ctrl+D”快捷键取消选区，执行“滤镜”“模糊”“高斯模糊”命令，在弹出的对话框中设置半径为“4.0 像素”，按“确定”按钮完成设置，效果如图 8-2-22 所示。设置图层混合模式为“明度”、不透明度为“30%”，然后单击“车贴”图层的“眼睛”图标显示该图层，效果如图 8-2-23 所示。

图 8-2-21　创建车身高光选区

图 8-2-22 创建车身“高光”图层

图 8-2-23 车身高光效果

三、制作车轮运动效果

鼠标右键单击“车”图层，在弹出的菜单中选择“转换为智能对象”命令，执行“滤镜”“模糊画廊”“旋转模糊”命令，拖动控制器中心控制点将其移动至车轮中心位置，接着拖动模糊控制器边缘上白色的方块调整其形状大小，在“模糊工具”面板上设置“模糊角度”为“20”，效果如图 8-2-24 所示。接着在另一个车轮上单击添加模糊控制器并调整其形状大小，设置“模糊角度”为“20”，按 Enter 键完成设置，效果如图 8-2-25 所示。

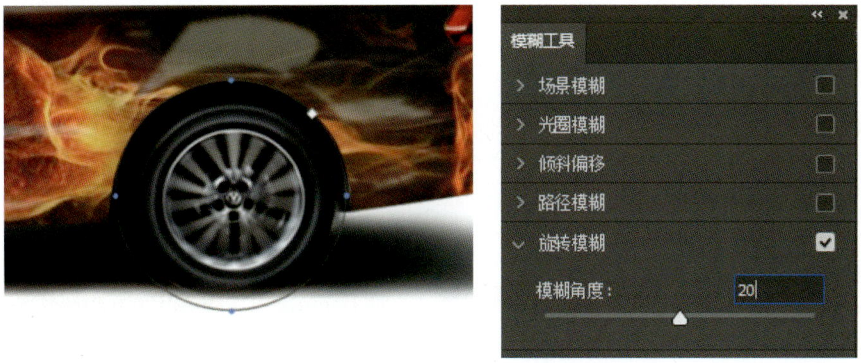

图 8-2-24 “旋转模糊”命令参数及效果

图 8-2-25　制作运动车轮效果

四、制作地面效果

1. 执行“文件”“置入嵌入对象”命令，将“素材 / 项目八素材 / 任务二”目录下名为“景 .JPG”的文件置入，在“图层”面板自动生成“景”图层并将其移到“车”图层下方，如图 8-2-26 所示。

图 8-2-26　置入背景

2. 在“景”图层之上新建一个“地面”图层，在页面下方绘制一个矩形并填充深棕色（R55，G40，B30），如图 8-2-27 所示。

图 8-2-27　绘制矩形并填充深棕色

3. 执行“滤镜”“杂色”“添加杂色”命令，在弹出的对话框中设置数量为“60%”，“平均分布”，单击“确定”按钮，接着设置其混合模式为“强光”、不透明度为“60%”，效果如图 8-2-28 所示。

图 8-2-28　制作地面效果

五、制作车灯效果

1. 在“高光”图层上方新建“前灯光”图层并填充黑色，执行“滤镜”“渲染”“镜头光晕”命令，在弹出的“镜头光晕”对话框中设置亮度为“100%”，镜头类型为“105 毫米聚焦”，单击“确定”按钮完成设置。接着设置图层混合模式为“滤色”，前景色为黑色，将该图层“添加图层蒙版”，然后选择“画笔工具”进行涂抹，只留出灯光部分，调整位置及大小，效果如图 8-2-29 所示。

图 8-2-29　制作车灯效果

2. 用相同的方法制作车尾灯效果，新建“车尾灯”图层并填充黑色，执行“滤镜”“渲染”“镜头光晕”命令，在弹出的“镜头光晕”对话框中设置亮度为“50%”，镜头类型为“35 毫米聚焦”，单击“确定”按钮完成设置。接着设置图层混合模式为“滤色”，前景色为黑色，将该图层“添加图层蒙版”，然后选择“画笔工具”进行涂抹，只留出灯光部分，调整位置及大小，效果如图 8-2-30 所示。

图 8-2-30 制作汽车尾灯效果

六、制作汽车动感效果

执行“Ctrl+Shift+Alt+E”快捷键，将所有图层盖印，自动生成“图层 1”，执行“滤镜”“模糊”“动感模糊”命令，在弹出的“动感模糊”对话框设置距离为“100 像素”，单击“确定”按钮。接着给图层“添加图层蒙版”，选择“渐变工具”，在工具属性栏设置“前景色到背景色渐变”，渐变类型为“对称渐变”，然后在页面中心位置单击并向右拖动鼠标进行蒙版渐变，效果如图 8-2-31 所示。

图 8-2-31 制作汽车动感效果

七、保存文档

执行“文件”“存储为”命令，在弹出的对话框中单击“保存在您的计算机上”按钮，然后在弹出的“另存为”对话框中选择文件存储位置，文件名默认，保存类型为“Photoshop(*.PSD, *.PDD, *.PSDT)”，单击“保存”按钮保存该文档，效果图如图 8-2-1 所示。

任务三 TASK 3 设计涂鸦广告墙

任务目标

1. 能使用“滤镜库”滤镜编辑图像。
2. 能使用“液化”滤镜编辑图像。
3. 能使用“风格化”滤镜编辑图像。
4. 能使用“像素化”滤镜编辑图像。

任务描述

本任务通过应用“液化”“滤镜库”“渲染”“风格化”等滤镜设计图 8-3-1 所示的涂鸦广告墙。

图 8-3-1 涂鸦广告墙

相关知识

一、“滤镜库”滤镜的应用

设置滤镜的参数时，大部分效果都是可以实时预览的，可以随意调整参数并实时观察效果，然后确定是否符合设计需要。“滤镜库”中可同时添加多个滤镜，能制作出多种滤镜混合的效果。执行“滤镜”“滤镜库”命令，可以选择不同的滤镜效果，如图 8-3-2 所示。

素描—撕边

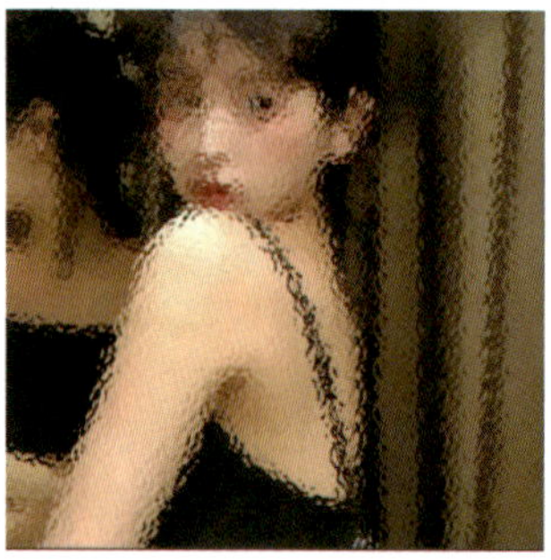
画笔描边—喷溅

扭曲—扩散高光

纹理—染色玻璃

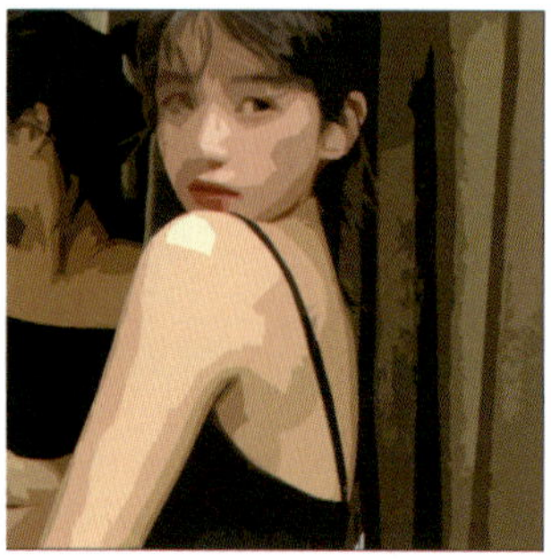
艺术效果—木刻

画笔描边—深色线条

图 8-3-2　部分“滤镜库”命令的滤镜效果

二、“液化”滤镜的应用

1.“液化”滤镜主要应用于两个方面：一是使图像内容发生变形，二是修饰人像面部以及身形，其对话框如图 8-3-3 所示。

2.“液化”滤镜中“画笔工具选项”参数

大小：设置扭曲图像的画笔大小。

密度：控制画笔边缘的羽化范围。

压力：控制画笔在图像上产生扭曲的程度。

图 8-3-3 “液化”滤镜对话框

速率：设置固定画笔的画笔速度。

光笔压力：当计算机配有压感笔时，勾选该选项可以通过压感笔的压力控制工具。

固定边缘：勾选该选项，可以锁定图像边缘。

3. “液化”滤镜的工具

向前变形工具：按住鼠标左键并拖动，可以改变涂抹区域的图像形状。

重建工具：用于恢复变形的图像，在变形区域拖动鼠标进行涂抹，可使变形区域的图像恢复原状。

平滑工具：按住鼠标左键并拖动，可使边界区域平滑。

顺时针扭转工具：按住鼠标左键并拖动，可以顺时针旋转图像。同时按住 Alt 键，则可以逆时针旋转图像。

褶皱工具：按住鼠标左键可以使图像产生内缩效果。

膨胀工具：和“褶皱工具”相反，按住鼠标左键可以使图像往外扩张。

左推工具：按住鼠标左键向上拖动时图像会向左移动。反之，图像则向右移动。

冻结蒙版工具：工具划过的地方会以红色表示，冻结的部分不会被液化工具影响。

解冻蒙版工具：使用该工具在冻结区域涂抹可以将其解冻。

脸部工具：该工具具备高级人脸识别功能，可自动识别眼睛、鼻子、嘴唇和其他面部特征，并轻松对其进行调整。

抓手工具：当图像放大超出窗口显示时，选择此工具，在画面中按住鼠标左键左右拖动，可以调整预览窗口中的图像显示区域。

缩放工具：使用该工具在图像中单击，即可放大图像。同时按住 Alt 键单击，则可缩小图像。双击该工具按钮可以使图像恢复到原始大小。

三、“风格化”滤镜的应用

“风格化”滤镜能够添加多个滤镜，制作出多种滤镜混合的效果，其使用方法与“滤镜库”滤镜相似。执行“滤镜”“风格化”命令，在子菜单中可以看到多种滤镜，如图 8-3-4 所示。执行“风格化”滤镜效果如图 8-3-5 所示。

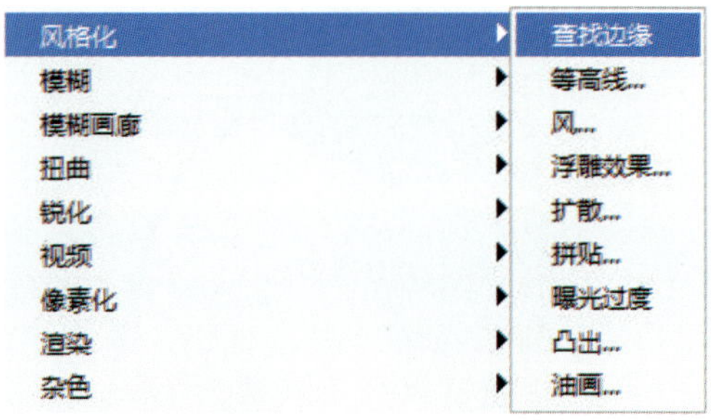

图 8-3-4 “风格化”滤镜组

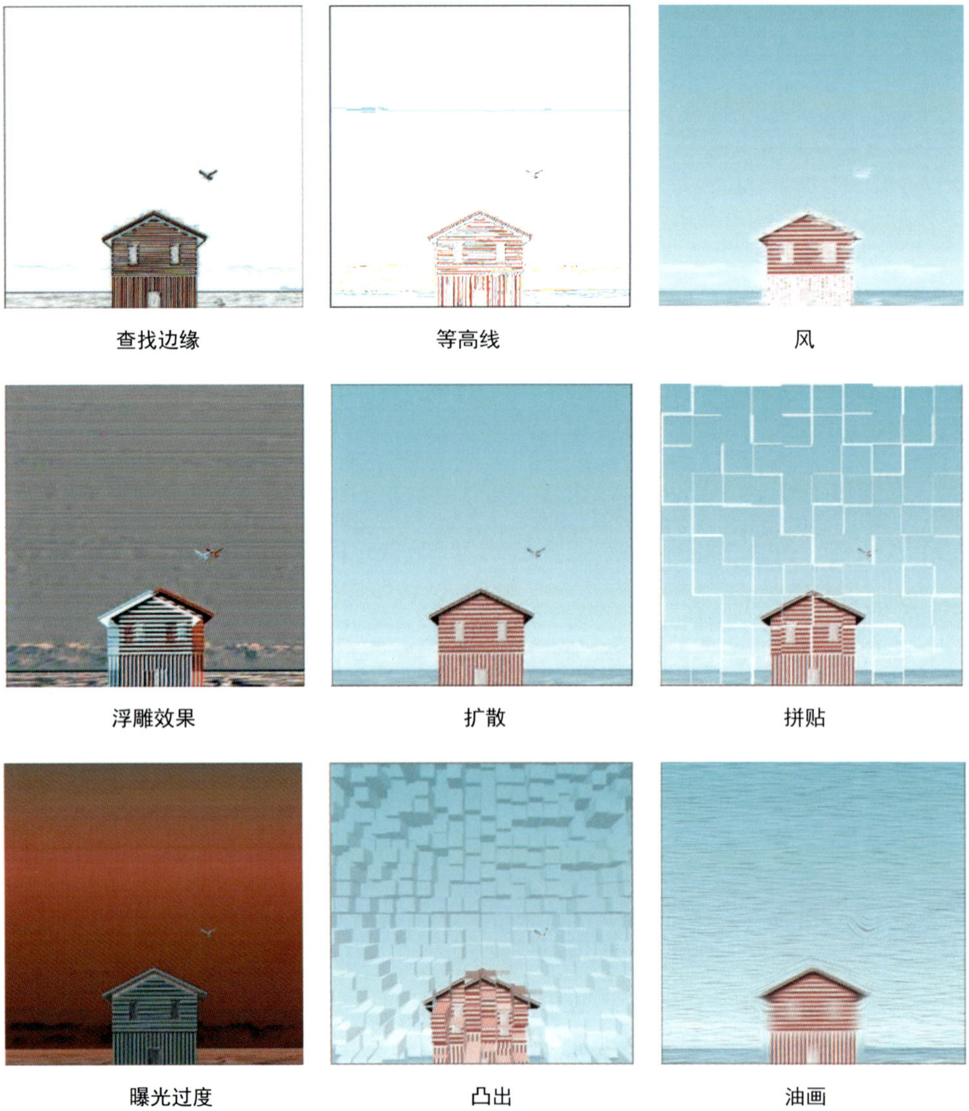

图 8-3-5 执行“风格化”滤镜效果

四、“像素化”滤镜的应用

“像素化”滤镜可以将图像进行平面或分块化处理。执行“滤镜”“像素化”命令即可看到该滤镜组包含七种滤镜，如图 8-3-6 所示。执行“像素化”滤镜效果如图 8-3-7 所示。

图 8-3-6 “像素化”滤镜组

图 8-3-7 执行“像素化”滤镜效果

任务实施

一、新建文档

按“Ctrl+N”快捷键，弹出“新建文档”对话框，在预设详细信息选项中输入“涂鸦墙广告”，设置宽度为“900”，高度为“600”，单位为“毫米”，颜色模式为“RGB 颜色”，分辨率为“72”，单位为“像素 / 英寸”，单击“创建”按钮，创建一个新图像文件。

二、调整人物脸型

1. 执行“文件”“置入嵌入对象”命令，将“素材 / 项目八素材 / 任务三”目录下名为“人物 .JPG”的文件置入，按“Ctrl+T”快捷键调整图片大小，并将该图层栅格化。

2. 执行“滤镜”“液化”命令，在弹出的对话框中选择“冻结蒙版工具”，冻结人物衣服和五官，如图 8-3-8 所示。选择“向前变形工具”调整人物下巴造型，直至调整满意后单击“确定”按钮，如图 8-3-9 所示。

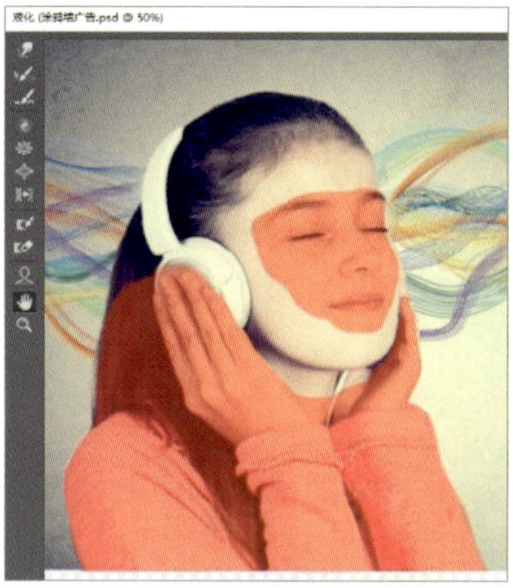

图 8-3-8　冻结人物衣服和五官

图 8-3-9　调整人物下巴造型

三、删除人物背景

选择“对象选择工具”框选人物部分，创建人物选区，如图 8-3-10 所示。在工具属性栏上选取“添加到选区”图标 ，再次框选人物部分还没选取的区域，然后按“Shift+Ctrl+I”快捷键将背景部分反选，按 Delete 键将背景删除，如图 8-3-11 所示。

图 8-3-10　创建人物选区

图 8-3-11　删除人物背景

四、制作墙砖、涂鸦画效果

1. 执行“文件”“置入嵌入对象”命令，将“素材 / 项目八素材 / 任务三”目录下名为“墙砖 .JPG”和“涂鸦画 .JPG”的文件置入“人物”图层的下方，将素材图层栅格化，再调整到合适页面大小，如图 8-3-12 所示。

图 8-3-12　置入“墙砖”和“涂鸦画”素材

2. 为“涂鸦画”图层添加蒙版，选择“画笔工具”，在工具属性栏打开“画笔设置”面板，勾选画笔笔尖形状中的“形状动态”“散布”及“平滑”选项，参数设置如图 8-3-13 所示。设置前景色为黑色，接着在“涂鸦画”蒙版上随意涂抹，效果如图 8-3-14 所示。

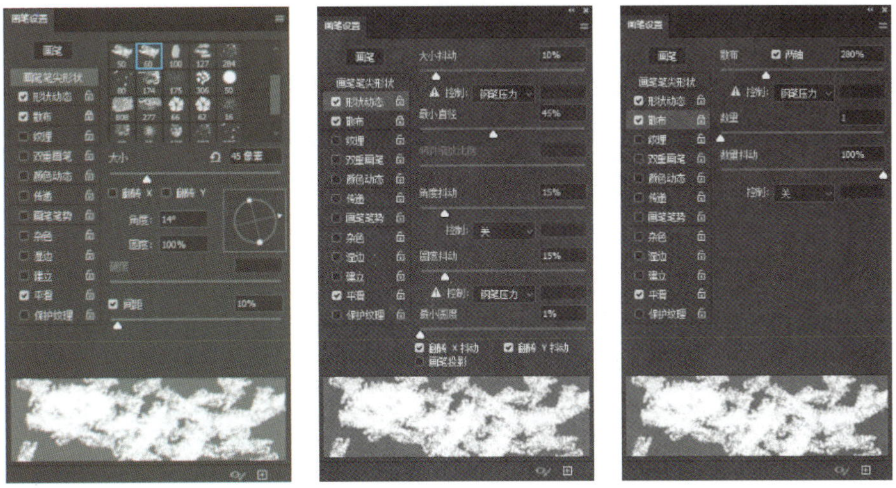

图 8-3-13　设置“画笔”参数

图 8-3-14　涂抹“涂鸦画”蒙版效果

五、制作人物及涂鸦画效果

1. 复制“人物”图层为“人物 拷贝”图层，单击“图层”面板下方的“添加图层样式”图标，在弹出的下拉菜单中选取“描边”选项，设置描边大小为“6 像素”，单击“确定”按钮为人物轮廓描边。

2. 选择“人物 拷贝”图层，执行“滤镜”“滤镜库”“艺术效果”“木刻”命令，设置色阶数为“8”，边缘简化度为“5”，边缘逼真度为“1”，单击“确定”按钮，如图 8-3-15 所示。

图 8-3-15　设置“木刻”滤镜参数

3. 复制“涂鸦画”图层置于“人物 拷贝”图层上方，单击该“图层蒙版缩览图”，设置前景色为黑色，选择“画笔工具”在人物上涂抹，擦出人物特征，使两个图层更融合，如图 8-3-16 所示。

图 8-3-16　复制并涂抹“涂鸦画 拷贝”图层

4. 将“人物”图层移至顶层，设置前景色为黑色，背景色为浅灰色。执行“滤镜”“滤镜库”“素描”“影印”命令，设置细节为“15”，暗度为“3”，如图 8-3-17 所示。单击“确定”按钮完成设置。

图 8-3-17 为“人物”图层添加“影印”滤镜

5. 设置“人物”图层的图层混合模式为“叠加”，增亮人物，效果如图 8-3-18 所示。按“Ctrl+Shift+Alt+E”快捷键盖印图层，自动生成“图层 1”。

图 8-3-18 为图层添加“叠加”混合模式

六、制作墙砖效果

1. 复制“墙砖”图层为“墙砖 拷贝”图层并置于顶层，选择“通道”面板，按住 Ctrl 键单击“绿”通道，创建砖的间隙选区；在“图层”面板上选中“图层 1”，给图层添加图层蒙版，并隐藏“墙砖 拷贝”图层（或删除该图层），如图 8-3-19 所示。

2. 单击“添加图层样式”图标，在弹出的下拉菜单中选择“斜面和浮雕”，设置样式为“内斜面”，方法为“雕刻清晰”，深度为“920%”，方向为“下”，大小为“120 像素”，软化为“0 像素”，角度为“50 度”，高度为“37 像素”，高光模式为“滤色”，阴影模式为“正片叠底”，效果如图 8-3-20 所示。

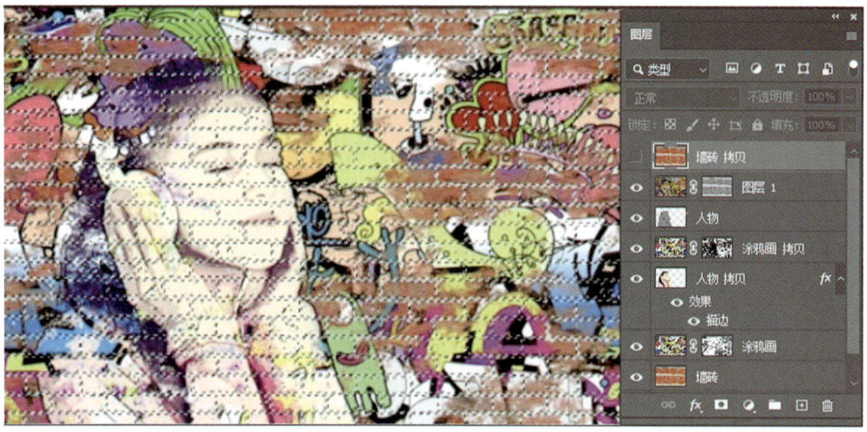

图 8-3-19　盖印图层添加蒙版

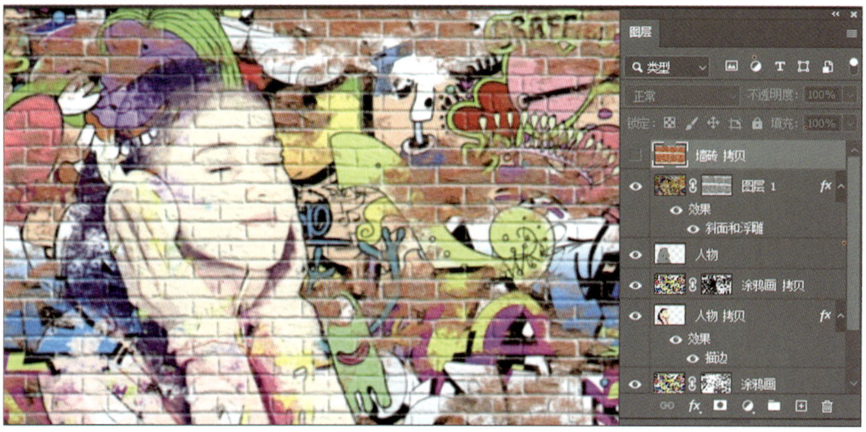

图 8-3-20　“添加图层样式”的效果

3. 选中“图层 1”，执行“滤镜”“渲染”“光照效果”命令，将参数调至“聚光灯”，颜色为褐色，强度为“100”，聚光为“96”，着色为黑色，曝光度为“15”，光泽为“-25”，金属质感为“-20”，环境为“100”，纹理为“红”，高度为“8”，如图 8-3-21 所示。按 Enter 键完成设置。

图 8-3-21　“光照效果”参数设置及效果

4. 执行“滤镜”“风格化”“凸出”命令，在弹出的“凸出”对话框中设置类型为“块”，大小为“5 像素”，深度为“10”且“基于色阶”，勾选“蒙版不完整块”选项，单击“确定”按钮完成设置，使得画面与墙砖之间的效果更真实，如图 8-3-22 所示。整体效果如图 8-3-1 所示。

图 8-3-22 “凸出”滤镜效果

七、保存文档

按“Ctrl+S”快捷键，在弹出的对话框中单击“保存在您的计算机上”按钮，打开“另存为”对话框，选择文件存储位置，文件名默认，保存类型为“Photoshop（*.PSD，*.PDD，*.PSDT）”，单击“保存”按钮保存该文档。

巩固训练

一、制作候车亭灯箱广告

通过制作图 8-4-1 所示候车亭灯箱广告，进一步掌握“Camera Raw”滤镜库、给文字添加滤镜效果、各种滤镜及“消失点”的应用。

图 8-4-1 候车亭灯箱广告

二、操作提示

参考“素材 / 项目八素材 / 任务四”目录下名为“项目八巩固练习 .pdf”的文件。

项目九

包装设计

包装设计是指选用合适的包装材料，运用恰当的工艺手段，为商品在流通过程中提供保护，并促进商品销售而进行的容器结构造型和表面的装潢设计。包装设计是品牌概念、产品特性、消费心理的综合表现，直接影响消费者的购买欲。

本项目通过制作药品包装、食品包装、罐装饮品包装，介绍创建与编辑 3D 对象的方法、编辑 3D 对象应用材质的方法、利用立面浮雕效果制作 3D 效果的方法、添加 3D 光源及存储与导出 3D 对象的方法。通过相关知识的学习和基本技能的训练，学习者可以进一步掌握 3D 图像编辑的用法，提高包装设计的效率，能快速、准确地设计精美的包装设计作品，为日后的包装设计工作打下坚实的基础。

任务一 TASK 1 设计药品包装

任务目标

1. 能描述包装设计的过程。
2. 能设置“3D”面板与“属性”面板。
3. 能按需求选择合适视图。
4. 能创建与编辑 3D 对象。

任务描述

本任务主要应用“3D”面板与“属性”面板为药品包装设计选择适合的视图，并通过创建与编辑 3D 对象完成图 9-1-1 所示药品包装的设计。要完成本任务，除了要掌握简单的创建与编辑 3D 对象的制作技巧之外，还要熟练运用蒙版和“切片”工具，从而达到提高产品附加值、促进销售、扩大产品影响力等目的。

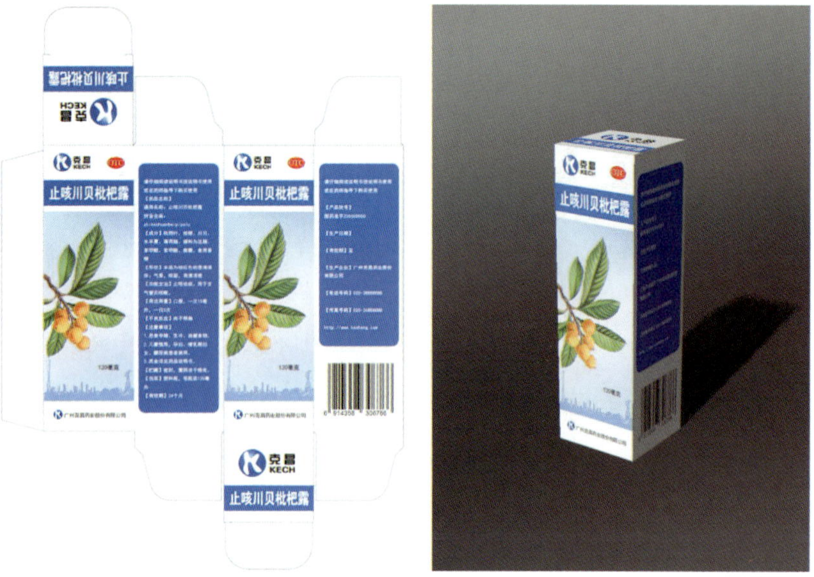

图 9-1-1　药品包装（左图为包装展开图）

相关知识

Photoshop 的 3D 功能可以满足大部分平面设计需要的 3D 效果，如立体字、包装盒都能轻松完成。

新建文档后，执行“窗口”“工作区”“3D”命令，即可切换到 3D 工作页面。选择“移动工具”后，在工具属性栏上就会出现“3D 模式”操作工具，如图 9-1-2 所示。执行“窗口”“3D”命令，打开“3D”面板，如图 9-1-3 所示。

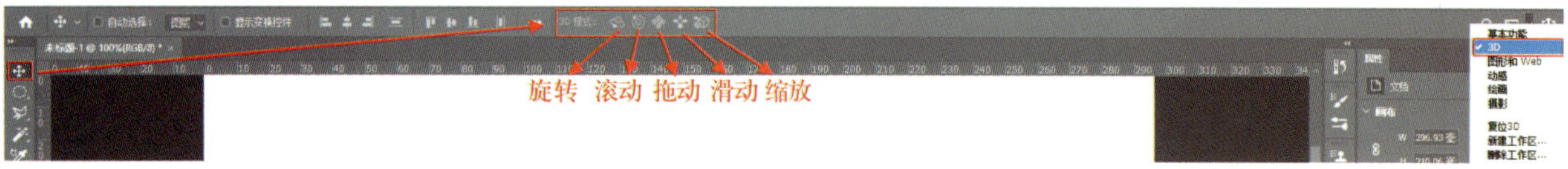

图 9-1-2　“3D 模式”操作工具

创建 3D 对象有两种基本途径，一种是预设形状，另一种是平面转立体。以通过预设形状创建 3D 对象为例，在“3D”面板上勾选“从预设创建网格”并在其下方的新建 3D 对象下拉菜单中选择“立方体”，单击“创建”按钮，如图 9-1-4 所示。

选择“3D”面板里的各个选项时，属性面板会根据“3D”选项显示不同的内容。

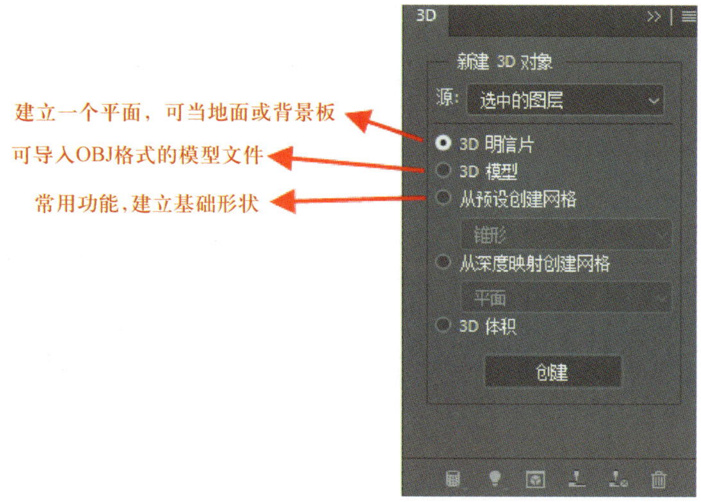

图 9-1-3 “3D”面板

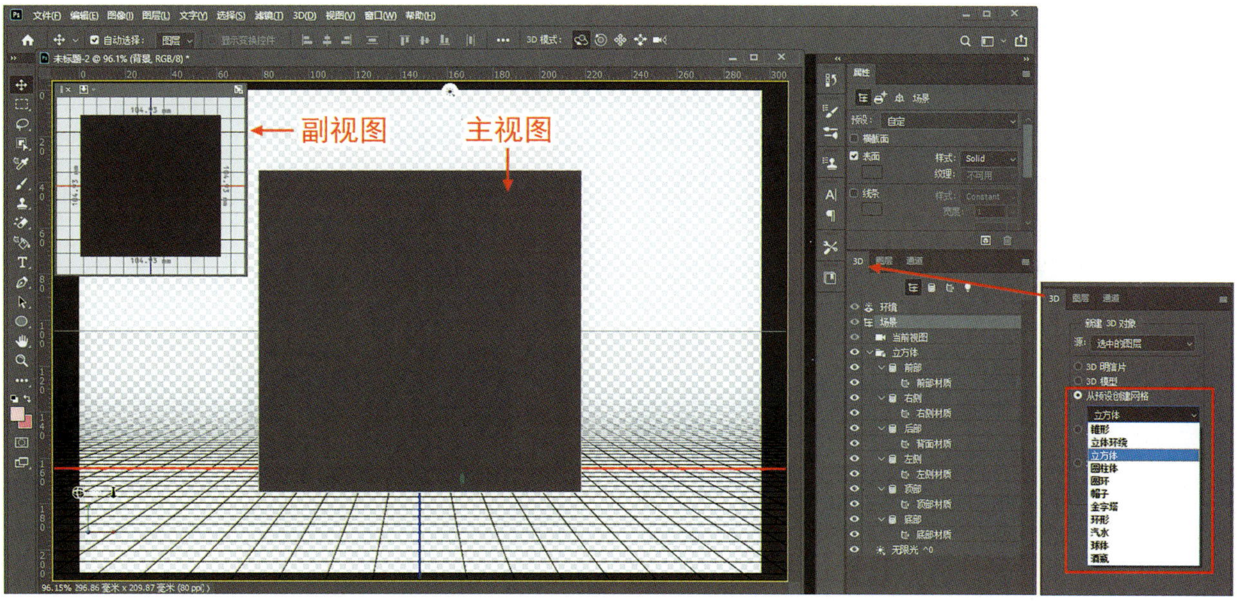

图 9-1-4 通过“预设形状”创建 3D 对象

一、“环境”属性面板

“3D”面板中的“环境”“属性”面板中的“IBL”可设置环境贴图，模拟 3D 场景和光照效果。“颜色”的强度滑条影响环境的亮度；“阴影”柔和度滑条影响环境的清晰度。“地面阴影”的“颜色”与“不透明度”反映物体在地面的投影深浅。“反射”的“不透明度”与“粗糙度”决定物体在地面倒影的强度与清晰度。所有 3D 属性面板下方均有“渲染”图标，如图 9-1-5 所示。

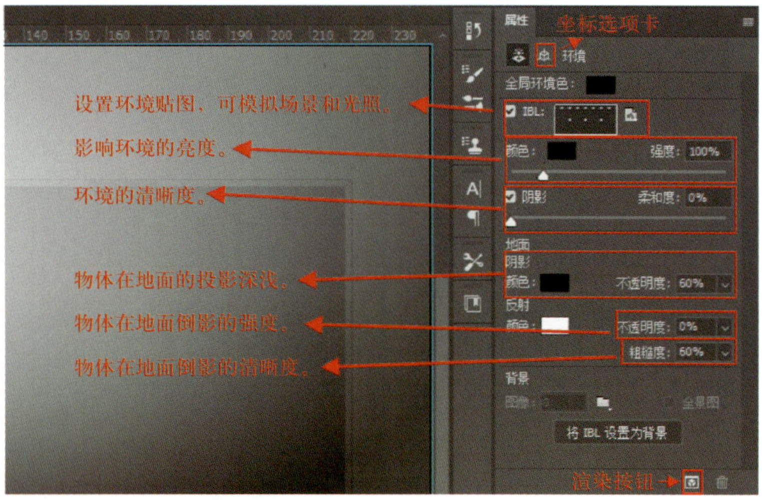

图 9-1-5 “环境”属性面板

二、“场景”属性面板

“3D”面板中的“场景”“属性”面板中的“预设”可选择自带的渲染属性，一般快速渲染可默认不变，自定义渲染效果则根据“表面”“线条”和“点”的渲染选项进行调整，如图 9-1-6 所示。

三、“当前视图”属性面板

“3D”面板中的“当前视图”“属性”面板中的“视图”可切换摄像机的方位，选择切换“透视”摄像机（一般默认透视）或“正交”摄像机，正交摄像机是没有消失点且各方面均为平行的摄像机。“视角”决定镜头的焦距，镜头的焦距数越大，透视感越弱，反之则越强。“景深”中的“距离”为对角的距离，“深度”为焦外虚化的程度。勾选“立体”可开启 3D 眼镜进行观看和操作，如图 9-1-7 所示。

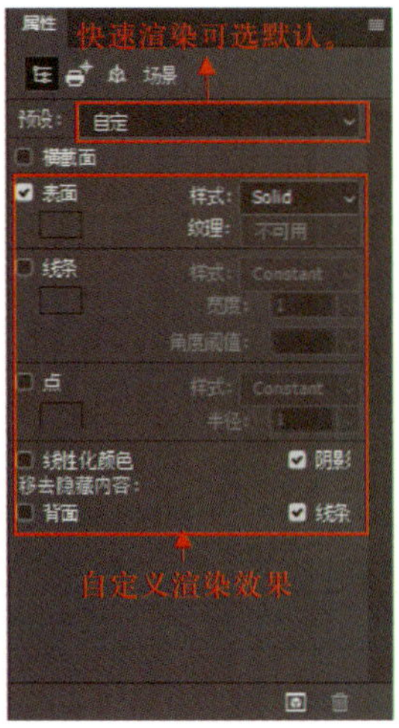

图 9-1-6 “场景”属性面板

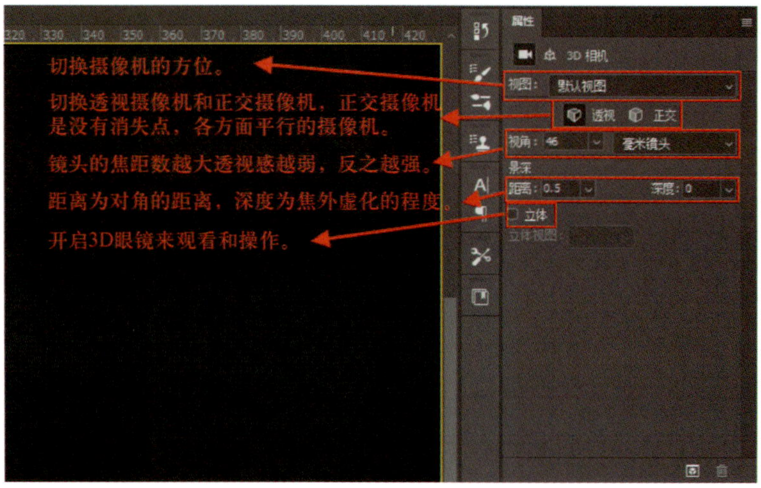

图 9-1-7 “当前视图”属性面板

四、“立方体”属性面板

“3D”面板中的“立方体”属性面板可显示出3D对象的位置、角度、大小，如图9-1-8所示。

五、“材质”属性面板

“3D”面板中“立方体”分目录里的“材质”属性面板可使当前属性根据贴图图案体现强弱，白强黑弱，以此做出蚀刻、UV、镂空等效果，如图9-1-9所示。

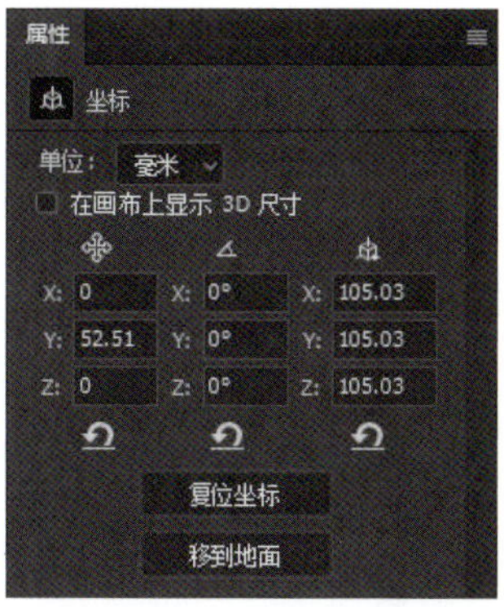

图 9-1-8 “立方体”属性面板

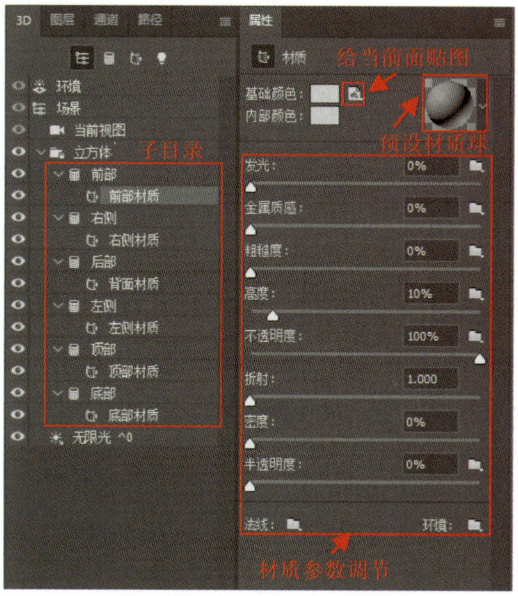

图 9-1-9 “材质”属性面板

六、“无限光”属性面板

“无限光”相当于自然光或者摄影透光灯的平行光，“3D”面板中“无线光”属性面板里的“预设”可模拟各种环境下的光，“类型”可切换无限光、点光、聚光灯的类型，“颜色”强度决定灯的亮度，“阴影”中的“柔和度”指物体被照射后投影的效果，“移到视图”图标可快速找回不在画板内的灯，如图9-1-10所示。

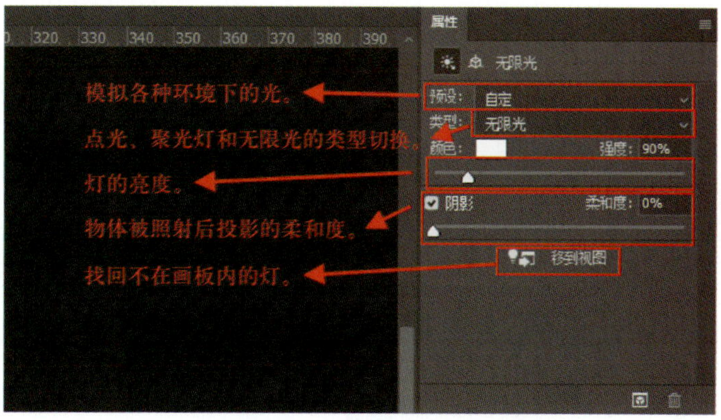

图 9-1-10 “无限光”属性面板

任务实施

一、新建文档

按“Ctrl+N”快捷键，新建一个名为“药品包装盒平面结构图”的文档，宽度为“300”，高度为“350”，单位为“毫米”，分辨率为“100”，单位为“像素/英寸”，色彩模式为“RGB颜色”。打开“素材/项目九素材/任务一”目录下名为“药品包装盒平面结构图.JPG”的素材，复制到新建文件中，并锁定该图层，如图9-1-11所示。

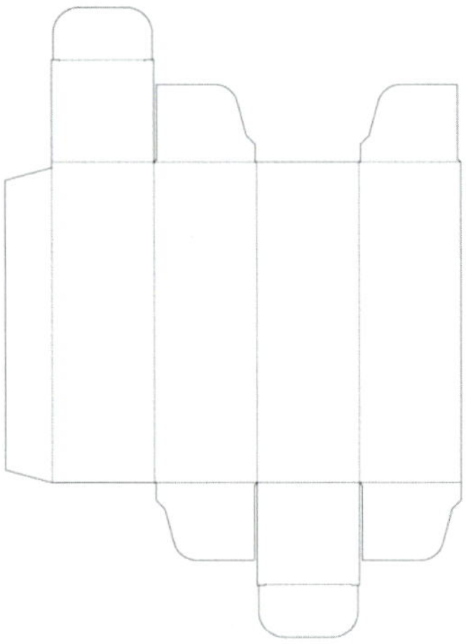

图9-1-11 药品包装盒平面结构图

二、绘制辅助线

按“Ctrl+R”快捷键打开标尺，根据药品包装盒平面结构图绘制辅助线，如图9-1-12所示。

图9-1-12 绘制辅助线

三、绘制药品包装盒正面

1. 添加素材

将“素材/项目九素材/任务一”目录下名为“背景素材.JPG”“药品标志.PNG”和“OTC标志.PNG”的文件依次添加至图层，并调整大小，将其摆放至合适的位置，如图9-1-13所示。

图9-1-13 添加素材

2. 添加枇杷

将“素材/项目九素材/任务一”目录下名为“枇杷.PNG”的文件添加至图层，按“Ctrl+T”快捷键调整枇杷角度，并在图层中单击“图层蒙版”图标，使用“矩形选框工具”框选在结构图正面的枇杷，并按“Shift+Ctrl+I”快捷键选择反选，将蒙版选区填充为黑色，效果如图 9-1-14 所示。

3. 添加文字

使用“矩形工具”绘制矩形，填充颜色（R0，G102，B255），并在矩形选框上方使用“横排文字工具”添加“止咳川贝枇杷露”文字，字体为“方正大黑简体”，大小为“20 点”，字距调整为“-50”，字符垂直缩放“130%”，颜色为白色，如图 9-1-15 所示。

使用“横排文字工具”添加“120 毫克”文字，字体为“黑体”，大小为“10 点”，颜色为黑色。再输入“广州克昌药业股份有限公司”文字，字体为“黑体”，大小为“9 点”，字距调整为“-50”，颜色为黑色。选择标志图层，使用“矩形选框工具”框选图形标志部分，按“Ctrl+J”快捷键复制图形，并将其置于文字前方，如图 9-1-16 所示。

4. 复制包装盒正面图层

按住 Ctrl 键，将除背景图层与结构图图层外的所有图层选中，按“Ctrl+G”快捷键创建新组，命名为“正面”，并复制“正面”图层组得到“正面拷贝”图层组，将其调整至第三个正面结构图内，如图 9-1-17 所示。

图 9-1-14　添加枇杷

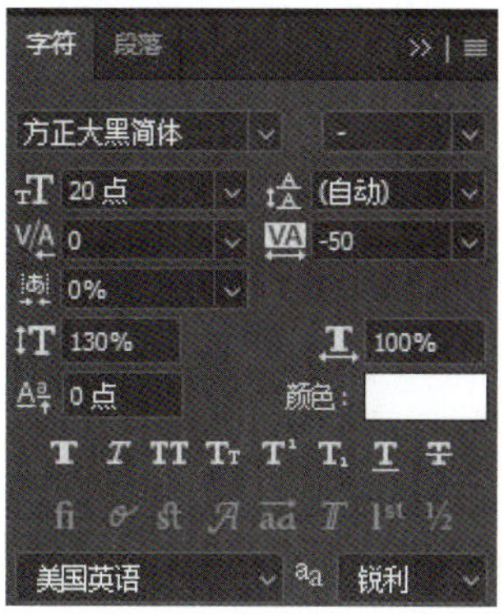

图 9-1-15　设置字符规格

图 9-1-16　添加文字

图 9-1-17　复制图层组

四、绘制药品包装盒侧面

1. 绘制圆角矩形

使用“圆角矩形工具”，在工具属性栏上设置颜色(R0, G102, B255)，圆角半径为“15 像素”，接着绘制圆角矩形，如图 9-1-18 所示。

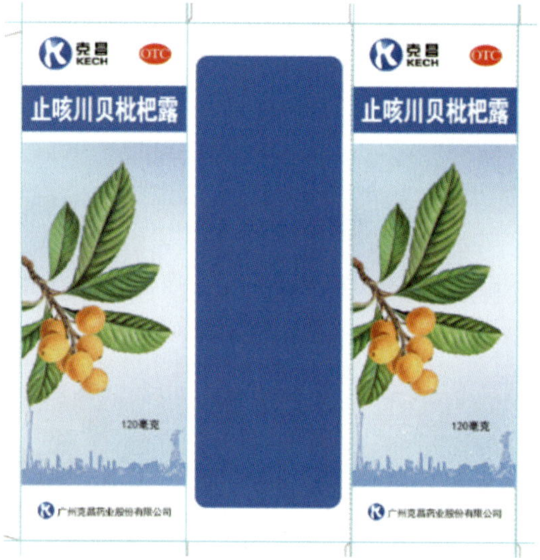

图 9-1-18　绘制圆角矩形

2. 添加文字

打开“素材 / 项目九素材 / 任务一”目录下名为“药品包装文字素材 .DOC”的文件，复制其文字，使用“横排文字工具”在圆角矩形上框选文字选框，选择字体为“黑体”，字号为“8 点”，颜色为白色，将文字粘贴至选框中，效果如图 9-1-19 所示。

图 9-1-19　添加文字

3. 完成第二个侧面

根据上述两步骤，继续完成第二个侧面的圆角矩形与文字效果，并将“素材 / 项目九素材 / 任务一”目录下名为“条形码 .PNG”的文件添加至图层，效果如图 9-1-20 所示。

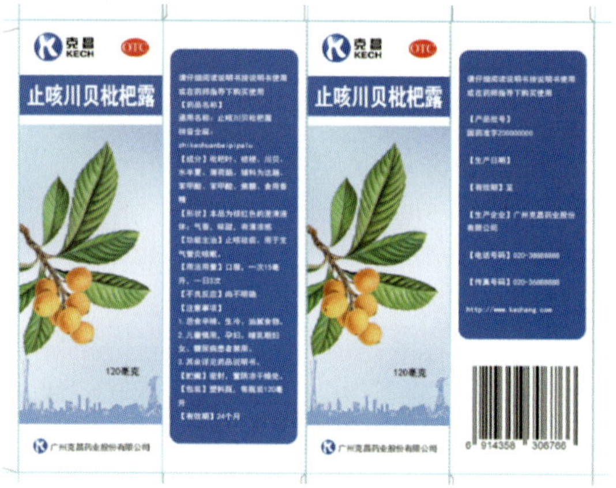

图 9-1-20　完成第二个侧面

五、绘制药品包装盒盖

复制正面的药品标志与药品名称图层，调整大小、角度并将其置于包装盒盖上，效果如图 9-1-21 所示。

六、单独保存每一个面

1. 将图层切片

选中最上层的图层，按“Shift+Ctrl+Alt+E”快捷键盖印可见图层，生成新的图层，选中该图层，使用“切片工具”沿着六个面的辅助线框选六个切片区，将图层切片，如图 9-1-22 所示。

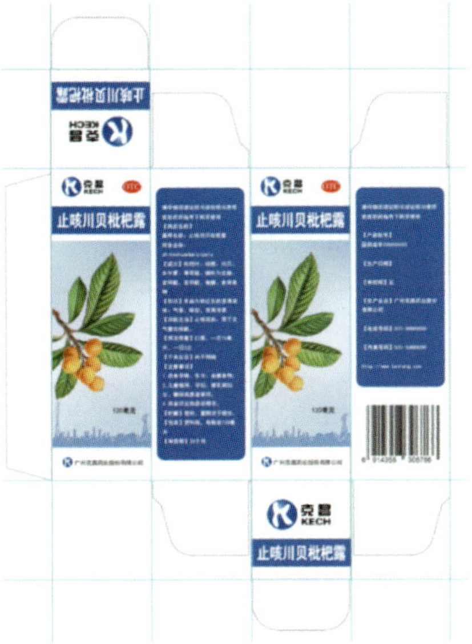

图 9-1-21　绘制药品包装盒盖

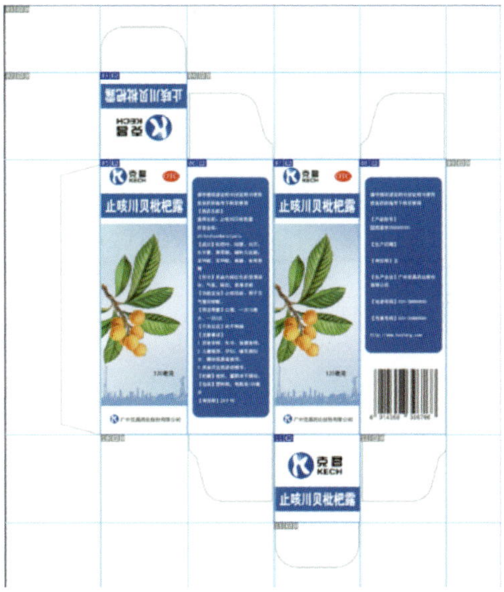

图 9-1-22　将图层切片

2. 保存切片

按“Alt+Shift+Ctrl+S”快捷键将文件存储为 Web 所用格式，单击“存储”按钮，选择保存位置后单击切片选框，选择“所有用户切片”选项，单击“保存”按钮确定操作，如图 9-1-23 所示。完成后将文件存储为“Photoshop（*.PSD，*.PDD，*.PSDT）”格式。

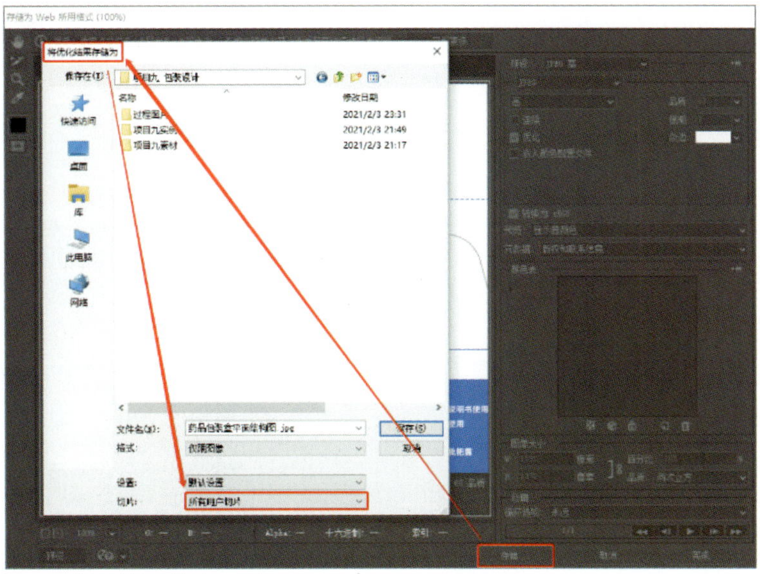

图 9-1-23　保存切片

小贴士

如果要将图片制作成 3D 效果，颜色模式必须保存为“RGB 模式”。

3. 切片效果

在保存的位置上出现一个“images”文件夹，文件夹内有六个单独保存的切片，如图 9-1-24 所示。

图 9-1-24　切片效果

4. 保存文档

执行“文件”“存储为”命令，在弹出的对话框中单击“保存在您的计算机上”按钮，在弹出的“另存为”对话框中选择文件存储位置，文件名默认，保存类型为“Photoshop（*.PSD，*.PDD，*.PSDT）”，单击“保存”按钮保存该文档，展开平面效果图如图 9-1-1 所示。

七、制作药品包装盒立体图

1. 新建文件

新建一个名为“药品包装盒效果图”的文档，宽度为“200”，高度为“300”，单位为“毫米”，颜色模式为“RGB 颜色”，分辨率为“100”。

2. 制作立方体

新建图层，执行“窗口”“3D”命令，弹出“3D”面板，选择“从预设创建网格”“立方体”选项，单击“创建”按钮，创建长方体，在“3D”面板上选中“立方体”，打开“属性”面板单击“缩放比例”图标，勾选“尺寸”，取消“平均缩放”选项，将长方体的比例改为“X：42，Y：144，Z：42”，再单击“移到地面”按钮，如图 9-1-25 所示。

在“3D”面板上单击“当前视图”，选择“移动工具”，单击工具属性栏上的“环绕移动 3D 相机”图标，在图像窗口将长方体调整至合适的视角，如图 9-1-26 所示。

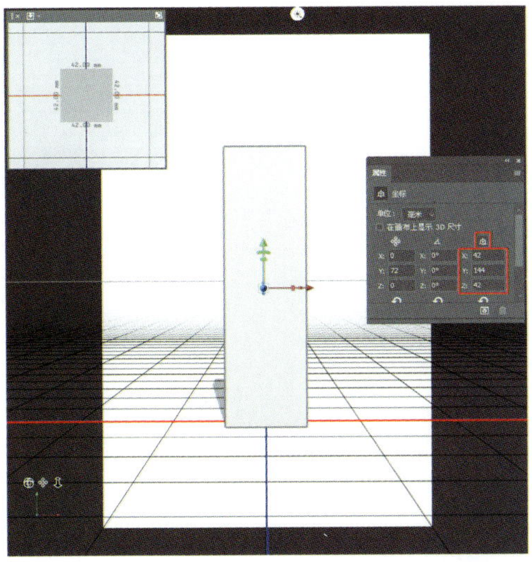

图 9-1-25 制作立方体

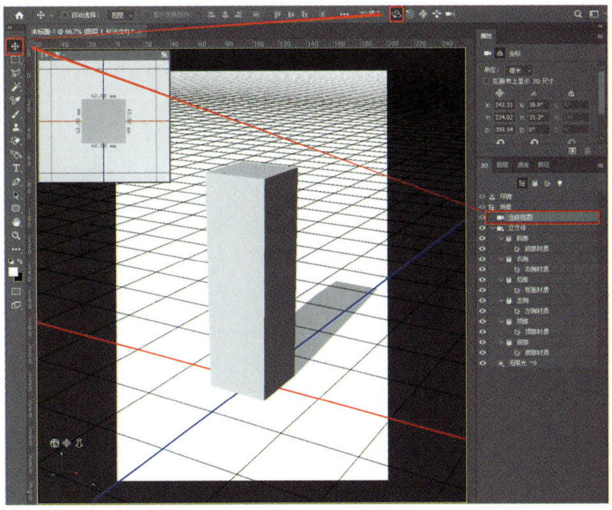

图 9-1-26 修改长方体视角

小贴士

包装盒的尺寸：42 mm（长）×42 mm（宽）×144 mm（高）。

“立方体”的尺寸属性可按百分比比例设置，也可以毫米为单位。

3. 选择材质球

在“3D”面板上展开“立方体”子目录，按住 Ctrl 键加选各个面的材质，然后在“属性”面板上单击材质球，选择“无纹理”材质球，如图 9-1-27 所示。

4. 载入纹理

在“3D”面板上分别选中每个面的材质，然后在“属性”面板上单击“基础颜色”旁边的图标，选择“载入纹理”选项，如图 9-1-28 所示。

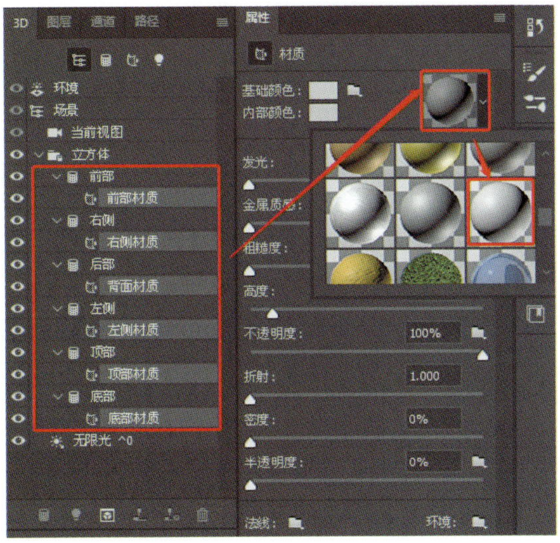

图 9-1-27 选择材质球

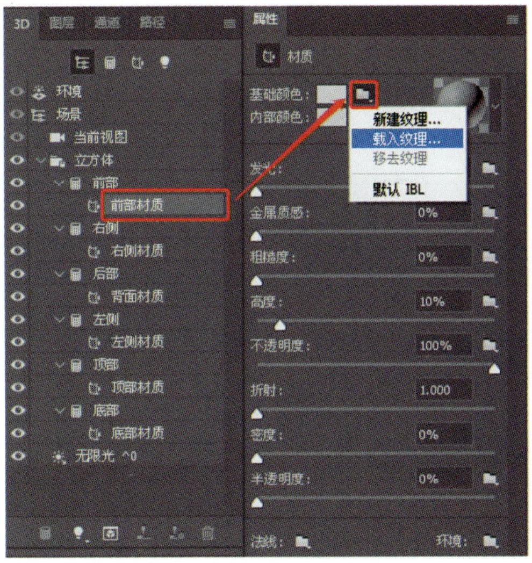

图 9-1-28 载入纹理

在弹出的“打开”对话框中根据药品包装平面结构图分别载入切片文件夹“images”中所对应的每一个面的切片图，效果如图 9-1-29 所示。

5. 调整无限光

在“3D”面板中选中“无限光”，在“属性”面板上调整颜色强度为“95%”，阴影为“20%”，如图 9-1-30 所示。

6. 渲染 3D 效果

单击“属性”面板下的“渲染”图标，完成渲染，效果如图 9-1-31 所示。

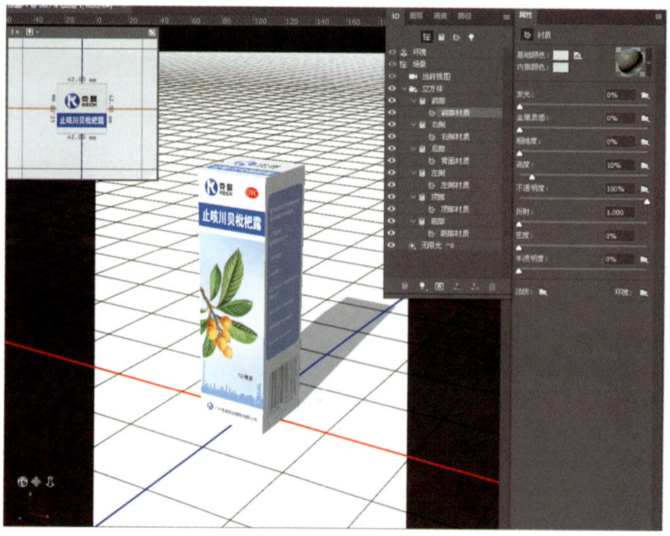

图 9-1-29　载入纹理后效果

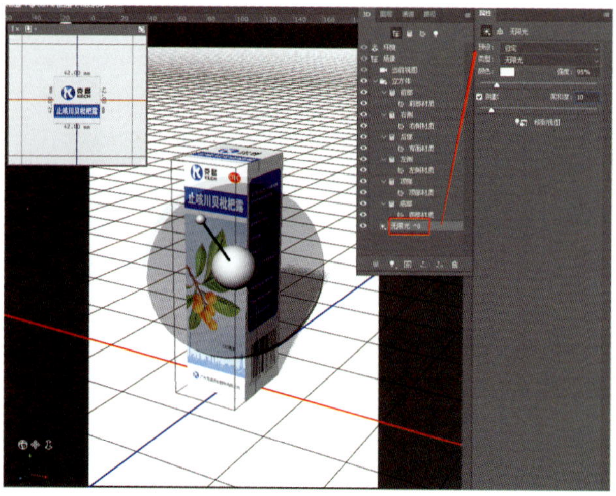

图 9-1-30　调整无限光

图 9-1-31　渲染 3D 效果

小贴士

Photoshop 中的 3D 效果不渲染也可以直接导出 JPG，但是会缺少很多细节，建议渲染完成后再导出图片。渲染需要时间，文件越大所需时间越长。

八、填充渐变背景

选择“渐变工具”，在工具属性栏上选择“渐变编辑器”进行渐变色调整：位置“0%”的颜色为“R120，G120，B120”，位置“53%”的颜色为“R46，G46，B46”，位置“100%”的颜色为“R70，G70，B70”，设置“线性渐变”，在“背景”图层完成渐变填充，效果如图 9-1-32 所示。

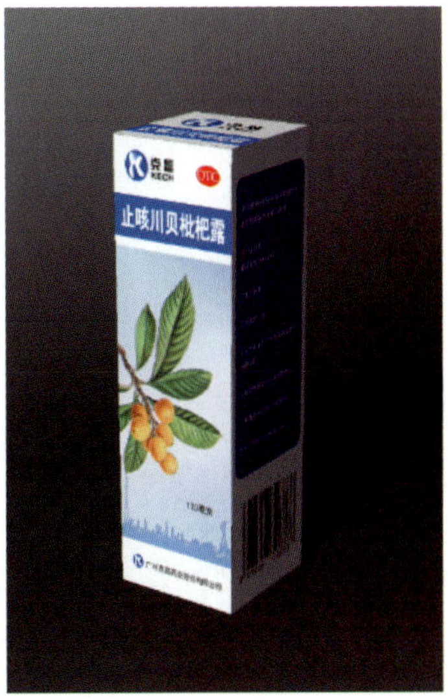

图 9-1-32　添加渐变背景

九、保存文档

按“Ctrl+S”快捷键，在弹出的对话框中单击“保存在您的计算机上”按钮，打开“另存为”对话框，选择文件存储位置，文件名默认，保存类型为“Photoshop（*.PSD，*.PDD，*.PSDT）”，单击“保存”按钮保存该文档，效果图如图 9-1-1 所示。

任务二 TASK 2 设计食品包装

任务目标

1. 能编辑 3D 对象应用材质。
2. 能使用矢量绘图工具绘制和编辑图形。
3. 能设置“图层样式”属性。
4. 能制作立体浮雕效果图形。

任务描述

本任务首先通过编辑 3D 对象应用材质，为食品包装设计选择适合的材质，并通过立体浮雕效果完成图 9-2-1 所示食品的包装设计。要完成本任务，除了要掌握 3D 对象制作与应用材质的技巧之外，还要熟练运用矢量绘图工具与“图层样式”命令进行包装图效果图设计的方法，从而达到提高产品附加值、促进销售、扩大产品影响力等目的。

图 9-2-1　食品包装

相关知识

一、“3D 材质吸管工具”选择材质

“3D 材质吸管工具” 用于吸取 3D 模型中区域使用的贴膜材质信息。操作方法是先选择“3D 材质吸管工具” ，然后在属性面板上的“材质”选项中单击选取需要的 3D 模型材质即可。按住 Alt 键单击 3D 模型中其他块面可填充 3D 材质吸管工具吸取的 3D 材质，如图 9-2-2 所示。

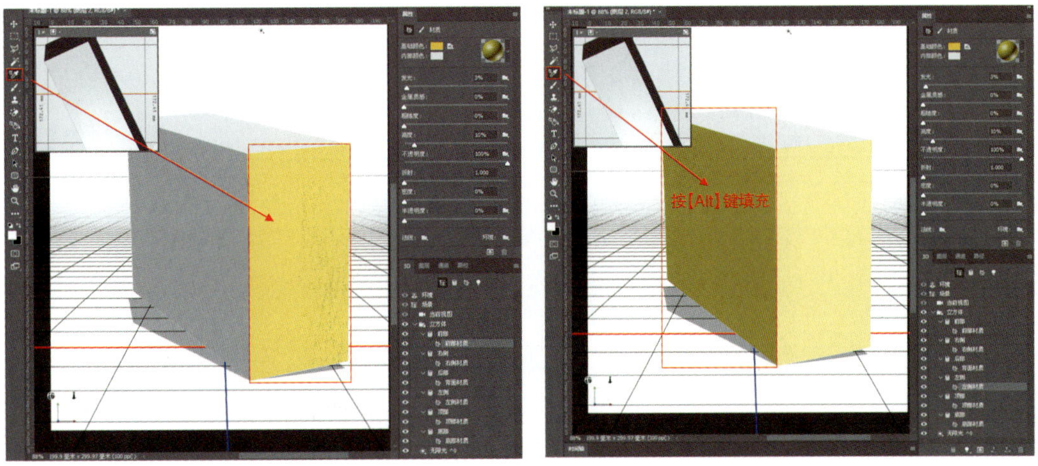

图 9-2-2　“3D 材质吸管工具”选择材质

二、“材质”属性面板编辑材质

1. 预设材质球

在“3D”面板上直接单击“材质”图标 ，或展开“立方体”子目录中各个面的材质，在“属性”面板上单击材质球，可输入预设材质，如图 9-2-3 所示。

2. 载入纹理或替换纹理

单击材质属性栏“基础颜色”旁的 图标，在弹出的菜单中选择“载入纹理”或“替换纹理”可更换 3D 对象的材质，如图 9-2-4 所示。

3. 编辑纹理

载入纹理后，根据需要单击“基础颜色”旁的 图标，在弹出的菜单中选择“编辑纹理”，单击“编辑纹理”后会自动打开一个扩展名为 .PSD 的文件，此文件即为当前文件的材质贴图，然后对这个文件进行编辑，编辑的方法与 Photoshop 处理图像相似，根据设计需求对图案进行更换调整。完成后按“Ctrl+S”快捷键进行保存，如图 9-2-5 所示。

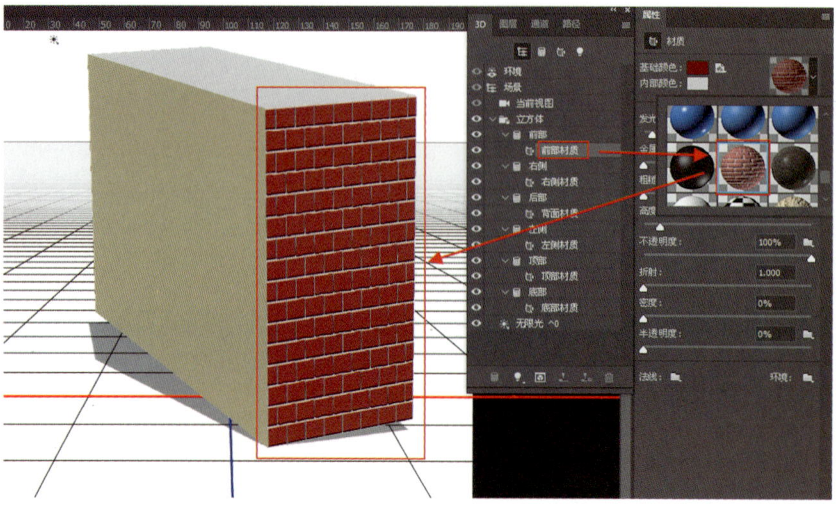

图 9-2-3　预设材质球

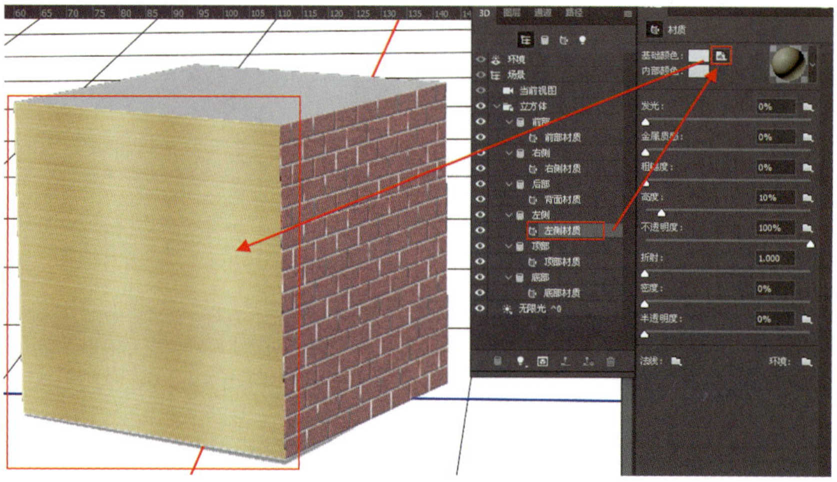

图 9-2-4　载入纹理或替换纹理

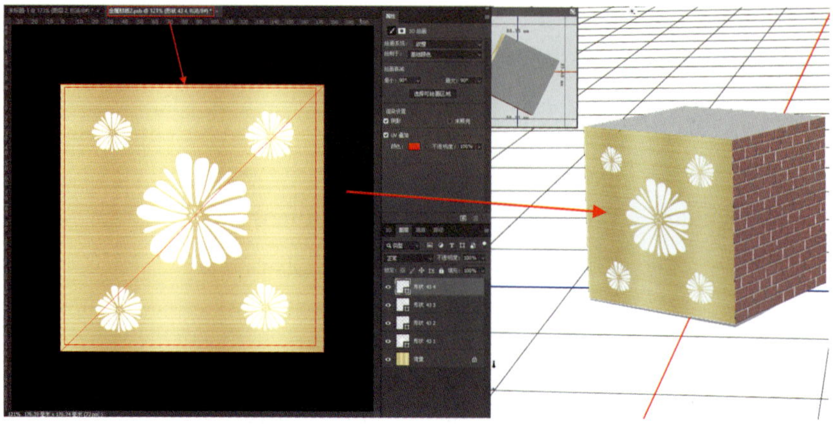

图 9-2-5　编辑纹理

4. 编辑 UV 属性

载入纹理或编辑纹理后，根据设计需要单击“基础颜色”旁的  图标，选择“编辑 UV 属性”命令，即可弹出“纹理属性”对话框，如图 9-2-6 所示。

图 9-2-6　编辑 UV 属性

任务实施

一、新建文档

按“Ctrl+N”快捷键，新建一个名为“食品包装设计”的文档，宽度为“110”，高度为“175”，单位为“毫米”，分辨率为“150”，单位为“像素 / 英寸”，颜色模式为“RGB 颜色”，接着打开“素材 / 项目九素材 / 任务二”目录下名为“包装袋 .PSD”的文件，复制到新建文件中，并锁定该图层，如图 9-2-7 所示。

图 9-2-7　包装袋底图

二、绘制包装袋上方图形

新建图层，设置前景色为黄色（R255，G219，B63），使用“钢笔工具”在包装袋上方绘制图形，完成后用鼠标右键单击该图层，在弹出的菜单中选择“创建剪贴蒙版”命令，为该图层创建剪贴蒙版。双击图层，为其添加“投影”图层样式，设置混合模式为“正片叠底”，不透明度为“35%”，角度为“90 度”，距离为“20 像素”，扩展为“10%”，大小为“35 像素”，效果如图 9-2-8 所示。

图 9-2-8　绘制包装袋上方图形

三、添加素材

1. 添加插图

打开“素材 / 项目九素材 / 任务二”目录下名为“插图 .PNG”的文件，复制到“食品包装设计”文档，调整其大小并置于合适的位置，接着按住 Alt 键，将鼠标移到上下两个图层中间的横线上，光标变为 ，单击鼠标，制作图层的剪贴蒙版，效果如图 9-2-9 所示。

2. 添加标志

打开“素材 / 项目九素材 / 任务二”目录下名为“标志 .PSD”的文件，复制到“食品包装设计”文档，调整其大小并摆放至合适的位置，如图 9-2-10 所示。

图 9-2-9　添加插图

图 9-2-10　添加标志

四、绘制封口

使用"矩形工具"在包装袋上方绘制矩形，填充颜色为80%灰，无描边，在"图层"面板上设置图层的混合模式为"正片叠底"，不透明度为"25%"。两次按"Ctrl+J"快捷键复制图层并向下移动调整矩形距离，接着选择这三个图层，按"Ctrl+G"快捷键建立新图层组，命名为"上封口"，然后复制"上封口"图层组并改名为"下封口"，移至包装袋下方，如图 9-2-11 所示。

图 9-2-11 绘制封口

五、绘制话框

1. 绘制黄色话框

设置前景色为黄色（R255，G219，B63），使用"圆角矩形工具"绘制圆角半径为"30 像素"的话框，选择"钢笔工具"绘制三角形话框箭头路径，然后在工具属性栏上选择"合并形状"，按"Ctrl+T"快捷键将话框倾斜。双击该图层，为其添加"投影"图层样式，设置图层混合模式为"正片叠底"，不透明度为"35%"，角度为"90 度"，距离为"10 像素"，扩展为"0%"，大小为"18 像素"，如图 9-2-12 所示。

2. 绘制白色话框

复制"圆角矩形 1"图层，在工具属性栏上将填充颜色改为白色，按"Ctrl+T"快捷键调整图形大小，使用"直接选择工具"将箭头微调，效果如图 9-2-13 所示。

图 9-2-12　绘制黄色话框

图 9-2-13　绘制白色话框

六、添加海苔素材

选择“椭圆工具”，在工具属性栏上选择填充为白色，描边为黄色（R255，G219，B63），描边大小为“5 像素”，然后绘制正圆。

打开“素材 / 项目九素材 / 任务二”目录下名为“海苔素材 .JPG”的文件，复制添加至图层中，调整大小并置于合适的位置，然后按住 Alt 键，将鼠标移到上下两个图层中间的横线上，光标变为 ，单击鼠标，制作图层的剪贴蒙版，如图 9-2-14 所示。

图 9-2-14　添加海苔素材

七、绘制海苔立方体

1. 绘制圆角矩形

选择“圆角矩形工具”，设置半径为“20 像素”，绘制一个圆角矩形。

2. 设置 3D 立方体

打开“3D”面板，选择“3D 模型”选项，单击“创建”按钮，创建 3D 模型，然后单击“当前视图”，则可在“属性”面板将视角调整为“67 毫米镜头”，景深距离为“0.5”，如图 9-2-15 所示。

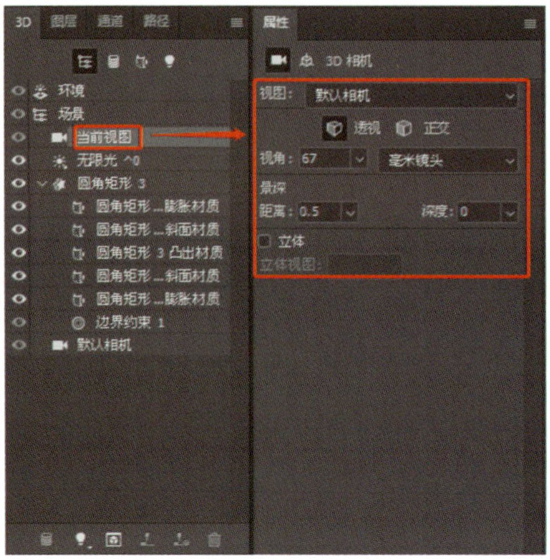

图 9-2-15　设置当前视图

单击“3D”面板的“圆角矩形 3”，然后在“属性”面板设置凸出深度为“22.68 毫米”，如图 9-2-16 所示。

单击“3D”面板中的“圆角矩形 ...膨胀材质”，然后在“属性”面板的“材质拾色器”中选择“有机物 - 苔藓（合成）”，发光为“30%”，粗糙度为“40%”，其余参数数值默认，如图 9-2-17 所示。

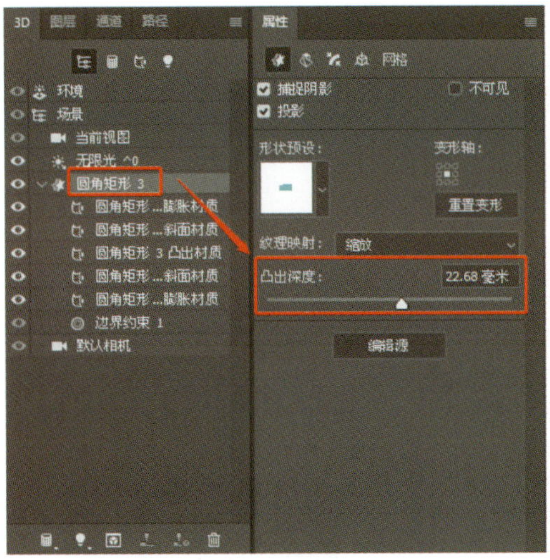

图 9-2-16 设置圆角矩形

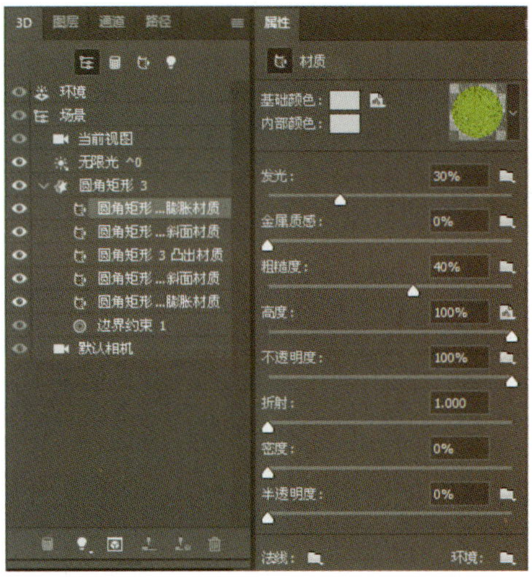

图 9-2-17 设置正面材质参数

按住 Ctrl 键选择圆角矩形的剩余材质，然后在“属性”面板中单击“基础颜色”图标，在弹出的“拾色器（基础颜色）”对话框中设置颜色为墨绿色（R15，G72，B21），单击“确定”按钮，然后继续在“属性”面板中设置发光为“8%”，金属质感为“8%”，粗糙度为“33%”，高度为“10%”，其余参数默认，如图 9-2-18 所示。

单击“属性”面板下方的“渲染”图标 ，渲染后海苔质感及立体效果如图 9-2-19 所示。

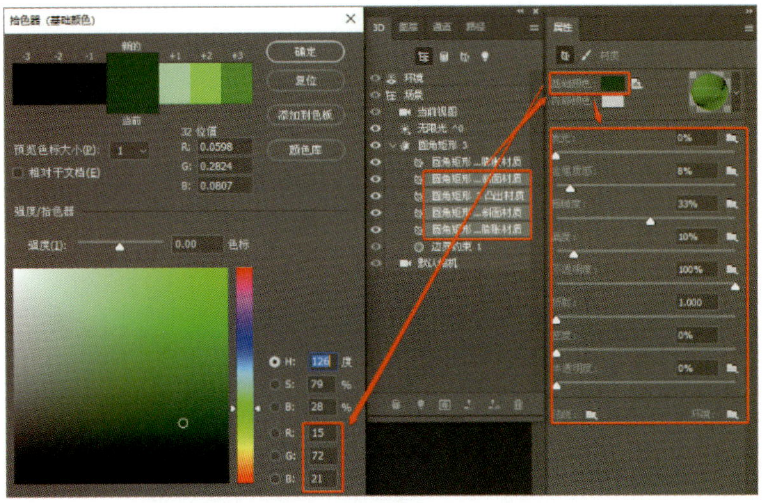

图 9-2-18 设置其余面材质参数

图 9-2-19 渲染后的海苔质感及立体效果

小贴士

制作3D效果时，“3D”面板与“属性”面板常常一起使用，当单击“3D”面板上某一条目时，即可在“属性”面板中进行相应参数的设置。

八、添加文字

1. 添加产品名称

选择“横排文字工具”，在工具属性栏上设置字体为“方正水柱简体”，字号为“33点”，间距为“50%”，颜色为绿色（R24，G183，B35），输入文字“芝麻夹心”。在工具属性栏上将字号改为“50点”，颜色为白色，输入文字“海苔”。分别双击两个文字图层，为其添加“投影”图层样式，混合模式为“正片叠底”，不透明度为“35%”，角度为“90度”，距离为“5像素”，扩展为“0%”，大小为“3像素”，如图9-2-20所示。

图 9-2-20　添加产品名称

2. 添加宣传语

选择“横排文字工具”，在工具属性栏上设置字体为“方正粗圆_GBK”，字号为“15点”，间距为“50%”，颜色为白色，输入文字“高营养 好体质”。在属性栏上将字号改为“10点”，输入文字“嫩香稀有 鲜之独有”。接着在“嫩香稀有 鲜之独有”图层下方新建图层，绘制圆角矩形，颜色为墨绿色（R10，G115，B18），如图9-2-21所示。

图 9-2-21　添加宣传语

3. 添加净含量

选择“横排文字工具”，设置字体为“黑体”，字号为“10点”，间距为“0%”，颜色为黑色，输入文字“净含量：40克”，如图9-2-22所示。

图 9-2-22　添加净含量

九、盖印图层

选择除背景图层外的所有图层，按“Ctrl+G”快捷键将图层编成图层组，命名为“包装平面图”。隐藏背景图层，按“Shift+Ctrl+Alt+E”快捷键盖印可见图层，如图 9-2-23 所示。

图 9-2-23 盖印图层

十、制作立体包装效果

1. 绘制立体效果图轮廓

选择“钢笔工具”，在工具属性栏上选择工具模式为“路径”，绘制立体效果图轮廓，如图 9-2-24 所示。

2. 建立蒙版

隐藏“包装平面图”图层组，选择盖印后的图层，选中“路径”面板中的“工作路径”，单击“路径”面板下方的“将路径作为选区载入”图标，将路径建立选区，在“图层”面板中单击“添加图层蒙版”图标，如图 9-2-25 所示。

3. 设置“斜面和浮雕”参数

显示“背景”图层，双击盖印图层，为其添加“斜面和浮雕”图层样式，结构样式为“内斜面”，方法为“平滑”，深度为“100%”，方向为“上”，大小为“60 像素”，软化为“10 像素”。阴影角度为“121 度”，高度为“16 度”，光泽等高线为高斯，高光模式为“滤色”，不透明度为“30%”，阴影模式为“正片叠底”，不透明度为“60%”，如图 9-2-26 所示。

图 9-2-24 绘制立体效果图轮廓

图 9-2-25 建立蒙版

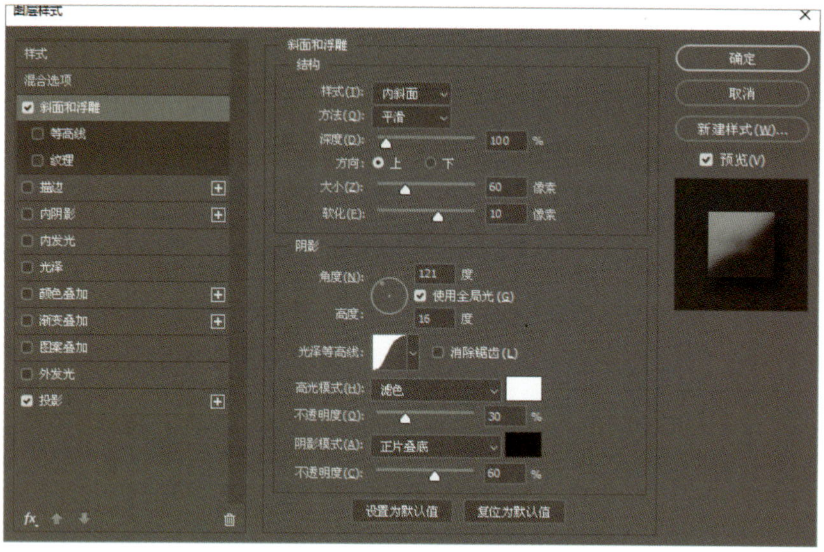

图 9-2-26　设置“斜面和浮雕”参数

4. 设置“投影”参数

添加“投影”图层样式，混合模式为“正片叠底”，不透明度为“35%”，角度为“135度”，距离为“35 像素”，扩展为“10%”，大小为“35 像素”，完成后单击“确定”按钮，如图 9-2-27 所示。

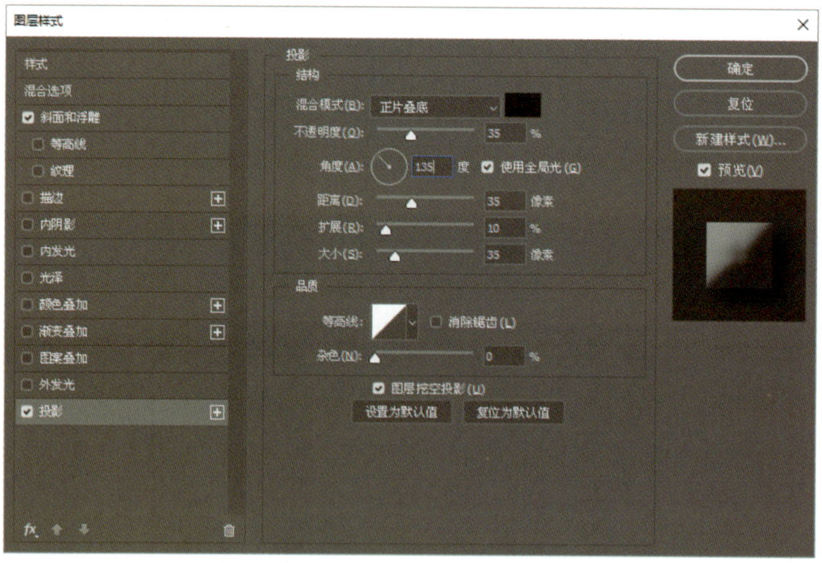

图 9-2-27　设置“投影”参数

十一、保存文档

按“Ctrl+S”快捷键，在弹出的对话框中单击“保存在您的计算机上”按钮，打开“另存为”对话框，选择文件存储位置，文件名默认，保存类型为“Photoshop（*.PSD, *.PDD, *.PSDT）”，单击“保存”按钮保存该文档，效果图如图 9-2-1 所示。

任务三 TASK 3 设计罐装饮品包装

任务目标

1. 能根据需要设置图层的渲染属性。
2. 能设置和添加 3D 光源。
3. 能根据设计需求选择图层混合效果。
4. 能储存及导出 3D 对象。

任务描述

本任务通过为 3D 对象添加光源设置，为罐装饮品包装设计选择适合的光源，完成 3D 对象的渲染，并通过图层的混合模式完成图 9-3-1 所示罐装饮品包装的设计。要完成本任务，除了掌握 3D 对象的制作与添加 3D 光源的技巧之外，还要熟练运用图层样式进行包装图效果设计，从而达到提高产品附加值、促进销售、扩大产品影响力等目的。

图 9-3-1　罐装饮品包装

相关知识

一、选择渲染预设

打开 3D 文档或创建了 3D 效果的文档，在“3D”面板顶部单击“场景”选项，在“属性”面板上的“预设”菜单中选取渲染预设选项。标准渲染预设为“默认”，即显示模型的可见表面，如图 9-3-2 所示。

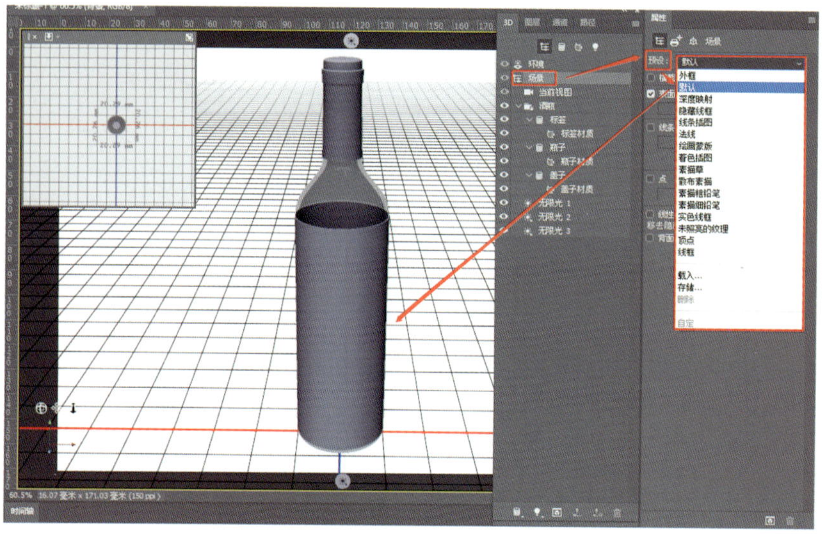

图 9-3-2　“默认”渲染预设

“线框”和“顶点”预设选项会显示底层结构。要合并实色和线框渲染，选择“实色线框”预设选项，如图 9-3-3 所示。

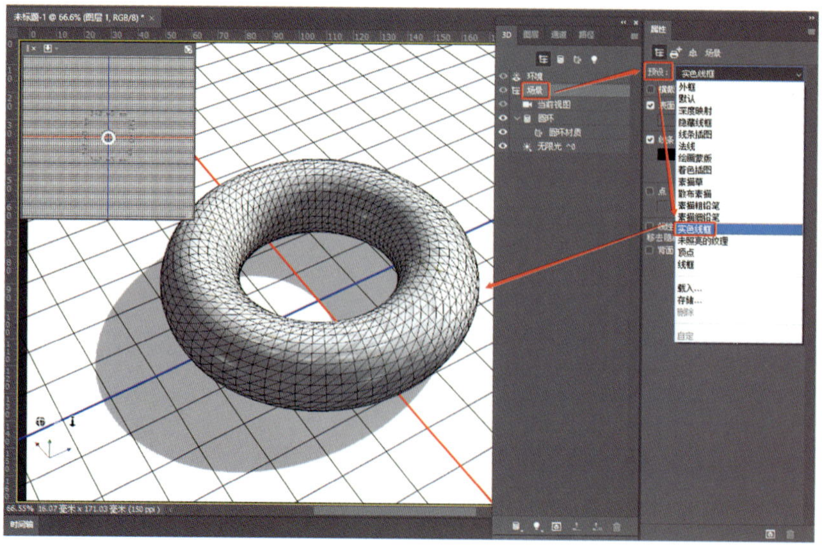

图 9-3-3　“实色线框”渲染预设

要查看 3D 模型外观造型的轮廓时，选择“外框”预设，如图 9-3-4 所示。

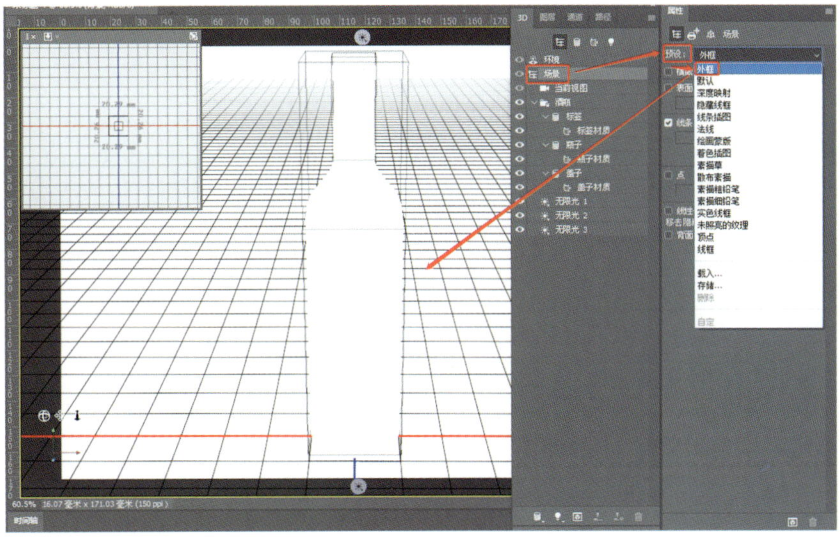

图 9-3-4 “外框”渲染预设

小贴士

注意：渲染设置是图层特定的。如果文档包含多个 3D 图层，请为每个图层分别指定渲染设置。

二、自定渲染设置

在“场景”属性面板中根据需求选择表面、线条、点等参数，即开启自定渲染设置。

1. “表面”选项

选中“属性”面板中的“表面”复选框后，可以通过设置“样式”来设置模型表面的显示方式，如图 9-3-5 所示。

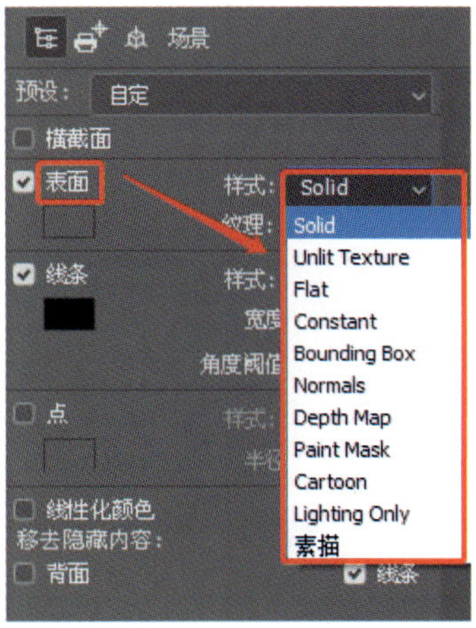

图 9-3-5 “表面”选项

Solid（实色）：使用 OpenGL 显卡上的 GPU 绘制没有阴影或反射的表面。

Unlit Texture（未照亮的纹理）：绘制没有光照的表面，而不仅仅显示选中的“纹理”选项。

Flat（平滑）：对表面的所有顶点应用相同的表面标准，创建刻面外观。

Constant（常数）：用当前指定的颜色替换纹理。

Bounding Box（外框）：显示反映每个组件最外侧尺寸的对话框。

Normals（法线）：以不同的 RGB 颜色显示表面标准的 X、Y 和 Z 组件。

Depth Map（深度映射）：显示灰度模式，使用明度显示深度。

Paint Mask（绘画蒙版）：可绘制区域以白色显示，过度取样的区域以红色显示，取样不足的区域以蓝色显示。

2. “线条”选项

“线条”选项决定线框线条的显示方式，如图 9-3-6 所示。

“线条”选项反映用于“表面样式”的“Constant”“Flat”“Solid”和“Bounding Box”选项。

“角度阈值”用于调整出现在模型中的结构线条数量。当模型中的两个多边形在某个特定角度相接时，会形成一条折痕或线。如果边缘在小于“折痕阈值”设置（0°～180°）的某个角度相接，则会移去它们形成的线。若设置为 0，则显示整个线框。

3. “点”选项

“点”选项用于调整顶点的外观（组成线框模型的多边形相交点），如图 9-3-7 所示。

图 9-3-6 “线条”选项

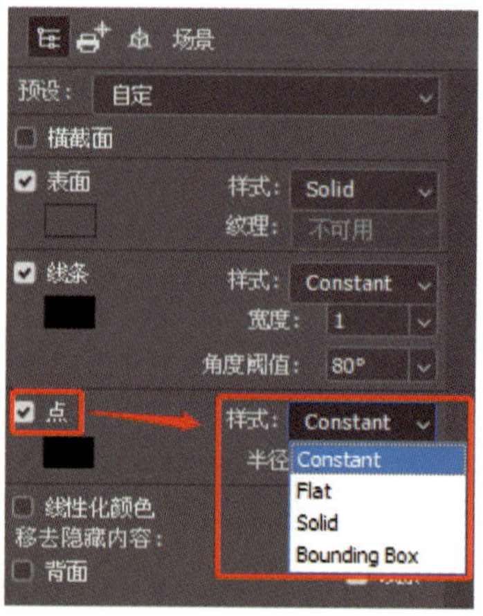

图 9-3-7 “点”选项

“点”选项仅用于“表面样式”的“Constant”“Flat”“Solid”和“Bounding Box”选项。

“半径”是决定每个顶点的像素半径。

三、存储和导出 3D 对象

1. 导出 3D 图层

导出 3D 图层时，执行“3D”“导出 3D 图层”命令，在弹出的“导出属性”对话框中设置“3D 文件格式”（U3D 和 KMZ 支持 JPEG 或 PNG 作为纹理格式、DAE 和 OBJ 支持所有 Photoshop 支持的用于纹理的图像格式），单击“确定”按钮完成操作，如图 9-3-8 所示。

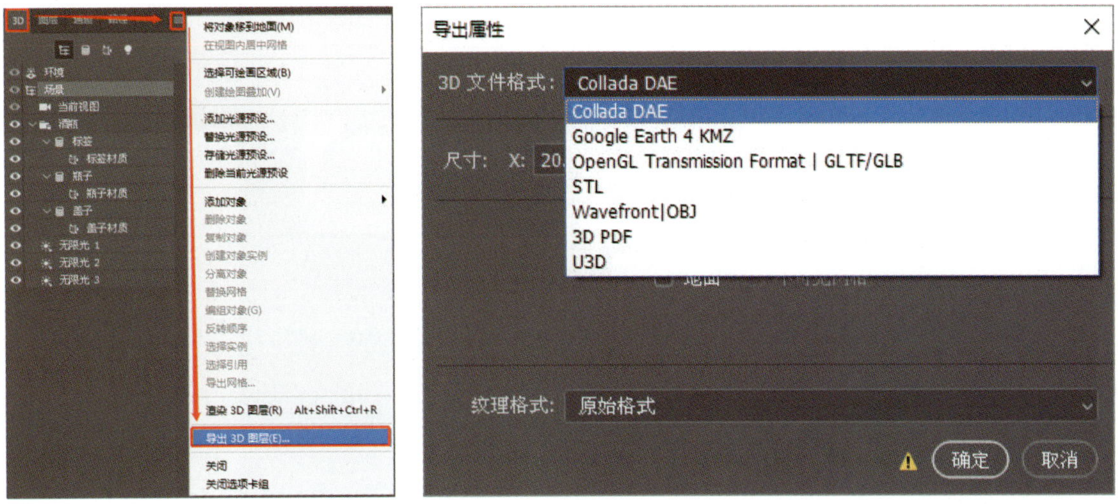

图 9-3-8 导出 3D 图层

2. 存储 3D 对象文件

存储 3D 对象文件时，要保留 3D 对象的位置、光源、渲染模式和横截面，将包含 3D 图层的文件以 PSD、PSB、TIFF 或 PDF 格式储存。

执行“文件”“存储”或“文件”“存储为”命令，选择 Photoshop（PSD）、Photoshop PDF 或 TIFF 格式，然后单击“确定”按钮，即可存储 3D 对象文件。

任务实施

一、新建文档

按“Ctrl+N”快捷键，新建一个名为“罐装饮品包装设计”的文档，宽度为“200”，高度为“300”，单位为“毫米”，分辨率为“100”，单位为“像素 / 英寸”，颜色模式为“RGB 颜色”。

二、新建汽水 3D 对象

1. 新建 3D 模型

打开“3D”面板，选择“从预设创建网格”选项，在其下方的“新建 3D 对象”中选择“汽水”，然后单击“创建”按钮，如图 9-3-9 所示。

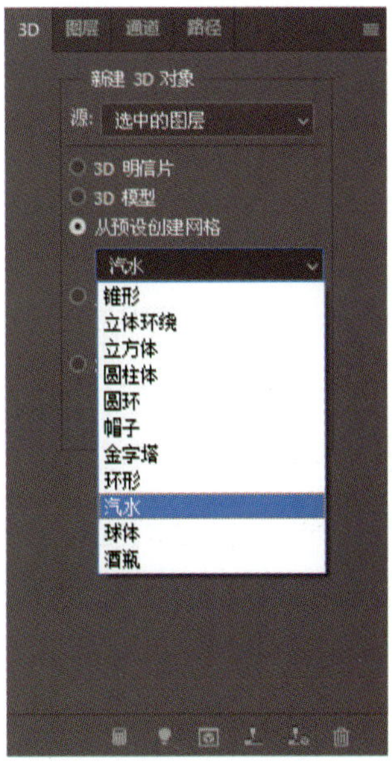

图 9-3-9 新建“汽水”3D 对象

2. 修改包装罐尺寸

单击“3D”面板中的“汽水”，在“属性”面板上单击“坐标”

图标，在“坐标”属性面板上选择“尺寸”，输入数值（X54，Y135，Z54），单击“移到地面”按钮，如图 9-3-10 所示。

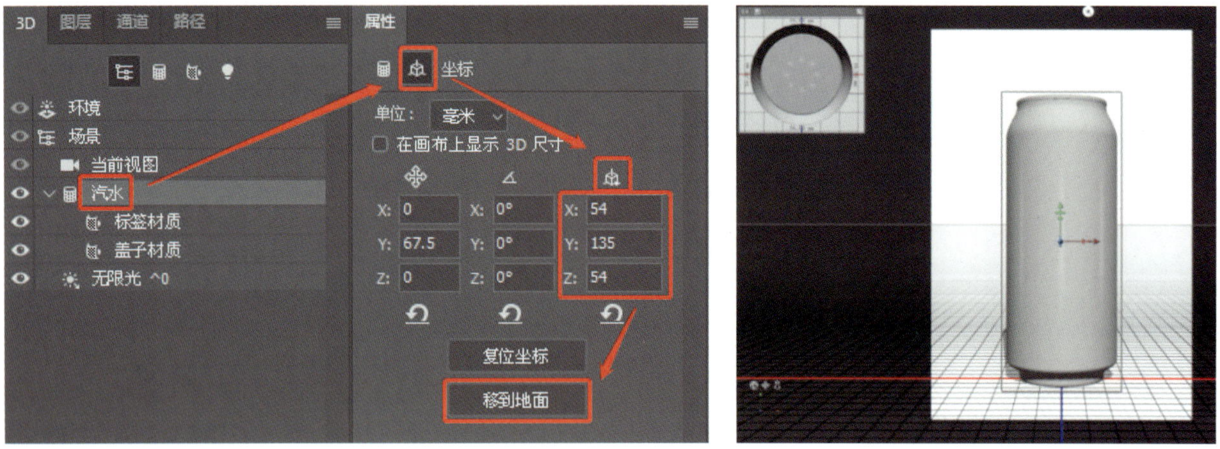

图 9-3-10　修改包装罐尺寸

小贴士

常见罐装饮品及包装规格：

500 毫升：直径 65 mm，高 170 mm　　355 毫升：直径 65 mm，高 125 mm

330 毫升：直径 65 mm，高 120 mm　　250 毫升：直径 54 mm，高 135 mm

200 毫升：直径 54 mm，高 95 mm　　160 毫升：直径 54 mm，高 85 mm

三、编辑标签材质纹理

1. 打开标签材质文件

在“3D”面板中，单击“汽水”子目录中的“标签材质”，在“属性”面板上单击“基础颜色”旁边的图标，选择“编辑纹理”，如图 9-3-11 所示，接着自动生成“图层 0.PSB”新文档。

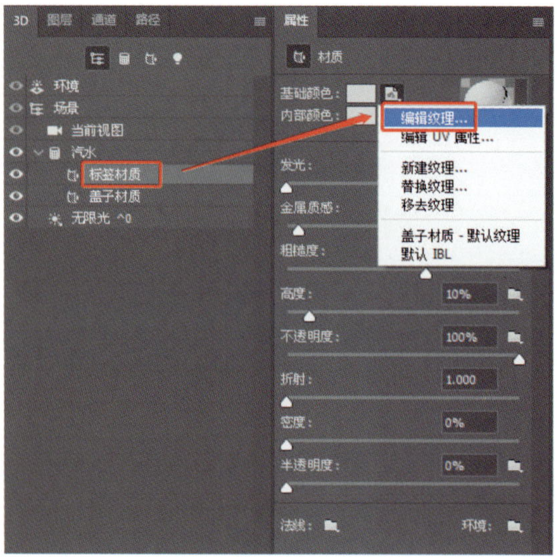

图 9-3-11　打开标签材质文件

2. 设置标签颜色

新建“图层 1”，设置前景色为黄色（R252，G220，B0），按“Alt+Delete”快捷键将“图层 1”填充为黄色，如图 9-3-12 所示。

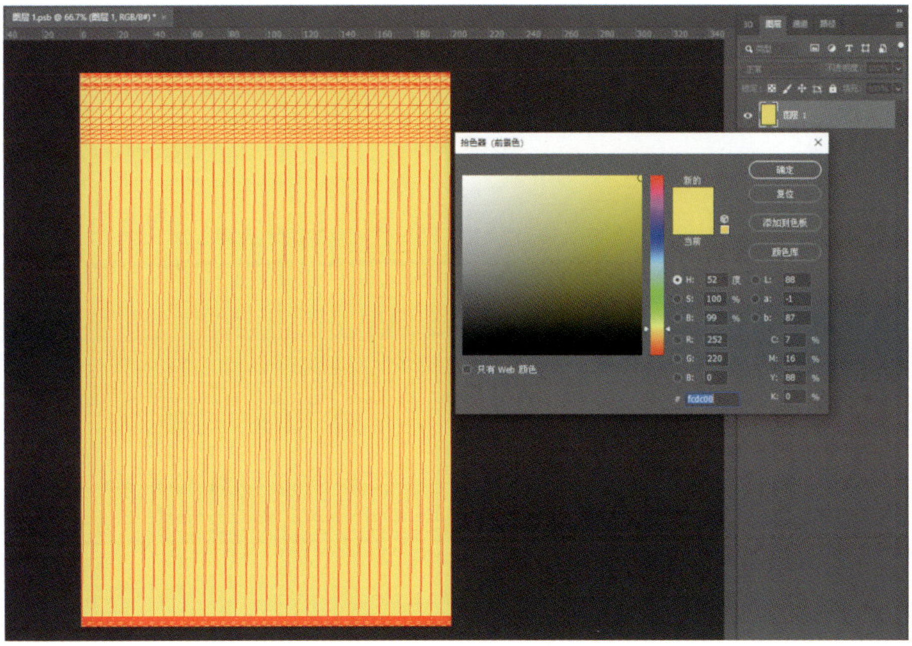

图 9-3-12　设置标签颜色

3. 添加柠檬素材

打开“素材 / 项目九素材 / 任务三”目录下名为“水果素材 .PSD”的文件，将“柠檬”复制至“图层 0.PSB”文档中，按住 Ctrl 键单击“柠檬”图层缩览图建立选区，然后将柠檬填充为白色，按“Ctrl+T”快捷键调整柠檬的形状与大小，接着复制 4 个柠檬图层，置于画面的不同位置，如图 9-3-13 所示。

4. 添加标志

将“素材 / 项目九素材 / 任务三”目录下名为“标志（黑）.PNG”和“标志 + 文字（黑）.PNG”的文件分别添加至“图层 0.PSB”文档中，并按“Ctrl+T”快捷键调整标志大小与位置，如图 9-3-14 所示。

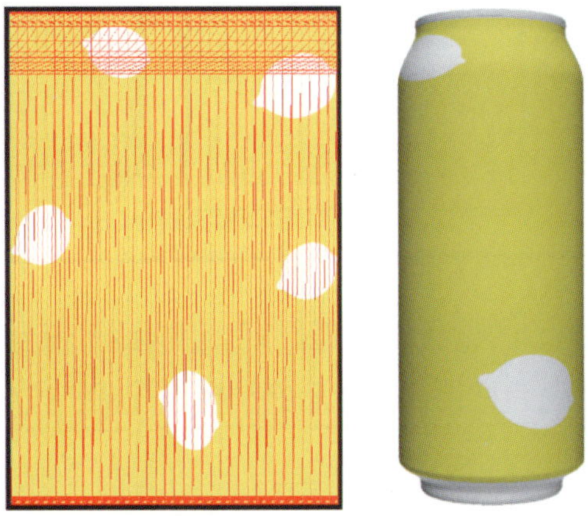

图 9-3-13　添加柠檬素材

图 9-3-14　添加标志

5. 绘制圆圈

使用“椭圆工具”，在工具属性栏上设置颜色为白色，描边为“无”，按住 Shift 键绘制大小不等的多个正圆，接着将颜色选择为“无”，描边为白色，描边宽度为“3 像素”，继续绘制多个正圆，效果如图 9-3-15 所示。

6. 添加文字

选择“横排文字工具”，设置字体为“黑体”、颜色为黄色（R252，G220，B0），在柠檬左侧分别输入文字“0”（字号 30 点）、“卡路里”（字号 10 点）、“不含糖”（字号 16 点），并在文字下方使用“椭圆工具”绘制白色正圆，在“0”和“卡路里”间用“直线工具”绘制大小为“2 像素”、宽度为“3 像素”的虚线，如图 9-3-16 所示。

图 9-3-15　绘制圆圈

图 9-3-16　添加文字 1

继续使用“横排文字工具”，设置字体为“黑体”、字号为“14 点”、间距为“200”、颜色为黑色，输入文字“苏打气泡水”和“柠檬味”，并将“苏打气泡水”复制一个置于标志下方。将字号改为“15 点”，输入“净含量：250 毫升”置于罐身下方。在“苏打气泡水”与“柠檬味”之间绘制两条虚线，效果如图 9-3-17 所示。

图 9-3-17　添加文字 2

7. 添加说明文字

使用“圆角矩形工具”，圆角设置为“20 像素”，颜色为白色，绘制圆角矩形。打开“素材 / 项目九素材 / 任务三”目录下名为“文字 .DOC”的文件，全选文字，按“Ctrl+C”快捷键复制，在圆角矩形上方用“横排文字工具”框出文本框，选择字体为“黑体”、字号为“9 号”、颜色为黑色，按“Ctrl+V”快捷键粘贴文字，并将文字调整至合适位置，然后复制标志并调整大小，放在说明文字上方，如图 9-3-18 所示。

8. 添加条形码

使用“圆角矩形”工具，圆角设置为“20 像素”，颜色为白色，绘制长圆角矩形。然后将“条形码 .PNG”的文件放置在圆角矩形上方，如图 9-3-19 所示。

图 9-3-18　添加说明文字

图 9-3-19　添加条形码

9. 保存标签材质纹理

按“Ctrl+S”快捷键保存标签材质纹理，完成后可关掉标签材质文件。

小贴士

制作标签材质文件时，可返回 3D 对象文件查看材质纹理、文字及图形效果，并根据 3D 对象文件的显示效果进行适当的调整。

四、材质参数设置

1. 标签材质

单击“3D”面板上的“标签材质”，在“属性”面板上设置发光为“16%”，金属质感为“94%”，粗糙度为“10%”，高度为“10%”，不透明度为“100%”，折射为“1.000”，密度为“0%”，如图 9-3-20 所示。

2. 盖子材质

单击“3D”面板上的“盖子材质”，在“属性”面板上设置发光为“20%”，金属质感为“100%”，粗糙度为“10%”，高度为“10%”，不透明度为“100%”，折射为“1.000”，密度为“0%”，如图 9-3-21 所示。

五、设置灯光参数

单击“3D”面板上的“无限光”，在“属性”面板上将颜色强度调整为“85%”，阴影柔和度调整为“20%”，如图 9-3-22 所示。

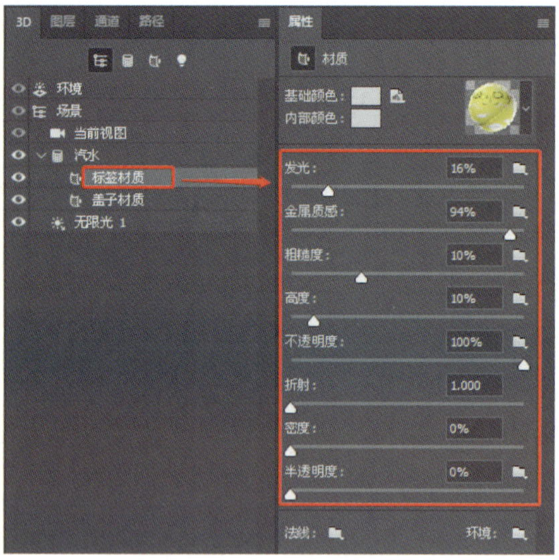

图 9-3-20　设置标签材质参数

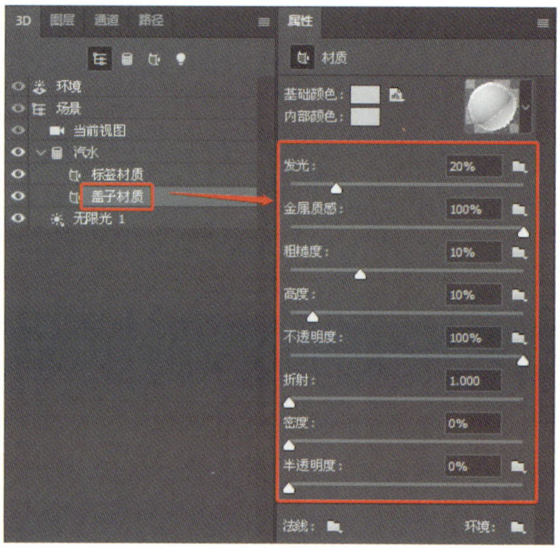

图 9-3-21　设置盖子材质参数

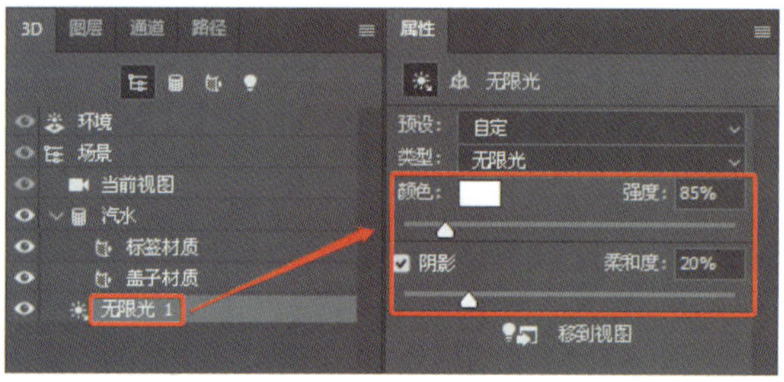

图 9-3-22　设置灯光参数

六、渲染 3D 对象

按“Alt+Ctrl+Shift+R”快捷键渲染 3D 对象，渲染完成后效果如图 9-3-23 所示。

七、保存文档

按“Ctrl+S”快捷键，在弹出的对话框中单击“保存在您的计算机上”按钮，打开“另存为”对话框，选择文件存储位置，文件名默认，保存类型为“Photoshop（*.PSD，*.PDD，*.PSDT）”，单击“保存”按钮保存该文档，效果图如图 9-3-1 所示。

图 9-3-23　渲染 3D 对象

巩固训练

一、制作牛奶瓶包装

通过制作牛奶瓶包装（见图 9-4-1），进一步掌握包装设计的原理、新建 3D 对象、“3D”面板与“属性”面板的使用方法，学会调整各项 3D 对象的属性。

图 9-4-1　牛奶瓶包装

二、操作提示

参考“素材 / 项目九素材 / 任务四”目录下名为“项目九巩固练习 .pdf”的文件。

项目十

网页设计

网页设计中，特别讲究编排和布局，网页的版面设计是否合理、美观，将直接影响用户的阅读体验及访问时长。精美的网页设计对于提升企业的品牌形象至关重要。

本项目通过设计制作网站首页、网页 Banner、网站页面，介绍创建视频时间轴、创建帧动画的应用技巧及批处理文件的使用方法，掌握这些方法，可以提高网页设计制作的效率，快速、准确地设计出精美的网页作品。

任务一 TASK 1 设计网站首页动画

任务目标

1. 能描述网页安全色的设置与使用方法。
2. 能创建帧动画。
3. 能设置时间轴和调整面板属性。
4. 能使用“属性”面板调整图像色彩。
5. 能设置过渡动画效果。
6. 能将设计的网页导出为合适的格式。

任务描述

本任务主要利用“时间轴”面板和使用 Web 安全色，并结合“调整”面板及“属性”面板调整图像色彩来制作图 10-1-1 所示网站首页。要完成本任务的学习，除了需要掌握创建帧动画的方法，还要掌握调整图像色彩的方法及过渡效果的使用方法。

图 10-1-1　网站首页

相关知识

一、安全色设置

Web 安全色是指在不同操作系统和不同浏览器中均可正常显示的颜色。

1. 使用安全色。在工具箱中单击“设置前景色”或“设置背景色”图标，打开“拾色器（前景色）”或“拾色器（背景色）”对话框（见图 10-1-2），选择颜色时，勾选对话框左下角的“只有 Web 颜色”选项，拾色器色域中的颜色明显减少，但此时可供选择的颜色皆为安全色。

2. 将非安全色转为安全色。在“拾色器（前景色）”或“拾色器（背景色）”对话框中选择颜色时，在所选颜色右侧出现警告图标 ，即说明当前选择的颜色不是 Web 安全色。单击 图标，即可将当前颜色替换为与其最接近的 Web 安全色，然后单击“确定”按钮完成颜色转换，如图 10-1-3 所示。

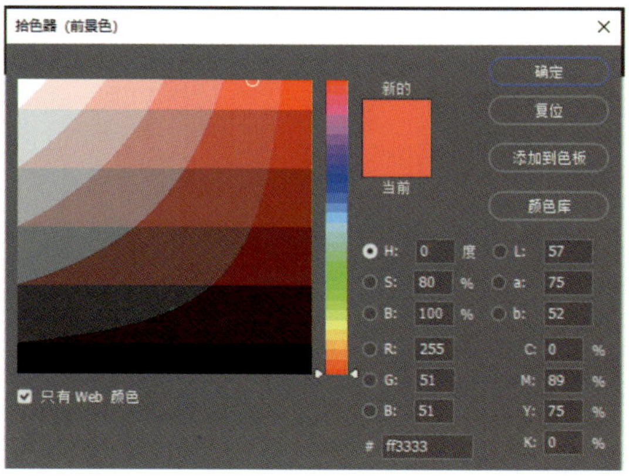

图 10-1-2　“拾色器（前景色）”对话框

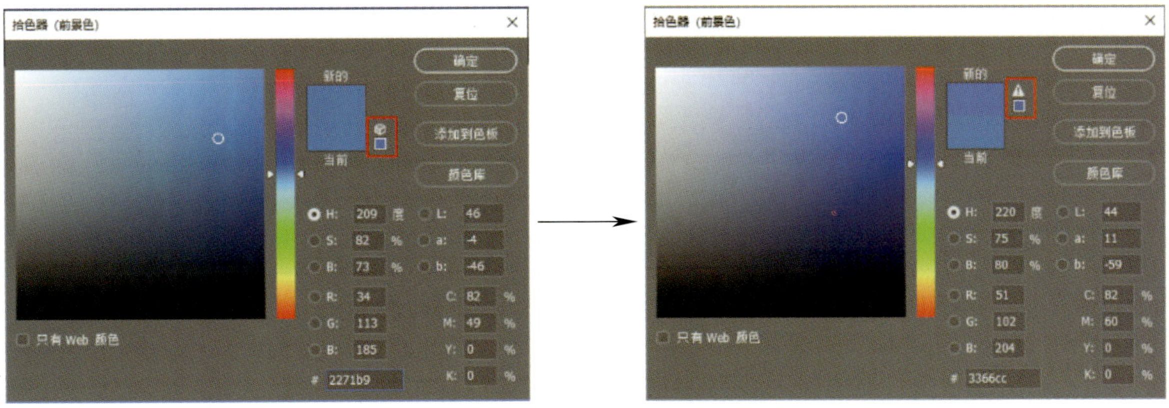

图 10-1-3　将非安全色转为安全色

二、帧动画

将多幅图像快速播放而形成的动态画面效果称为帧动画。其与电影胶片、动画片的播放模式相似，都是在“连续的关键帧”中分解动作，然后连续播放形成动画。

三、“时间轴”面板

“时间轴”面板主要用于组织和控制影片中图层和帧的内容。新建文档后，执行“窗口”“时间轴”命令，打开“时间轴”面板。单击创建模式右侧的图标，在弹出的下拉列表中有两个选项，即“创建视频时间轴”和“创建帧动画”，如图 10-1-4 所示。选择不同的选项可以打开不同模式的“时间轴”面板，不同模式的“时间轴”面板创建与编辑动态效果的方式也不相同。

在此选择“创建帧动画”选项，此时“时间轴”面板显示为“帧动画”模式，如图 10-1-5 所示。在该模式下，“时间轴”面板中显示出动画中每个帧的缩览图；时间轴面板底部的各项分别用于浏览各个帧、设置循环选项、添加和删除帧，以及预览动画等，下面分别对各项做简要介绍。

1. “转换为视频时间轴”图标：将“帧动画”模式的“时间轴”面板切换为“视频时间轴”模式的“时间轴”面板。

2. 选择帧延迟时间：设置帧在回放过程中的持续时间。

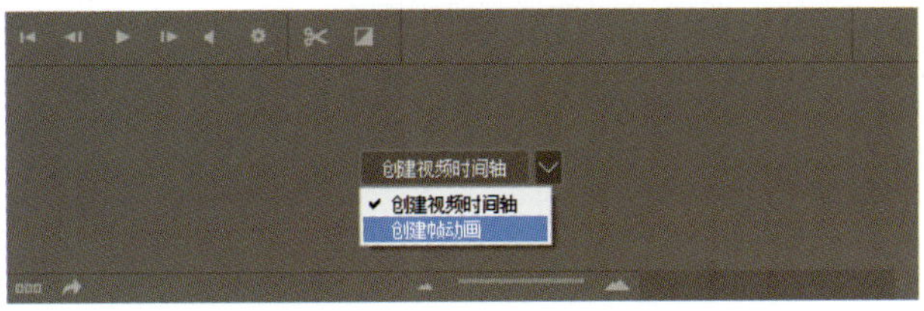

图 10-1-4　“时间轴”面板

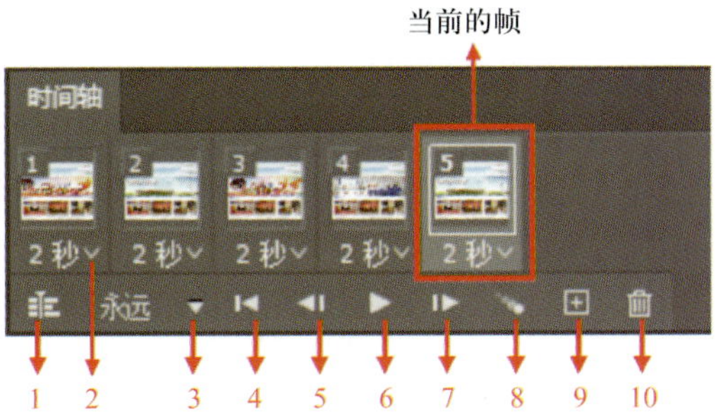

图 10-1-5　“帧动画”模式面板

3. 选择循环选项：设置动画作为 GIF 文件导出时的播放次数。

4. “选择第一帧”图标 ：单击该图标，可以选择序列中的第一帧作为当前帧。

5. “选择上一帧”图标 ：单击该图标，可以选择当前帧的前一帧。

6. “播放动画”图标 ：单击该图标，可以在文档窗口中播放动画。如果要停止播放，再次单击该图标即可。

7. “选择下一帧”图标 ：单击该图标，可以选择当前帧的下一帧。

8. “过渡动画帧”图标 ：在两个现有帧之间添加一系列帧，通过插入的方法使帧之间的图层属性均匀。单击该图标，在弹出的“过渡”窗口中可以对过渡的方式、过渡的帧数等选项进行设置。设置完成后在“时间轴”面板中会添加过渡帧。接着单击“播放”按钮，即可查看过渡的效果。

9. 复制所选帧：通过复制“时间轴”面板中的选定帧，向动画中添加帧。

10. 删除所选帧：将所选择的帧删除。

任务实施

一、打开素材文档

按“Ctrl+O”快捷键，打开“素材 / 项目十素材 / 任务一”目录下名为“网站首页设计背景 .PSD”的文件，然后执行“文件”“置入嵌入对象”命令，将“素材 / 项目十素材 / 任务一”目录下名为“网页 1.JPG”的文件置入，并调整图片的大小和位置，效果如图 10-1-6 所示。

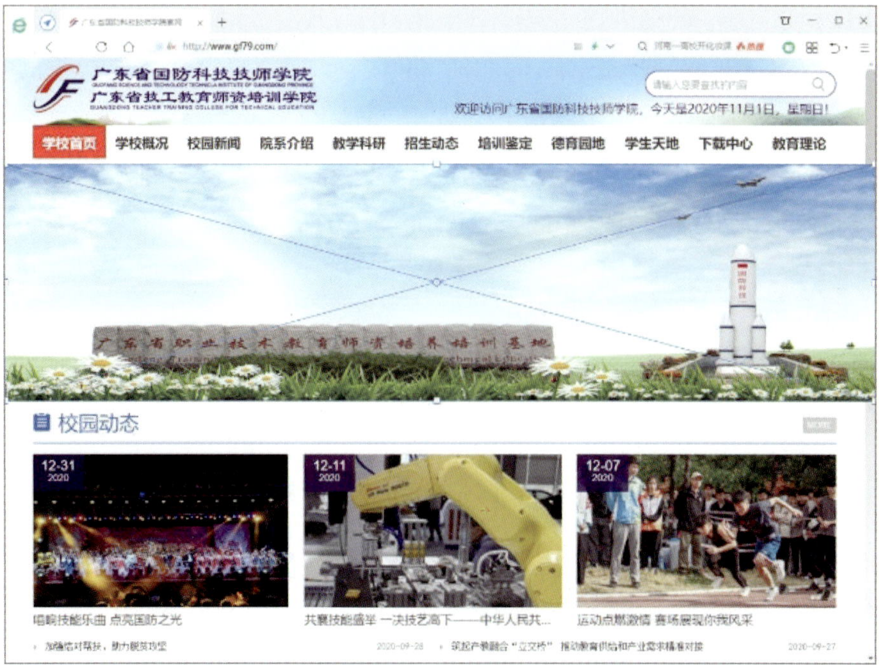

图 10-1-6　打开素材文档

二、设置颜色

单击“设置前景色”图标，打开“拾色器(前景色)”对话框，勾选左下角的“只有 Web 颜色”选项，然后选取色表中右上角的红色，如图 10-1-7 所示。单击“确定”按钮完成颜色设置。

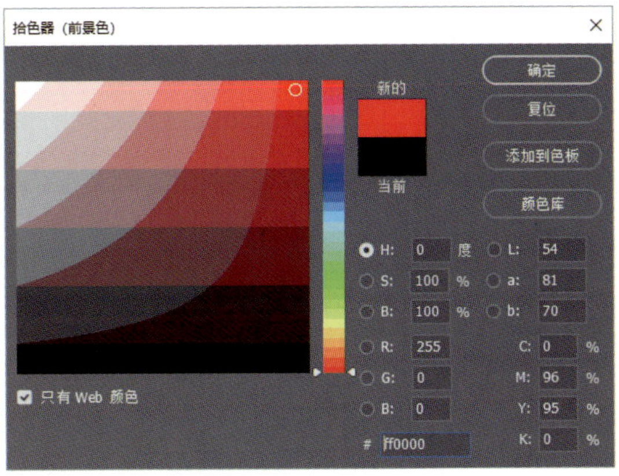

图 10-1-7 设置颜色

小贴士

Web 安全色除了可以在拾色器中进行设置外，还可单击“颜色”面板右上角的下拉菜单图标，在弹出的下拉菜单中选择“建立 Web 安全曲线”进行相应设置，如图 10-1-8 所示。

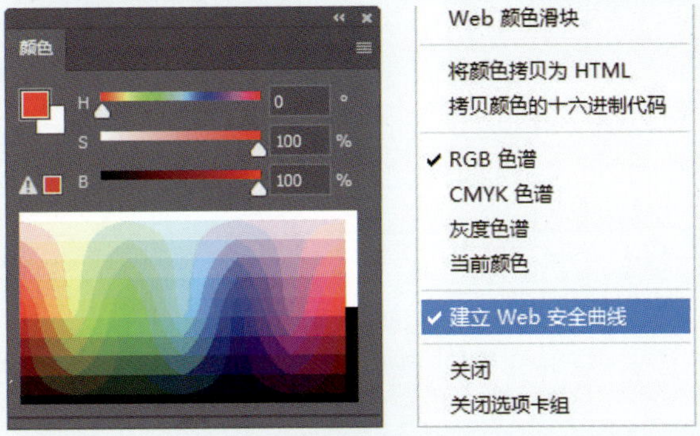

图 10-1-8 在“颜色”面板中设置 Web 安全色

三、输入文字

1. 选取“横排文字工具”，在工具属性栏中设置字体类型为“黑体”，文字的大小为“60 点”，然后在图像窗口单击，输入“国家级重点公办技师学院”，按 Esc 键退出，完成文字的输入。

2. 再选取“横排文字工具”，设置字体为“黑体”，大小为“34 点”，颜色为黑色，然后输入“选择好专业，铸造梦想，护航未来成功之路”，按 Esc 键退出，然后将该文字置于红色文字下方。效果如图 10-1-9 所示。

图 10-1-9　输入文字

四、合并图层

将“图层”面板置入的图片图层及文字图层合并为“网页 1”图层，如图 10-1-10 所示。

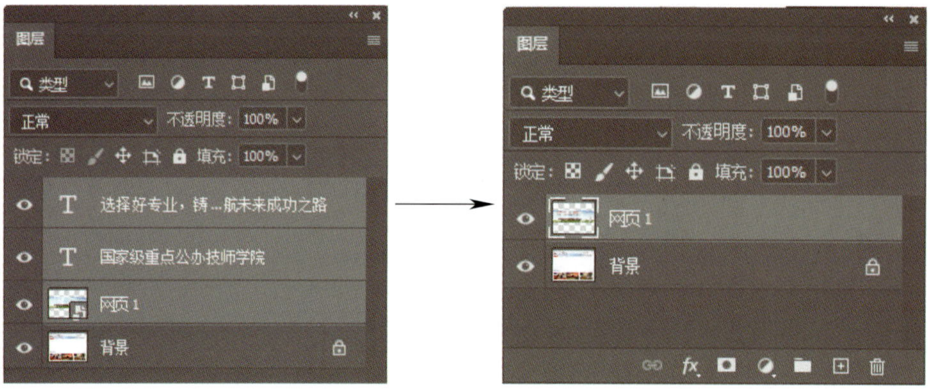

图 10-1-10　合并图层

五、置入图片

执行“文件”“置入嵌入对象”命令，将“素材/项目十素材/任务一”目录下名为“网页 2.JPG”的文件置入，调整图片的大小和位置，使“网页 2”图层的图片与“网页 1”图层的图片重叠，如图 10-1-11 所示。

图 10-1-11　置入图片

六、调整图形颜色

置入的图片颜色较暗，需要对其进行调色。按下 Ctrl 键的同时单击“网页 2”图层缩览图，选中图形，然后单击“调整”面板上的“亮度 / 对比度”图标，跳转到“属性”面板，设置亮度为“55”，如图 10-1-12 所示，效果如 10-1-13 所示。

图 10-1-12　在“属性”面板设置参数

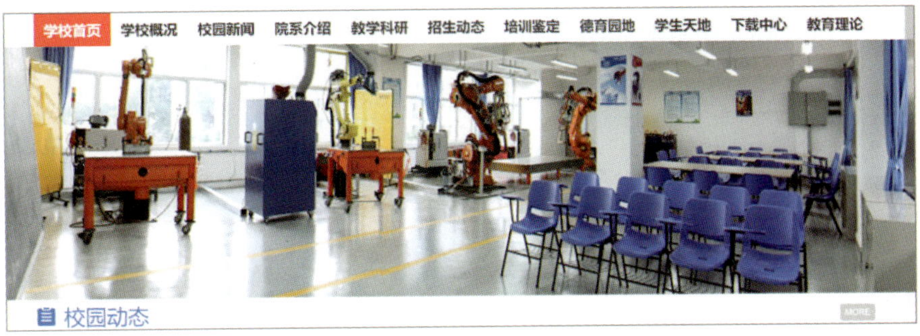

图 10-1-13　调整亮度 / 对比度后的效果

小贴士

在“属性”面板上调整文档中某一个图像的颜色时，需要选中该图像，然后再进行调色，否则会对整个文档的色彩进行调整。

七、合并图层

在“图层”面板将“网页 1”图层及“网页 2”图层合并，命名为“网页 2”图层。

八、置入图层

执行“文件”“置入嵌入对象”命令，分别将“素材 / 项目十素材 / 任务一”目录下名为“网页 3.JPG”“网页 4.JPG”和“网页 5.JPG”的文件置入，并调整图片的大小，其位置与“网页 1”图层图片重叠，效果如图 10-1-14 所示。

图 10-1-14　置入全部图片及图层面板显示效果

九、制作帧动画

1. 执行“窗口”“时间轴”命令，打开“时间轴”面板。单击创建模式右侧的图标，选择“创建帧动画”选项，单击创建帧动画，如图 10-1-15 所示。

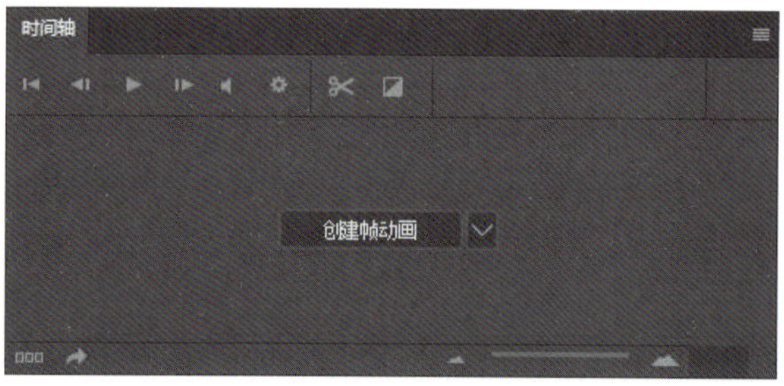

图 10-1-15　选择“创建帧动画”选项

2. 单击“选择帧延迟时间”倒三角图标，在下拉列表中选择“2.0”，设置时间为 2 秒，如图 10-1-16 所示。接着单击 4 次“复制所选帧”图标，将所选帧复制 4 份，如图 10-1-17 所示。

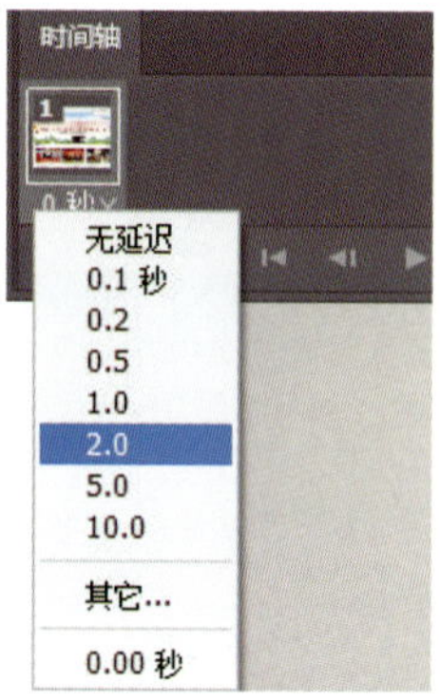

图 10-1-16　设置帧延迟时间

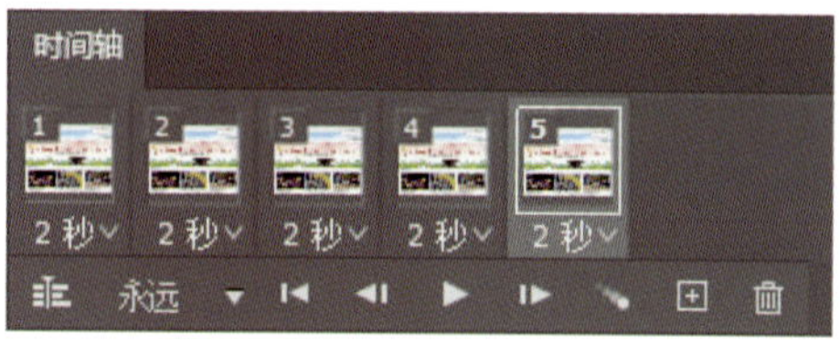

图 10-1-17　复制所选帧

3. 单击选择第 1 帧，在“图层”面板中选中并显示“网页 1”图层，隐藏“网页 2”至“网页 5”图层，如图 10-1-18 所示。

4. 单击选择第 2 帧，在“图层”面板中选中并显示“网页 2”图层，隐藏其他“网页”图层，如图 10-1-19 所示。

5. 继续单击选择第 3 帧，在“图层”面板中选中并显示“网页 3”图层，隐藏其他“网页”图层，如图 10-1-20 所示。

6. 单击选择第 4 帧，在“图层”面板中选中并显示“网页 4”图层，隐藏其他“网页”图层，如图 10-1-21 所示。

7. 单击选择第 5 帧，在“图层”面板中选中并显示“网页 5”图层，隐藏其他“网页”图层，如图 10-1-22 所示。

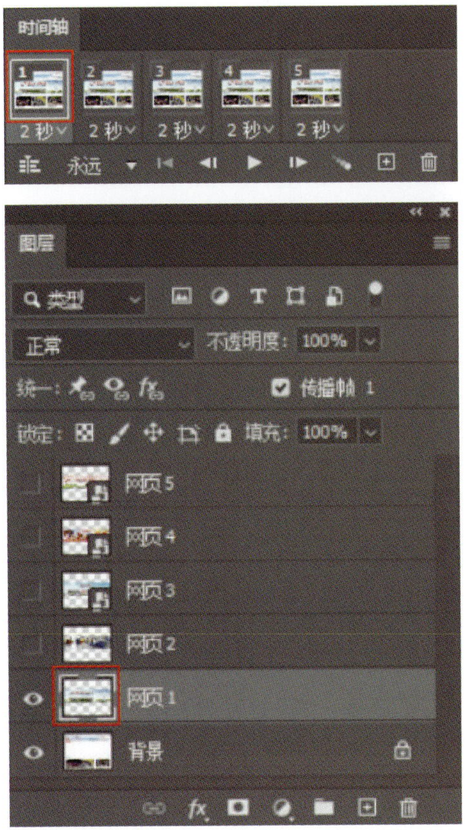

❶

❷

❶ 图 10-1-18　选择第 1 帧，显示“网页 1”图层

❷ 图 10-1-19　选择第 2 帧，显示“网页 2”图层

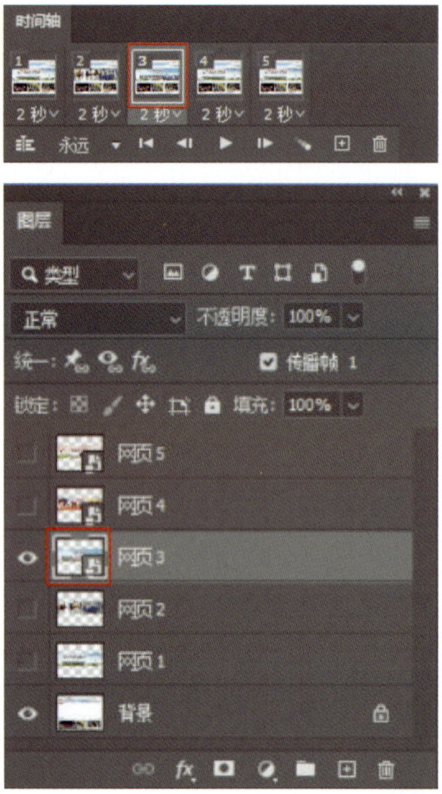

❶

❷

❸

❶ 图 10-1-20　选择第 3 帧，显示“网页 3”图层

❷ 图 10-1-21　选择第 4 帧，显示“网页 4”图层

❸ 图 10-1-22　选择第 5 帧，显示“网页 5”图层

8. 单击“选择循环选项”的倒三角图标 ，选择“永远”，如图 10-1-23 所示。单击“播放动画”图标 ，即可查看播放效果。

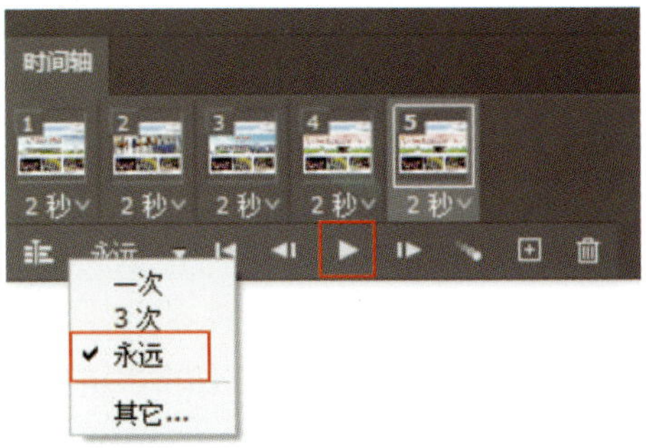

图 10-1-23 选择循环选项

十、设置过渡动画帧

1. 播放完成后发现两张照片转换的过程比较生硬，此时可以在每一帧之间添加过渡帧，减弱这种生硬感。选择第 2 帧，然后单击“复制所选帧”图标 新建帧，如图 10-1-24 所示。

图 10-1-24 复制所选帧

2. 选择刚刚新建的帧，然后单击“选择帧延迟时间”倒三角图标 ，在下拉列表中选择“0.5”，设置时间为 0.5 秒，接着在“图层”面板将其对应的“网页 1”图层的不透明度改为“50%”，并隐藏其他“网页”图层，如图 10-1-25 所示。

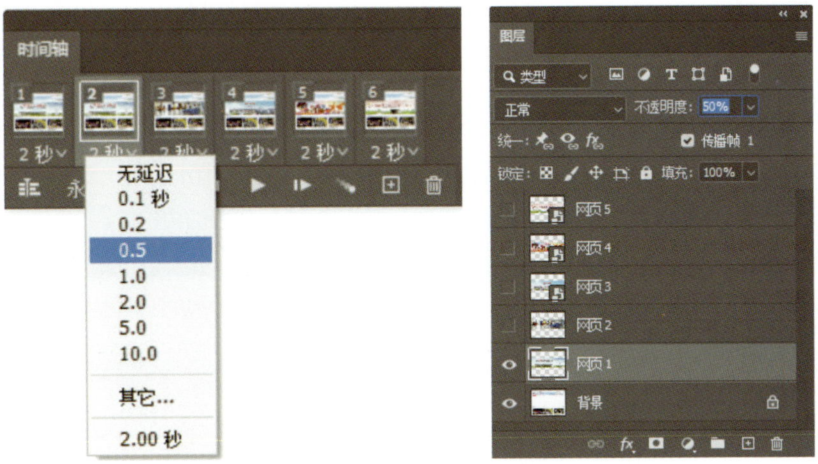

图 10-1-25 设置帧延迟时间及不透明度参数

3. 使用同样的方法分别复制剩下的 4 个帧，设置时间为 0.5 秒，帧对应的图层的不透明度为“50%”，如图 10-1-26 所示。单击“播放动画”图标 ，即可查看播放效果。

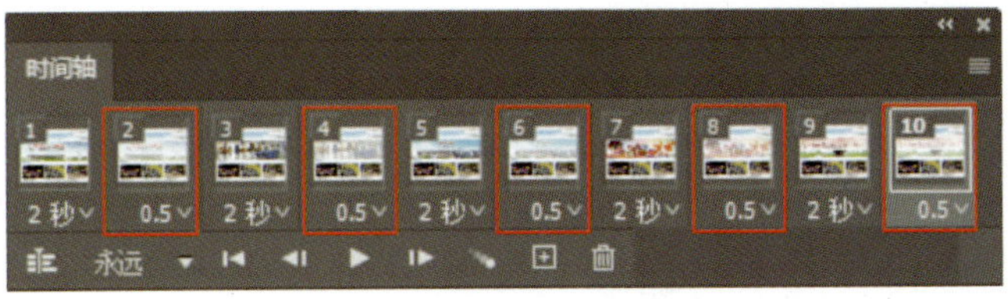

图 10-1-26 复制帧及设置帧延迟时间

十一、保存文档

执行“文件”“导出”“存储为 Web 所用格式（旧版）”命令，在弹出的“存储为 Web 所用格式”对话框中，设置预设为“GIF128 仿色”，格式为“GIF”，设置完成后单击“存储”按钮，如图 10-1-27 所示；在弹出的“将优化结构存储为”对话框中选择合适的存储位置，然后单击“保存”按钮，完成导出操作，如图 10-1-28 所示。

图 10-1-27 存储为 Web 所用格式

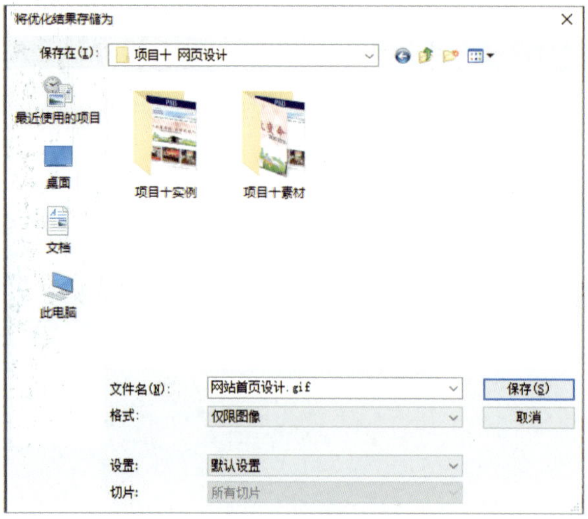

图 10-1-28 选择保存文件位置

任务二

TASK 2

设计网页 Banner

任务目标

1. 能编辑视频时间轴。
2. 能使用视频轨道。
3. 能设置图形透明度和制作缩放动画。
4. 能保存 GIF 格式动态图片。

任务描述

本任务主要利用视频时间轴面板和“图层”面板，并结合“自由变换”工具制作图 10-2-1 所示网页 Banner 广告。要完成本任务，除了需要掌握视频编辑动画的方法，还要掌握透明度和缩放动画的制作方法。

图 10-2-1 网页 Banner 广告

相关知识

一、视频时间轴面板

新建文档后，执行“窗口”“时间轴”命令，打开“时间轴”面板。单击创建模式右侧的图标 ，在弹出的下拉列表中选择“创建视频时间轴”选项，打开“视频时间轴”模式的“时间轴”面板。在“视频时间轴”模式的“时间轴”面板中，除“背景”图层外，其他每个图层都会作为一个“视频轨道”，可以对每个视频轨道进行调整、切分、设置动画等操作，如图 10-2-2 所示。下面分别对主要部分做简要介绍。

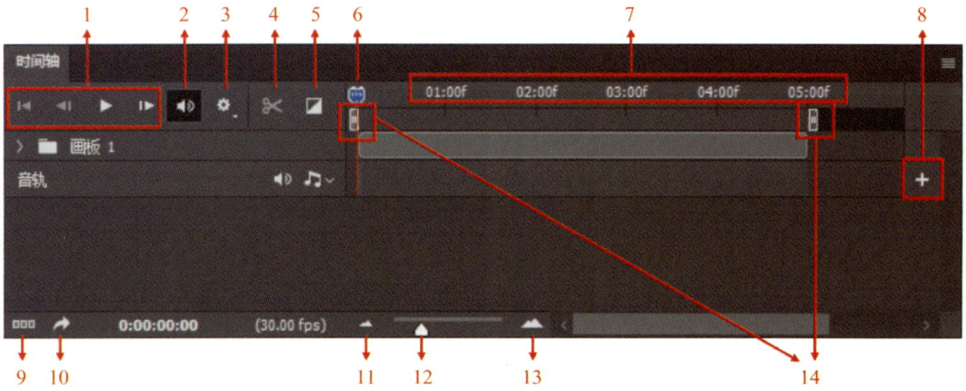

图 10-2-2　“视频时间轴”模式面板

1. 播放控件：用于控制视频的播放。包括“转到第一帧”“转到上一帧”“播放”和“转到下一帧”图标。

2. “音频控制”图标 ：用于关闭或启用音频的播放。

3. “设置回放选项”图标 ：可以设置分辨率及是否循环播放。

4. “在播放头处拆分”图标 ：用于切分视频轨道。首先将当前时间指示器 移动到需要切分的位置，然后单击该图标，即可将一个视频轨道切分为两个视频轨道。切分之后可以移动视频轨道。

5. “选择过渡效果并拖动以应用”图标 ：单击该图标，在弹出的下拉列表中设置持续时间，并从中选择所需的过渡效果，将过渡效果类型拖到剪辑的开头或结尾（将过渡效果放置在要交叉淡化的剪辑之间），即可为视频添加指定的过渡效果。拖动时间轴中过渡效果预览的边缘，可以精确设置入点和出点。

6. “当前时间指示器”图标 ：拖拽当前时间指示器可以浏览帧或更改当前时间或帧。

7. 时间标尺：根据当前文档的持续时间和帧速率，水平测量持续时间或帧计数。

8. “向轨道添加媒体”图标 ：单击该图标，可以将要添加的视频或音频添加到轨道中。

9. “转换为帧动画”图标 ：单击该图标，可以将“视频时间轴”模式的“时间轴”面板切换为

“帧动画”模式的“时间轴”面板。

10. “渲染视频”图标 ：单击该图标，可以选择文件保存位置，设置格式、预设、大小、范围等选项，设置好以后，单击渲染，就开始渲染视频。

11. “缩小时间轴”图标 ：单击该图标，可以缩小显示时间轴。

12. “控制时间轴显示比例”图标 ：拖动该图标向左可以缩小时间轴显示比例；拖动该图标向右可以放大时间轴显示比例。

13. “放大时间轴”图标 ：单击该图标，可以放大显示时间轴。

14. 工作区域指示器：设置工作区域的开头与结尾，拖动该按钮到指定的时间位置可以预览或导出动画或视频的特定部分。

小贴士

如果当前的“时间轴”面板为“帧动画”模式，可以单击“转换为视频时间轴”图标 切换到“视频时间轴”面板。

二、音轨

时间轴上单独的音轨可以进行编辑和调整。单击“音轨”图标 ，在弹出的下拉菜单可以选择“添加音频”“复制音频剪辑”“删除音频剪辑”“替换音频剪辑”“新建音轨”或“删除轨道”，如图 10-2-3 所示。

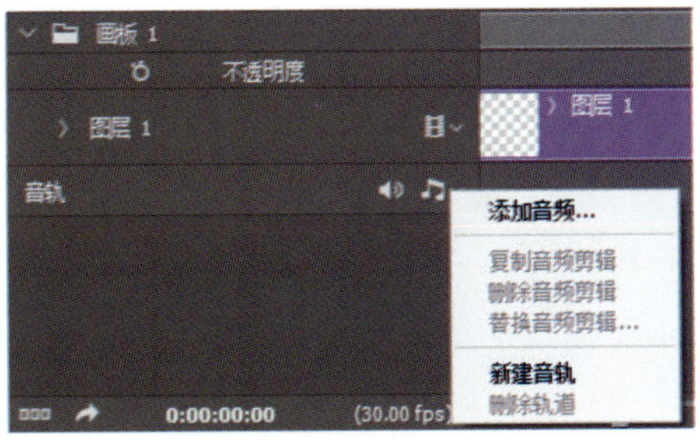

图 10-2-3 “音轨”选项

三、添加视频素材

对已经打开的文件，如果要向其中添加视频文件，可以执行“图层”“视频图层”“从文件新建视频图层”命令，然后选择要添加的视频文件即可。

任务实施

一、打开素材

按“Ctrl+O”快捷键，打开“素材 / 项目十素材 / 任务二”目录下名为“网页 Banner 设计背景 .PSD”的文件，如图 10-2-4 所示。

图 10-2-4　打开素材

二、置入图片

1. 执行“文件”“置入嵌入对象”命令，将“素材 / 项目十素材 / 任务二”目录下名为“天猫 .JPG”的文件置入，在图层面板自动生成“天猫”图层，然后调整图片的大小和位置，效果如图 10-2-5 所示。

图 10-2-5　置入图片

2. 将“素材 / 项目十素材 / 任务二”目录下名为“星星 .JPG”的文件置入，在“图层”面板自动生成“星星”图层，设置该图层的混合模式为“滤色”，并调整图片的大小和位置，效果如图 10-2-6 所示。

图 10-2-6　设置图层的混合模式

三、设置颜色

在工具箱上单击“设置前景色”图标，打开“拾色器（前景色）”对话框，勾选左下角的“只有 Web 颜色”选项，把颜色控制条边上的滑块移到黄色边上，然后选取色表中右上角的黄色，如图 10-2-7 所示。单击“确定”按钮完成设置。

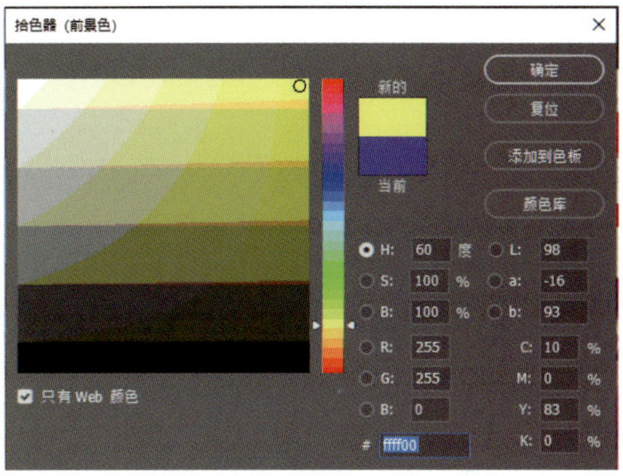

图 10-2-7　设置颜色

四、输入文字

1. 选择“横排文字工具”，在工具属性栏中设置字体类型为“微软雅黑”，文字的大小为“72 点”，然后在图像窗口单击，输入文字“双 11 终极狂欢”，按 Esc 键退出输入，设置字体颜色为上一步的黄色；单击“图层”面板下方的“添加图层样式”图标，为文字添加“描边”效果，设置描边大小为“5 像素”，颜色为“R102，G0，B153”，效果如图 10-2-8 所示。

图 10-2-8　输入文字

2. 输入文字“每满 300 减 40”，设置字体类型为“微软雅黑”，文字的大小为“105 点”，垂直缩放为“120%”，如图 10-2-9 所示；为文字添加“描边”效果，设置描边大小为“7 像素”，颜色为“R102，G0，B153”，调整文字的位置。效果如图 10-2-10 所示。

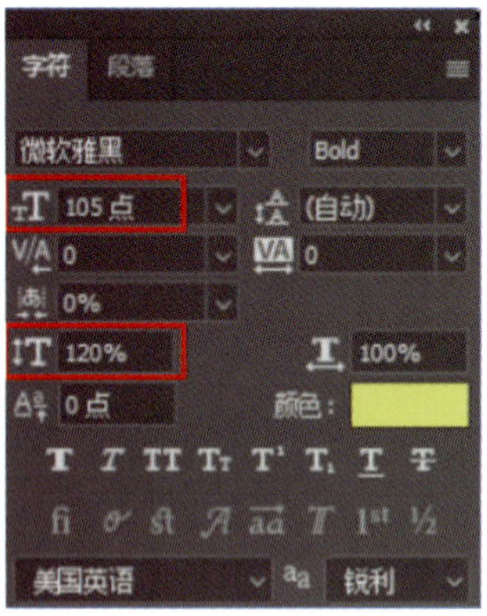

图 10-2-9　设置“字符”参数

图 10-2-10　输入文字及添加“描边”效果

五、绘制矩形

1. 新建“图层 1”，选择“矩形选框工具”，在文字下方绘制矩形，并填充红色（R255，G0，B0），效果如图 10-2-11 所示。

图 10-2-11　绘制矩形

2. 给“图层 1”添加“图层蒙版”，选择“渐变工具”，然后选中“前景色到透明渐变”选项，在红色矩形的左右两端分别进行操作，效果如图 10-2-12 所示。

图 10-2-12　添加“图层蒙版”及渐变效果

3. 选择“横排文字工具”，在绘制的红色矩形上面输入文字“11 月 11 日 0 点开抢 查看详情”，设置字体类型为“微软雅黑”，文字的大小为“45 点”，颜色为白色，调整文字的位置，效果如图 10-2-13 所示。

图 10-2-13 输入文字后的效果

六、编辑图层

在“图层”面板下方单击“创建新组”图标 ，生成“组 1”图层，除了“每满 300 减 40”和“星星”图层之外，将其他图层移动到“组 1”图层里，如图 10-2-14 所示。

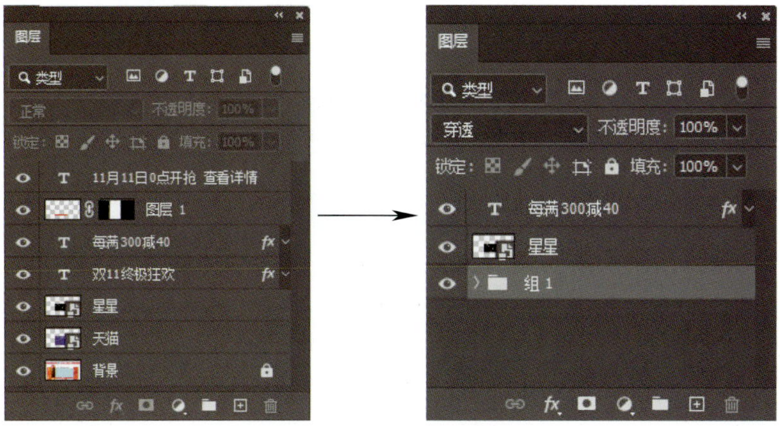

图 10-2-14 编辑图层

七、创建时间轴动画

1. 执行“窗口”“时间轴”菜单命令，然后单击“创建视频时间轴”按钮，创建时间轴动画。分别拖动“每满 300 减 40”和“星星”轨道将视频时长设置为 03：00f，并将工作区域指示器结尾设置为 03：00f，如图 10-2-15 所示。

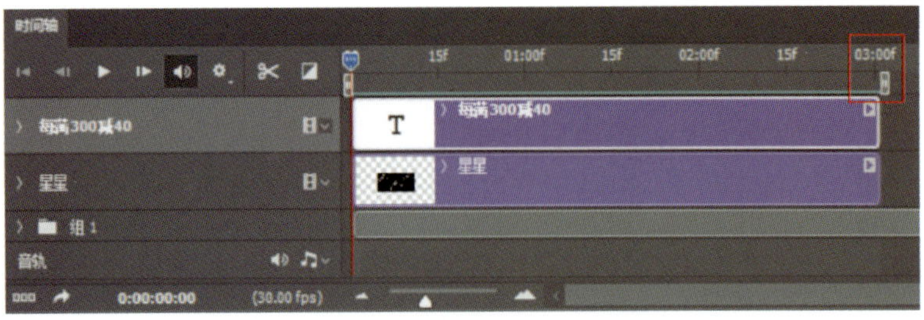

图 10-2-15　设置视频时长为 03：00f

2. 在“时间轴”面板中将“当前时间指示器”移动至 0 秒处，然后展开“每满 300 减 40”图层，接着单击“变换”左侧的“启用关键帧动画”图标启用并添加关键帧，如图 10-2-16 所示。接着按“Ctrl+T”快捷键调出定界框，再按住 Alt 键将文字等比缩小，如图 10-2-17 所示。缩放完成后按 Enter 键确定变换操作。

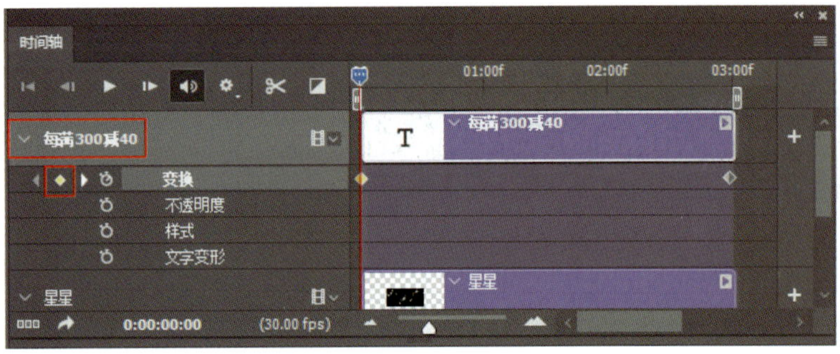

图 10-2-16　添加关键帧

图 10-2-17　将文字等比缩小

小贴士

缩放的动态效果需要制作“变换”动画时，在对“变换”添加关键帧之前，需要将所选图层转换为智能对象图层。

3. 将“当前时间指示器”移动至 03：00f 添加关键帧，如图 10-2-18 所示。接着按“Ctrl+T”快捷键调出定界框，再按住 Alt 键将文字等比放大，如图 10-2-19 所示。缩放完成后按 Enter 键确定变换操作。

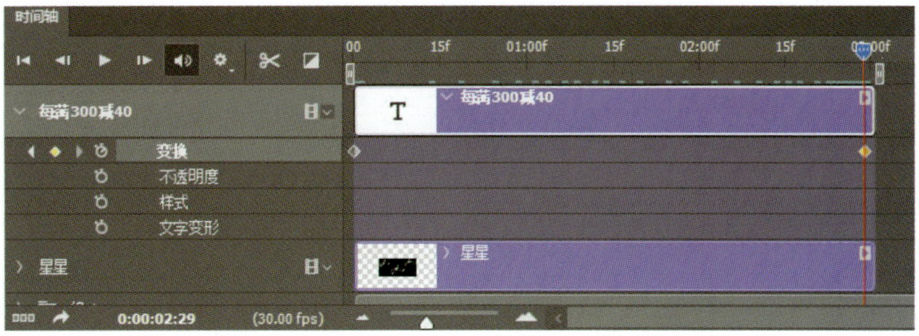

图 10-2-18 在 03：00f 秒处添加关键帧

图 10-2-19 将文字等比放大

4. 选择“星星”图层，在“时间轴”面板中将“当前时间指示器”移动至 0 秒处，然后展开“星星”图层，接着单击“不透明度”左侧的“启用关键帧动画”图标，启用并添加关键帧，如图 10-2-20 所示。接着在“图层”面板中将“星星”图层的不透明度设置为“0%”，如图 10-2-21 所示。

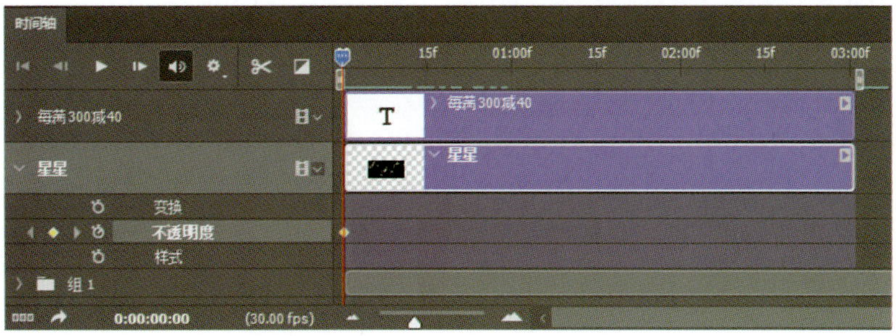

图 10-2-20 启用并添加关键帧

图 10-2-21 设置“不透明度”参数

5. 将“当前时间指示器”移动至 01：00f 处，在“不透明度”左侧单击“在播放头处添加或移去关键帧”图标，添加关键帧，接着在“图层”面板中将“星星”图层的“不透明度”设置为“100%”，如图 10-2-22 所示。

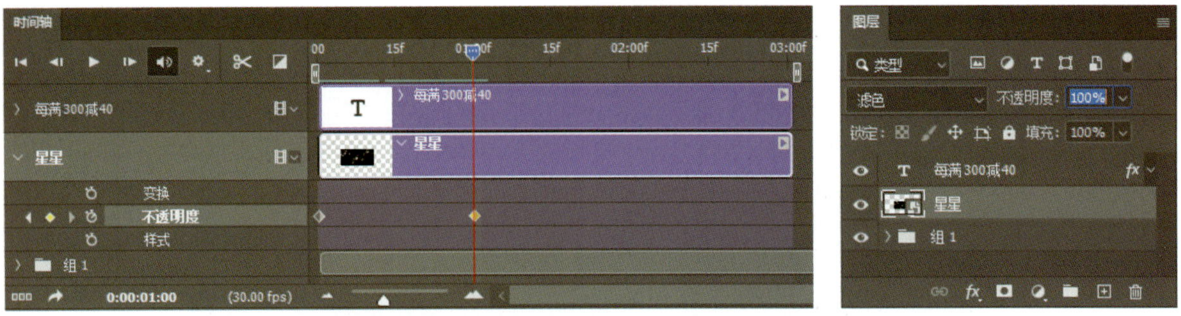

图 10-2-22　添加关键帧并设置“不透明度”参数 1

6. 接着将“当前时间指示器”移动至 02：00f 处，单击“在播放头处添加或移去关键帧”图标，添加关键帧，接着在“图层”面板中将“星星”图层的不透明度设置为“0%”，如图 10-2-23 所示。

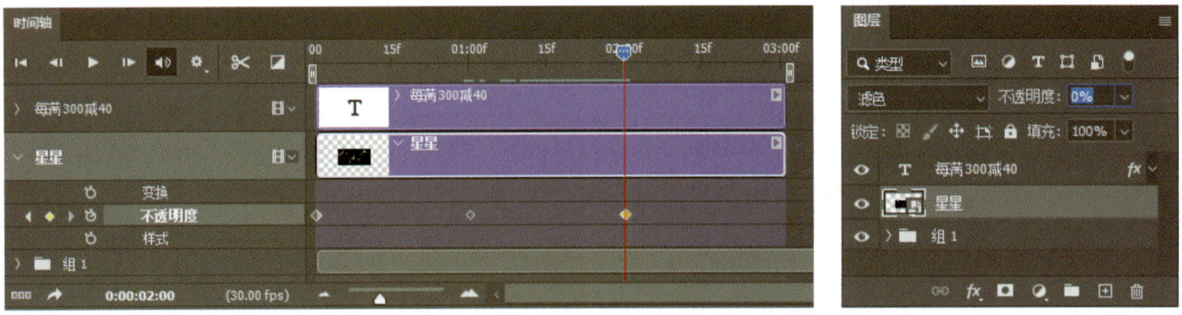

图 10-2-23　添加关键帧并设置“不透明度”参数 2

7. 继续将“当前时间指示器”移动至 03：00f 处，单击“在播放头处添加或移去关键帧”图标，添加关键帧，接着在“图层”面板中将“星星”图层的不透明度设置为“100%”，如图 10-2-24 所示。

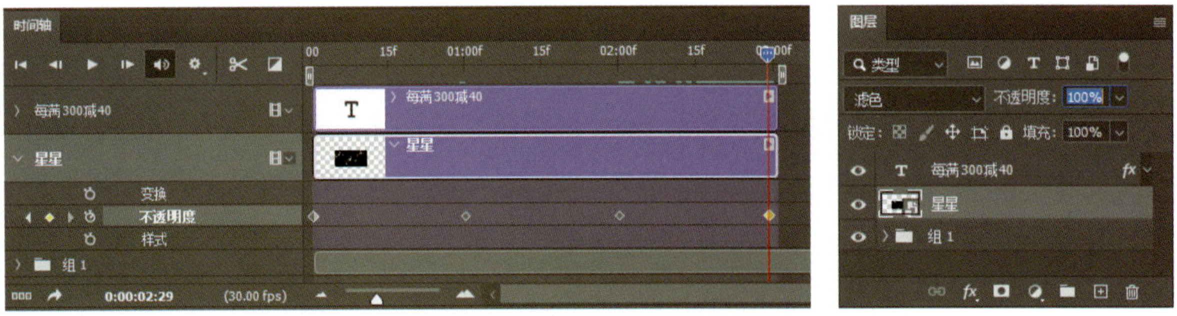

图 10-2-24　添加关键帧并设置“不透明度”参数 3

8. 设置完成后单击“播放”图标查看效果，文字“每满 300 减 40”和“星星”会产生动态效果，平面效果如图 10-2-25 所示。

图 10-2-25　字体及星光变化的平面效果

八、保存文档

执行“文件”“导出”“存储为 Web 所用格式（旧版）”命令，在弹出的“存储为 Web 所用格式”对话框中，设置预设为“GIF128 仿色”，格式为“GIF”，设置完成后单击“存储”按钮，如图 10-2-26 所示，接着在弹出的“将优化结果存储为”对话框中选择合适的存储位置，然后单击“保存”按钮完成导出操作。

图 10-2-26　“存储为 Web 所用格式”对话框

任务三 TASK 3 设计网站页面

任务目标

1. 能描述“动作”面板的组成。
2. 能创建、录制与应用动作。
3. 能批处理文件。
4. 能存储和载入动作。
5. 能设置图形处理器属性。

任务描述

本任务主要利用“动作”面板和“图形处理器”功能，并结合“批处理”功能制作图 10-3-1 所示某网站页面。要完成本任务，除了需要学会创建记录动作的方法，还要学会调整图像色彩的方法。

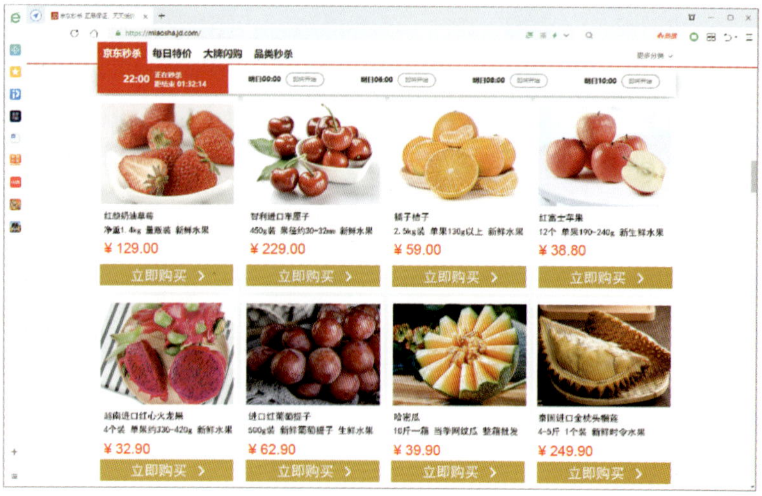

图 10-3-1　某网站页面

相关知识

一、“动作”面板

使用“动作”面板可以进行动作的记录、播放、编辑、删除、管理等操作。执行“窗口”“动作”命令或按“Alt+F9”快捷键，可打开“动作”面板，如图 10-3-2 所示，下面分别对其各项功能做简要介绍。

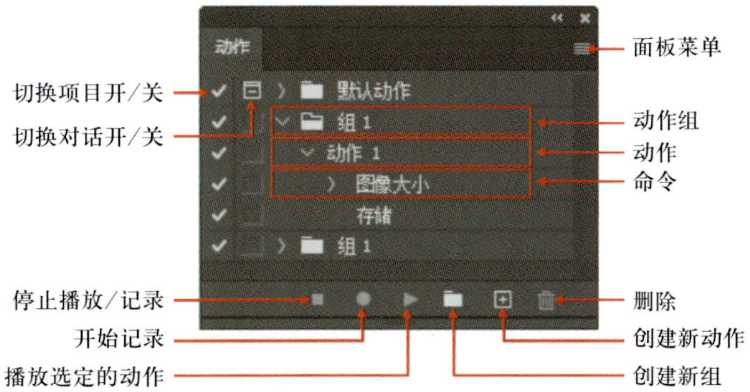

图 10-3-2 “动作”面板

1. 切换项目开 / 关：如果动作组、动作和命令前显示该图标，表示该动作组、动作和命令可以执行，如果没有该图标，表示不可以执行。

2. 切换对话开 / 关：显示该图标，表示动作执行到命令时会暂停，并打开相应命令的对话框，此时可以修改命令的参数，单击“确定”按钮可以继续执行后面的动作。

3. 停止播放 / 记录：单击该图标，可以停止播放动作和停止记录动作。

4. 开始记录：单击该图标，可以开始录制动作。

5. 播放选定的动作：选择一个动作后，单击该图标可以播放该动作。

6. 创建新组：单击该图标，可以创建一个新的动作组，以保存新建的动作。

7. 创建新动作：单击该图标，可以创建一个新的动作。

8. 删除：选择动作组、动作和命令后单击该图标，可以将其删除。

9. 面板菜单：单击该图标可以打开“动作”面板的下拉菜单，根据设计制作需要可以选择相应的命令。

小贴士

在 Photoshop 中，并不是所有工具和命令操作都能够被直接记录下来，但绝大多数的图像调整命令、部分工具（选框工具、套索工具、使用选框、套索、魔棒、裁剪、切片、魔术橡皮擦、渐变、油漆桶、文字、形状、注释、吸管和颜色取样器），以及部分面板（历史记录、色板、颜色、路径、通道、图层和样式）的操作都可以记录为动作。

二、记录动作

执行“窗口”“动作”菜单命令或按下“Alt+F9”快捷键，打开“动作”面板。在“动作”面板中单击“创建新动作”图标 ，在弹出的“新建动作”对话框设置名称，为了便于查找，也可以设置颜色，单击“记录”按钮开始记录操作，如图 10-3-3 所示。“动作”面板中会自动记录当前进行的一系列操作。操作完成后，单击“停止播放 / 记录”图标，停止记录，可以看到当前记录的动作，如图 10-3-4 所示。

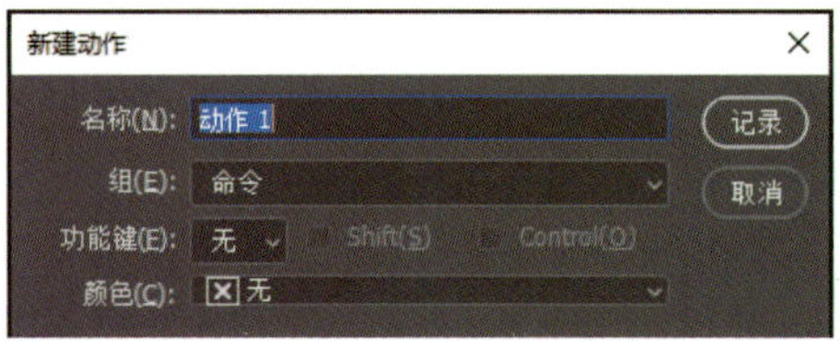

图 10-3-3 “新建动作”对话框

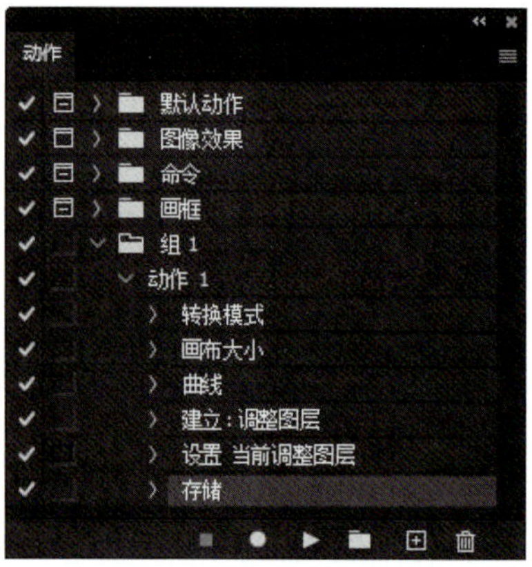

图 10-3-4 当前记录的动作

三、其他文件应用动作

打开需要处理的文档，在“动作”面板中选择一个动作，然后单击“播放选定的动作”图标，即可应用动作。

四、调整动作排列顺序

在“动作”面板调整动作顺序与在“图层”面板中调整图层顺序相似，单击选中该动作或动作组并将其拖到合适的位置上，释放鼠标即可调整动作排列顺序。

五、复制动作

将动作或命令拖到“动作”面板下面的“创建新动作”图标 ⊞ 上，即可复制动作或命令。如果要复制动作组，将动作组拖拽到“动作”面板下面的“创建新组”图标 上即可。

六、在动作中插入路径

路径形状是不能够被记录的，但可以使用“插入路径”命令将路径作为动作的一部分包含在动作中，如图 10-3-5 和图 10-3-6 所示。插入的路径可以是钢笔和形状工具创建的路径，也可以是从 Illustrator 中粘贴的路径。

首先在文档中绘制需要使用的路径，然后在“动作”面板中选择一个命令，接着执行“动作”面板菜单中的“插入路径”命令，这时在“动作”面板中出现“设置工作路径”命令，再对文件执行动作时会自动添加该路径。

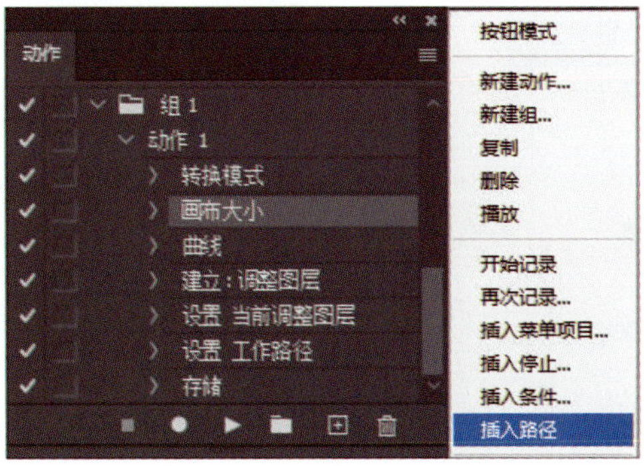

图 10-3-5 “动作”面板

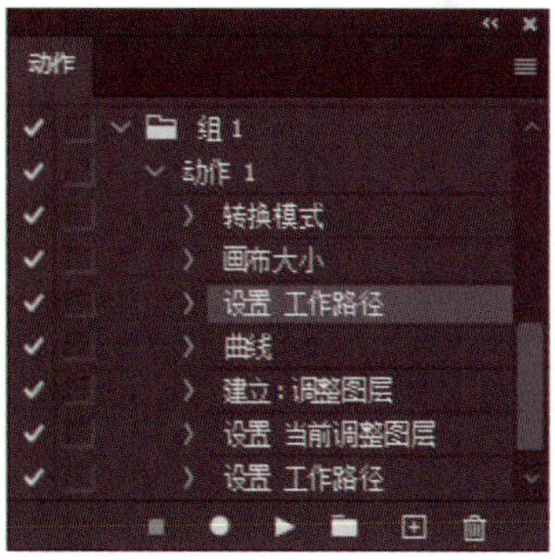

图 10-3-6 在“动作”中插入路径

七、存储动作组

将记录的动作存储起来，可以在“动作”面板菜单中执行“存储动作”命令，在弹出的“另存为”对话框中找到存储位置，然后单击“保存”按钮，如图 10-3-7 所示。完成动作的导出操作，即可得到一个 .atm 格式的动作库文件，如图 10-3-8 所示。

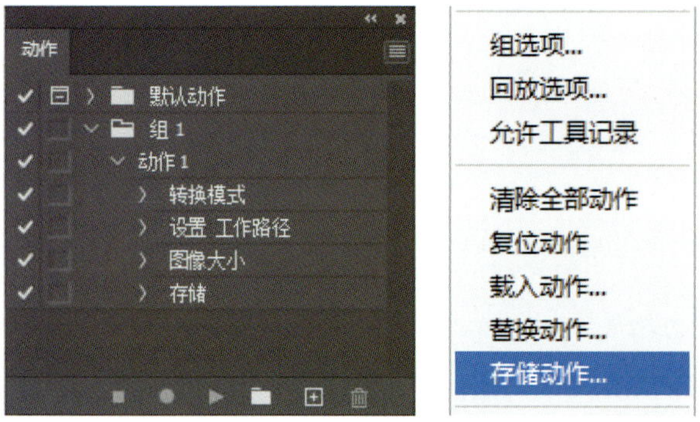

图 10-3-7　执行“存储动作”命令

图 10-3-8　保存为 .atm 格式的动作库文件

八、载入动作组

1. 载入预设动作组

在 Photoshop 的“动作”面板中有多种预设动作，用户可以载入这些动作并使用。单击“动作”面板中的“菜单”图标，在菜单底部有多个预设动作，如图 10-3-9 所示。选择设计所需要的动作，随后该动作组出现在“动作”面板中，如图 10-3-10 所示。

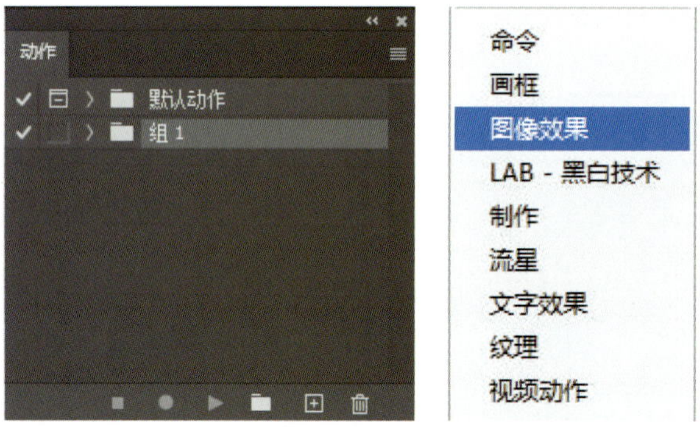

图 10-3-9　“动作”面板中的预设动作

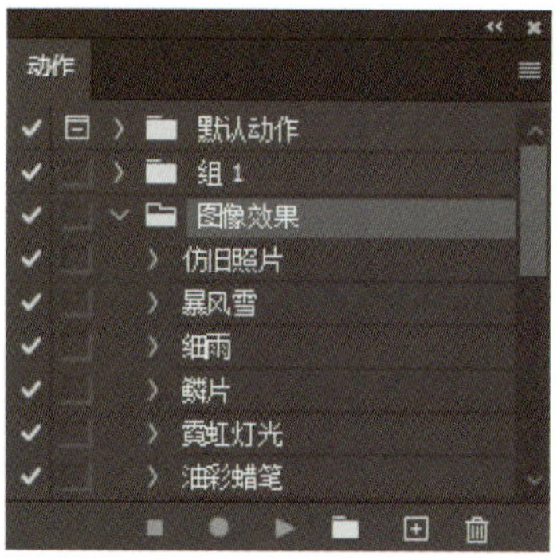

图 10-3-10　载入预设动作组

2. 载入外挂动作组

单击“动作”面板的菜单图标，选择“载入动作”命令，然后在计算机中选择录制好的动作组或在网站上下载的动作组，然后单击“载入”按钮，该动作组被载入“动作”面板中。

九、自动批处理文件

在设计制作工作中，很多时候需要对大量的图像进行同样的处理，如统一调整多张图片的尺寸、色调及添加防盗水印等。这时就可以通过使用 Photoshop 中的“批处理”功能完成大量重复的操作。

执行“文件”“自动”“批处理”命令，打开“批处理”对话框，如图 10-3-11 所示。下面对“批处理”主要功能作简要介绍。

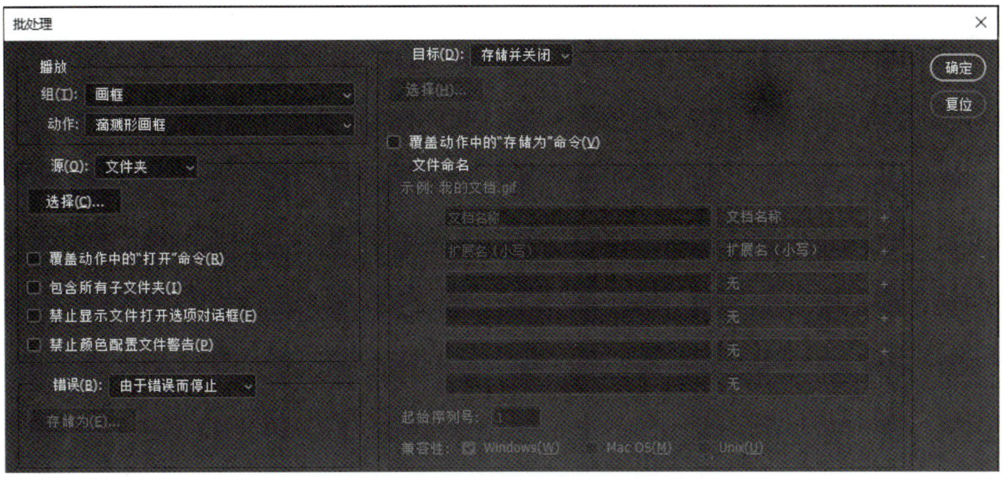

图 10-3-11　“批处理”对话框

1. 在“播放”选项组中可以选择要用来处理文件的动作。

2. 在“源”选项组中可以选择要处理的文件。选择“文件夹”选项并单击下面的“选择”按钮时，可以在弹出的对话框中选择一个文件夹；选择“导入”选项时，可以处理来自扫描仪、数码相机、PDF 文档的图像；选择“打开的文件”选项时，可以处理当前所有打开的文件；选择“Bridge”选项时，可以处理 Adobe Bridge 中选定的文件。

3. 勾选“覆盖动作中的‘打开’命令”复选框，在批处理时可以忽略“动作”面板中记录的“打开”命令。

4. 勾选“包含所有子文件夹”复选框，可以将批处理应用到所选文件夹中的子文件夹。

5. 勾选“禁止显示文件打开选项对话框”复选框，在批处理时不会打开文件选项对话框。

6. 勾选“禁止颜色配置文件警告”复选框，在批处理时会关闭颜色方案信息的显示。

7. 在“目标”选项组中可以设置完成批处理以后文件的保存位置。选择“无”选项时，表示不保存文件，文件仍处于打开状态；选择“存储并关闭”选项时，可以将文件保存在原始文件夹中，并覆盖原始文件；选择“文件夹”选项并单击下面的“选择”按钮时，可以指定用于保存文件的文件夹。

8. 当设置“目标”为“文件夹”时，如果动作中包含“存储为”命令，则勾选“覆盖动作中的‘存储为’命令”复选框，这样在批处理时，动作中的“存储为”命令将引用批处理的文件，而不是动作中指定的文件名和位置。

9. 在“文件命名”选项组中，当设置“目标”为“文件夹”时，可以在该选项组下设置文件的命名格式，以及文件的“兼容性”。

十、图像处理器

使用“图像处理器”命令可以批量转换图像文件格式、调整文件大小和质量。执行“文件”“脚本”“图像处理器”命令，可以打开“图像处理器”对话框，如图 10-3-12 所示。下面做简要介绍：

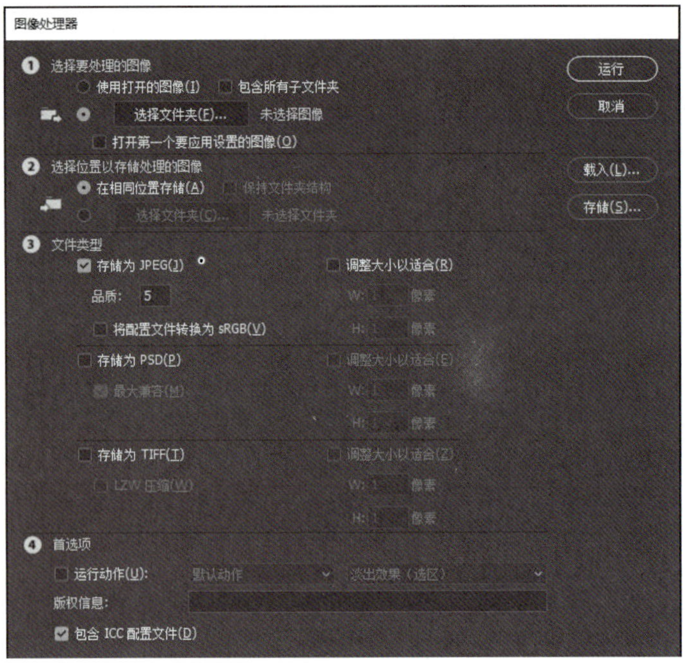

图 10-3-12 “图像处理器”对话框

1. 选择要处理的图像：用于选择需要处理的文件。如果勾选“打开第一个要应用设置的图像”复选框，将对所有图像应用相同的设置。

2. 选择位置以存储处理的图像：用于选择处理后的文件的存储路径。

3. 文件类型：用于设置将文件处理成何种类型，包括 JPEG、PSD 和 TIFF。可以将文件处理成其中一种类型，也可以处理成两种或三种类型。

4. 首选项：在该选项组下可以选择动作运用处理程序。

任务实施

一、复制文件夹

为了避免破坏原始图像文件，在进行图像处理之前，将需要处理的文件进行复制。打开“素材 / 项目十素材 / 任务三”文件夹，选中“网站页面素材”文件夹，单击鼠标右键执行“复制”命令，然后在空白处单击鼠标右键执行“粘贴”命令，将其复制为“网站页面素材 - 副本”文件夹，如图 10-3-13 所示。

图 10-3-13 复制文件夹

二、复制图像文件

在 Photoshop 中打开刚刚复制的“网站页面素材 - 副本”文件夹中的“10-3-1.JPG”文件并复制为“10-3-1 拷贝 .JPG”文件，如图 10-3-14 所示。然后将源文件“10-3-1.JPG”关闭。

图 10-3-14　复制图像文件

小贴士

复制这个图像文件的目的是用于创建动作的记录，如果不复制图像，操作后直接执行了“保存”操作，该图像已经发生变化。这时在批处理的图像上进行操作会造成该图像被重复处理，得不到想要的效果。

三、 记录“动作”

1. 按“Alt+F9”快捷键，打开“动作”面板。在“动作”面板中单击“创建新组”图标，单击“确定”按钮创建新组，如图 10-3-15 所示。

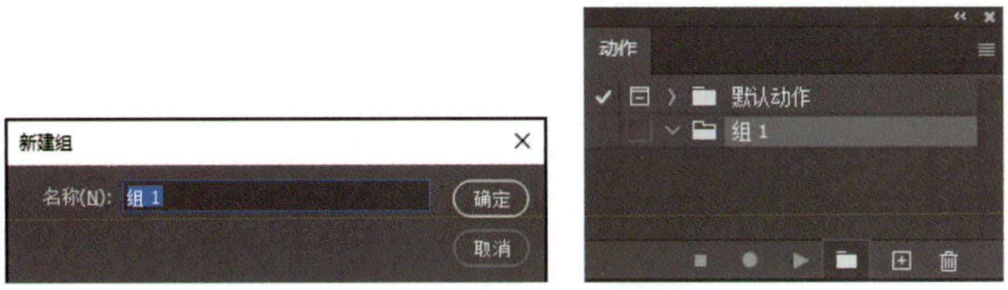

图 10-3-15　创建新组

2. 在“动作”面板中单击“创建新动作”图标，在弹出的“新建动作”对话框将名称设置为“调色及模式”，单击“记录”按钮开始记录，如图 10-3-16 所示。

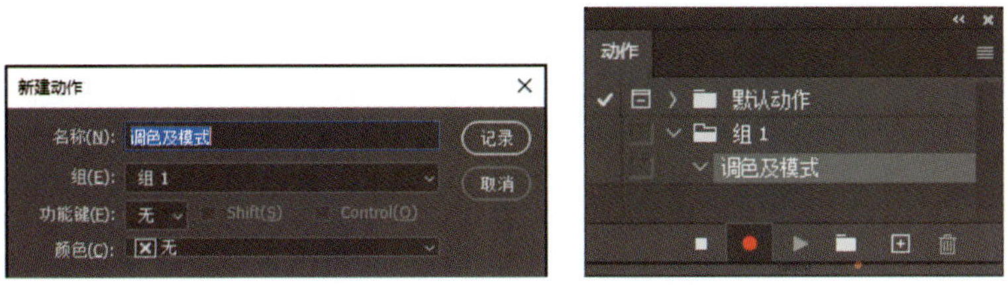

图 10-3-16　创建新动作

3. 执行“图像”“调整”“曲线”命令，打开“曲线”对话框，在曲线上单击添加控制点并向右下角方向拖动，提高画面的亮度，在对话框中设置输出为“45”，设置输入为“55”，如图 10-3-17 所示。

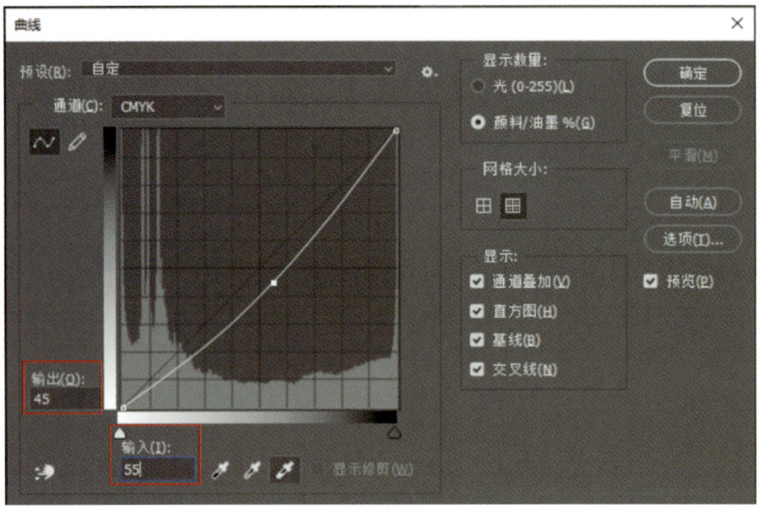

图 10-3-17　调整“曲线”参数

4. 在通道选项中选中“青色”，设置输出为“45”，输入为“55”，如图 10-3-18 所示，然后单击“确定”按钮完成设置。

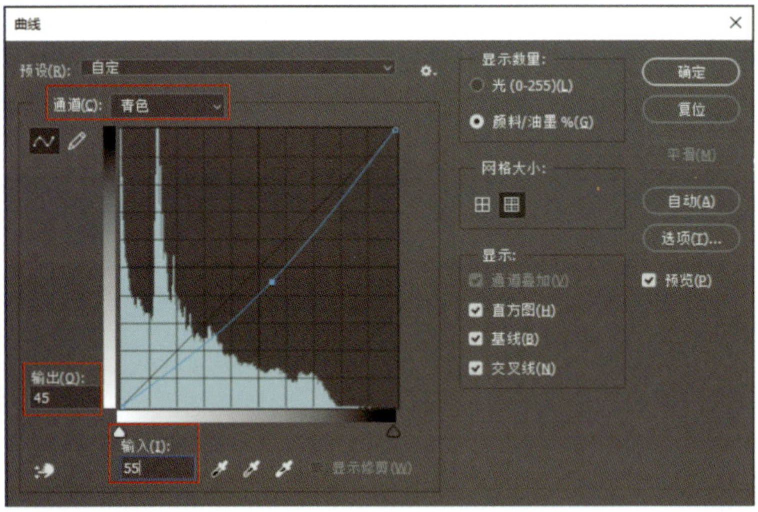

图 10-3-18　调整图像通道“青色”参数

5. 执行“图像”“模式”“RGB 颜色”命令，将图像色彩模式转为 RGB 模式，如图 10-3-19 所示，保存该文件，然后将其关闭。

6. 单击“动作”面板底部的“停止播放记录”图标 ，完成动作的记录操作，此时在“动作”面板中即可看到记录的动作，如图 10-3-20 所示。

图 10-3-19 图像调整前后效果对比

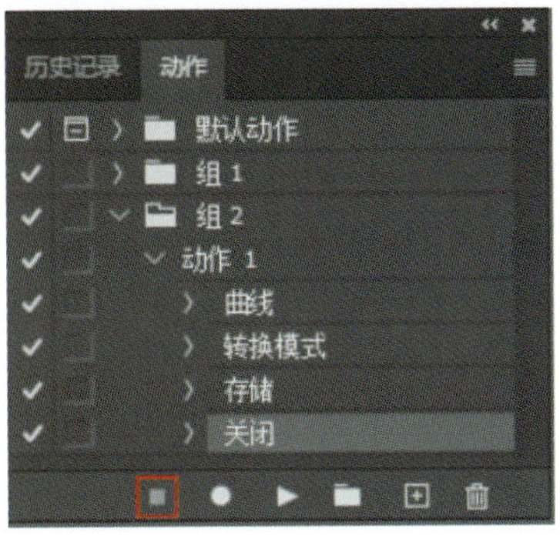

图 10-3-20 记录的“动作”

四、自动批处理图像

1. 执行“文件”“自动”“批处理”命令，在弹出的“批处理”对话框中设置组为“组1”，动作为“调色及模式”，源为“文件夹”，接着单击“选择”按钮，在弹出的“选取批处理文件夹”对话框中单击选择“素材 / 项目十素材 / 网站页面素材 - 副本”文件夹，然后单击“选择文件夹”按钮，如图 10-3-21 所示。

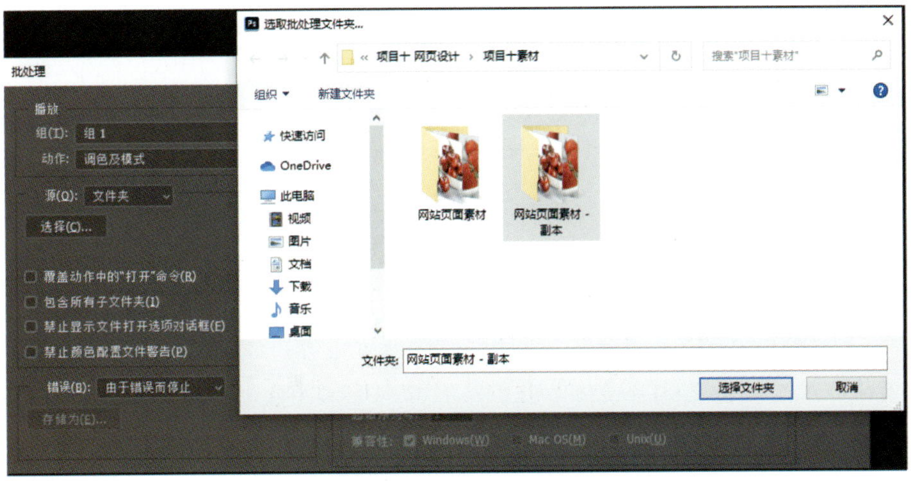

图 10-3-21 设置“批处理”选项

2. 继续设置输出的目标为“存储并关闭”，勾选“覆盖动作中的‘存储为’命令”选项，然后单击“确定”按钮，如图 10-3-22 所示。

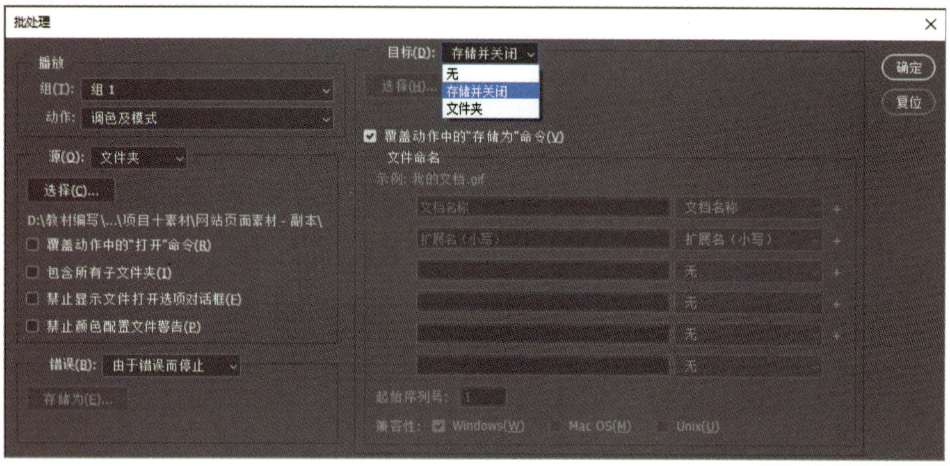

图 10-3-22 在“批处理”对话框中设置选项

3. 此时软件会自动处理文件，稍等片刻，批处理完成后，打开“网站页面素材 - 副本”文件夹即可查看效果，调整后的图片色彩更加饱和明亮，如图 10-3-23 所示。

图 10-3-23 “批处理”后的图像效果

五、调整图片尺寸

1. 打开“网站页面素材 - 副本”文件夹查看图片的分辨率，每张图片的分辨率都不同，如图 10-3-24 所示。

2. 在 Photoshop 中执行“文件”“脚本”“图像处理器”命令，弹出“图像处理器”对话框，单击“选择要处理的图像”选项中的“选择文件夹”，在弹出的“选取源文件夹”对话框中找到“素材 / 项目十素材 / 任务三 / 网站页面素材 - 副本”文件夹，单击进行选择，然后单击“选择文件夹”按钮，如图 10-3-25 所示。

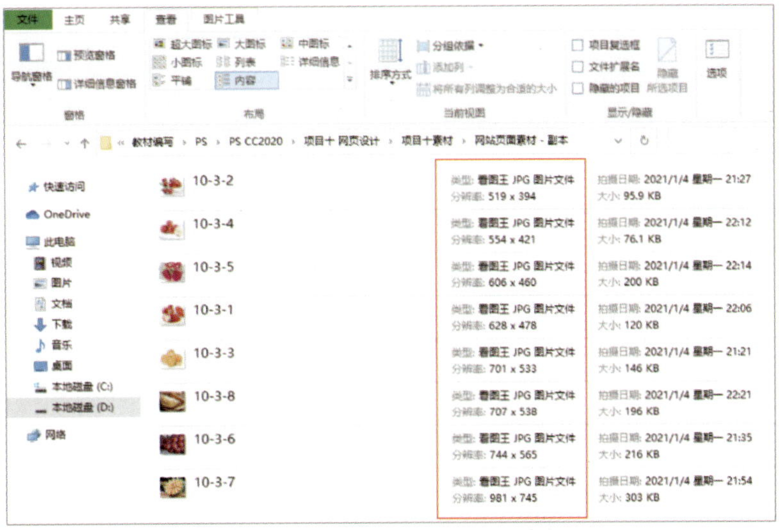

图 10-3-24　查看图片的分辨率

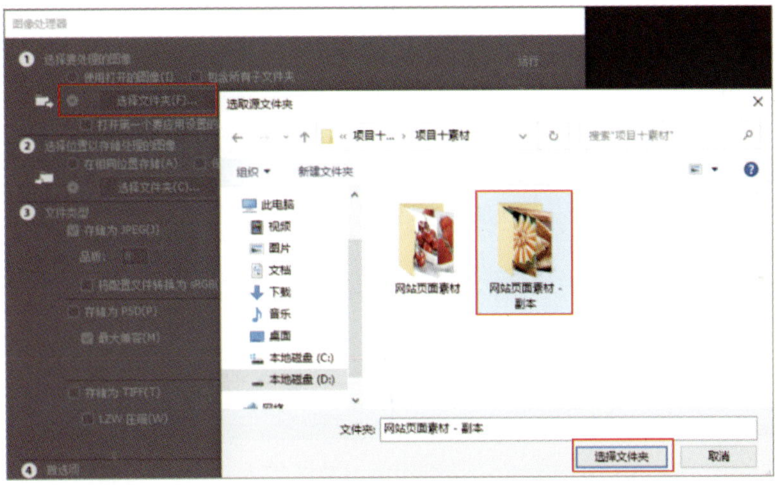

图 10-3-25　选择要处理的文件夹

3. 在“选择位置以存储处理的图像”中单击“选择文件夹”前的复选框激活该选项，接着单击“选择文件夹”按钮，在弹出的“选取目标文件夹”对话框中选择“素材 / 项目十素材 / 任务三”文件夹，再单击“选择文件夹”按钮，然后在“文件类型”中勾选“存储为 JPEG”选项，勾选“调整大小以适合”选项，设置 W 为“283 像素”，H 为“215 像素”，如图 10-3-26 所示。设置完成后单击“运行”按钮确定操作。

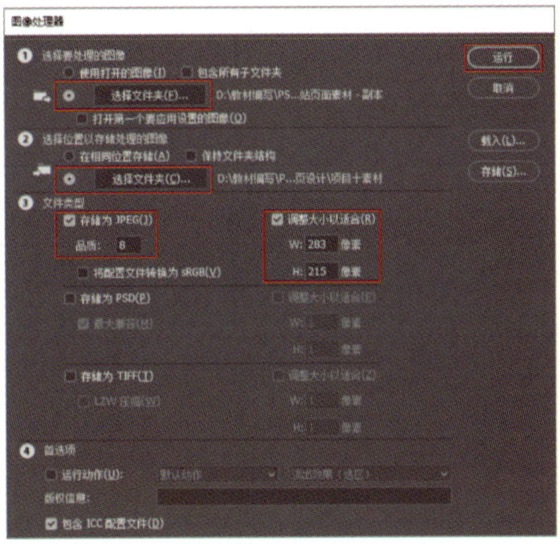

图 10-3-26　在图形处理器中选择选项及设置参数

4. 此时软件会自动处理文件，处理完成后，打开“素材 / 项目十素材 / 任务三”文件夹即可看到一个自动生成的“JPG”文件夹，打开该文件夹查看，即可看到所有图片都被修改为 283 像素 ×215 像素，如图 10-3-27 所示。

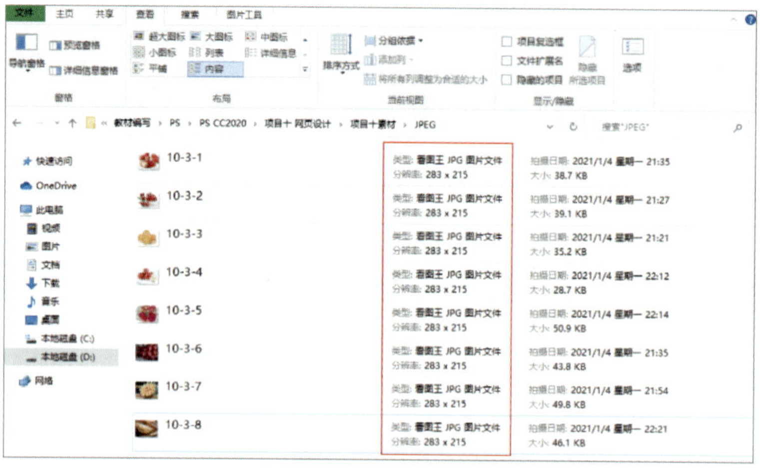

图 10-3-27　所有图片都被修改为 283 像素 ×215 像素

六、打开素材文档

打开“素材 / 项目十素材 / 任务三”目录下名为“网站内页设计背景 .PSD”的文件，如图 10-3-28 所示。

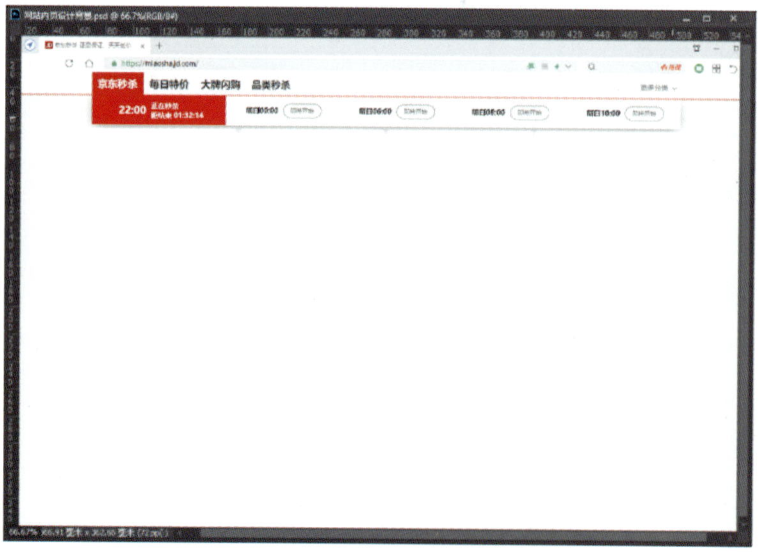

图 10-3-28　打开素材文档

七、置入图片

执行“文件”“置入嵌入对象”命令，依次将“素材 / 项目十素材 / 任务三 /JPG”文件夹中的图片全部置入，并调整图片的位置，效果如图 10-3-29 所示。

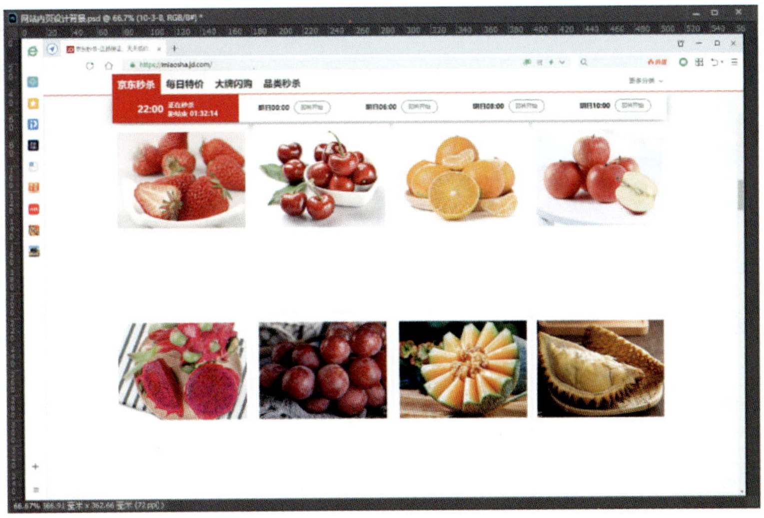

图 10-3-29　置入图片

八、输入文字

1. 打开“素材 / 项目十素材 / 任务三”目录下名为“10-3 文案 .DOCX”的文件，依次将文字拷贝到页面中，并将水果名称及说明文字设置为“黑体”，大小为“18 点”，颜色为黑色；价格文字设置为“Arial”，大小为“30 点”，颜色为红色（R255，G0，B0）。调整文字的位置，效果如图 10-3-30 所示。

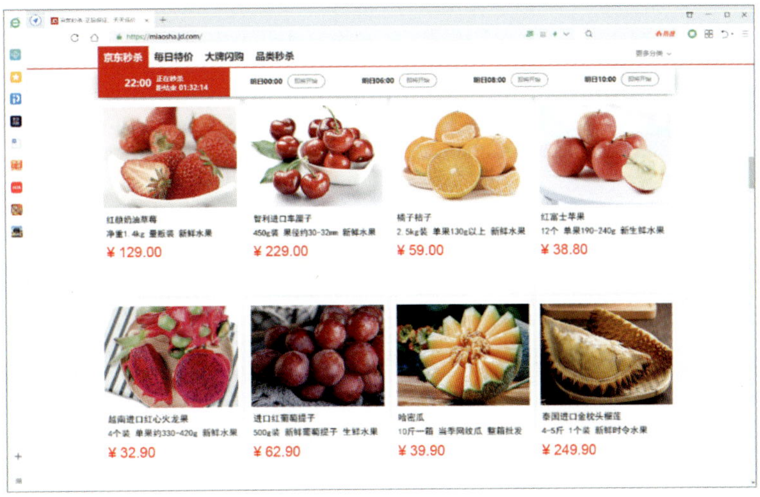

图 10-3-30　输入文字

2. 选择“矩形选框工具”，在“红颜奶油草莓”价格文字下方绘制矩形，并填充金黄色（R204，G153，B51），然后在其上面输入文字“立即购买”，字体为“黑体”，大小为“30 点”，颜色为白色，再绘制白色的箭头，并调整好大小和位置，效果如图 10-3-31 所示。

3. 将上一步骤所绘制的矩形、箭头及文字图层进行合并图层操作，然后分别复制到其他水果价格下方，效果如图 10-3-32 所示。

图 10-3-31　绘制矩形和输入文字的效果

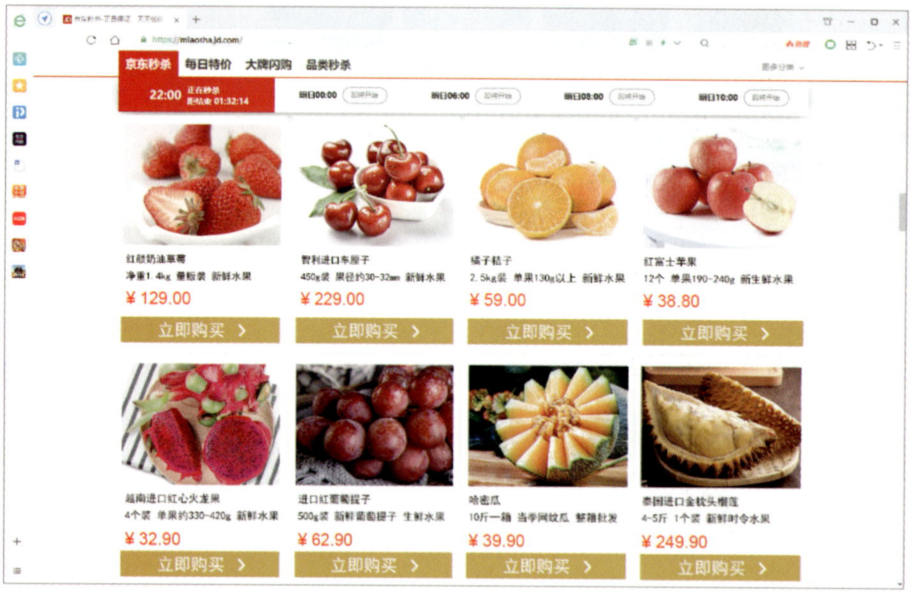

图 10-3-32　完成输入文字的效果

九、保存文档

执行“文件”“存储为”命令，单击“保存在您的计算机上”按钮，在弹出的“另存为”对话框中选择文件存储位置，文件名为“网站内页设计”，保存类型为“Photoshop（*.PSD，*.PDD，*.PSDT）”，单击“保存”按钮保存该文档，效果图如图 10-3-1 所示。

巩固训练

一、制作化妆品公司网页

通过制作广东力美化妆品有限公司网页（见图 10-4-1），进一步掌握视频时间轴的编辑方法、视频轨道的使用方法及保存 GIF 格式图片的动态方法。

图 10-4-1 广东力美化妆品有限公司网页

二、制作食为鲜餐馆网页

通过制作食为鲜餐馆网页（见图 10-4-2），掌握批处理的

图 10-4-2 食为鲜餐馆网页

使用方法并灵活运用，还要掌握创建记录动作的方法及调整图像色彩的方法。

三、操作提示

参考“素材 / 项目十素材 / 任务四”目录下名为“项目十巩固练习 .pdf”的文件。